高职高专物业管理专业规划教材

建筑智能化设备管理与维护

（第二版）

全国房地产行业培训中心　组织编写
刘　力　主编

中国建筑工业出版社

图书在版编目(CIP)数据

建筑智能化设备管理与维护/刘力主编. —2 版. —北京：中国建筑工业出版社，2014.3
高职高专物业管理专业规划教材
ISBN 978-7-112-16159-1

Ⅰ.①建… Ⅱ.①刘… Ⅲ.①智能化建筑-建筑设备-高等职业教育-教材 Ⅳ.①TU243

中国版本图书馆 CIP 数据核字(2013)第 285412 号

本书是在 2004 年出版的《物业基础设施和自动化管理》基础上重新修订而成的。本次修订增加了物业设施设备安装与承接查验、建筑弱电办公自动化系统和综合布线系统等新内容，包含物业基础设施和建筑智能化两篇，共 15 章。详细介绍了水、暖、电、建筑弱电和物业设施验收知识以及建筑智能化系统和设施设备管理等；同时书中还介绍了建筑智能化实例和相关设施设备产品。

本书可作为高职高专物业管理等相近专业的专用教材，也可作为给排水专业、供热与燃气、电气技术等相关专业以及建筑工程技术人员和管理人员的参考书。

责任编辑：王 跃 张 晶 吉万旺
责任设计：李志立
责任校对：张 颖 陈晶晶

高职高专物业管理专业规划教材
建筑智能化设备管理与维护
(第二版)
全国房地产行业培训中心 组织编写
刘 力 主编
*
中国建筑工业出版社出版、发行（北京西郊百万庄）
各地新华书店、建筑书店经销
北京科地亚盟排版公司制版
大厂回族自治县正兴印务有限公司印刷
*
开本：787×1092 毫米 1/16 印张：15¼ 字数：380 千字
2014 年 5 月第二版 2018 年11月第三次印刷
定价：**30.00** 元
ISBN 978-7-112-16159-1
(24929)

#《高职高专物业管理专业规划教材》
编委会名单

序 言

《高职高专物业管理专业规划教材》是天津国土资源和房屋职业学院暨全国房地产行业培训中心骨干教师主编、中国建筑工业出版社出版的我国第一套高职高专物业管理专业规划教材，当时的出版填补了该领域空白。本套教材共有11本，有5本被列入普通高等教育土建学科专业"十二五"规划教材。

本套教材紧紧围绕高等职业教育改革发展目标，以行业需求为导向，遵循校企合作原则，以培养物业管理优秀高端技能型专门人才为出发点，确定编写大纲及具体内容，并由理论功底扎实，具有实践能力的"双师型"教师和企业实践指导教师共同编写。参加教材编写的人员汇集了学院和企业的优秀专业人才，他们中既有从事多年教学、科研和企业实践的老教授，也有风华正茂的中青年教师和来自实习基地的实践教师。因此，此套教材既能满足理论教学，又能满足实践教学需要，体现了职业教育适应性、实用性的特点，除能满足高等职业教育物业管理专业的学历教育外，还可用于物业管理行业的职业培训。

十余年来，本套教材被各大院校和专业人员广泛使用，为物业管理知识普及和专业教育做出了巨大贡献，并于2009年获得普通高等教育天津市级教学成果二等奖。

此次第二版修订，围绕高等职业教育物业管理专业和课程建设需要，以"工作过程"、"项目导向"和"任务驱动"为主线，补充了大量的相关知识，充分体现了优秀高端技能型专门人才培养规律和高职教育特点，保持了教材的实用性和前瞻性。

希望本套教材的出版，能为促进物业管理行业健康发展和职业院校教学质量提高做出贡献，也希望天津国土资源和房屋职业学院的教师们与时俱进、钻研探索，为国家和社会培养更多的合格人才，编写出更多、更好的优秀教材。

天津市国土资源和房屋管理局副局长
天津市历史风貌建筑保护专家咨询委员会主任
路红
2012年9月10日

第二版前言

物业管理是对各类房屋建筑、公共设施及区域环境进行科学的维护和经营管理。随着高新科技的迅速发展，现代建筑的建设引入了很多科技含量很高的智能化设备，建筑智能化已经是大势所趋。

建筑智能化是现代建筑应具备的自动化控制功能，要保证对配电系统、照明系统、空调系统、供热系统、制冷系统、通风系统、电梯系统、消防系统和安防系统提供安全、有效的物业管理，达到对各类报警信号的快速响应以及最大限度的节能要求。

智能化物业管理系统是建筑智能化系统发展的必然趋势，它是建筑智能化系统的集中控制和协调的体现。在完成安防、消防、楼宇设备自控三大系统后，初步实现建筑物的自动化系统，在此基础上进行功能集成，最终构造出建筑物管理系统。这不仅可提高建筑物自动化系统的综合服务功能，也可增强物业管理效益，成为建筑智能化管理系统集成最根本的基础。

本书编写按照职业要求，力求内容全面、规范和实用，注意职业基础知识和专业技能的衔接，符合时代特点和需求。为了便于读者理解和掌握，收集了一些实例编入相关章节。同时，在每章均附有学习目标和思考题，供大家学习时参考。

本书由全国房地产培训中心刘力编写，第 3 章（除第五节）、第 4 章和第 5 章由天津城市建设管理职业技术学院何凤鸣修订，其他章节由刘力修订；天津大学李冬辉和天津信业达经济发展有限责任公司仲静主审。

由于编者水平有限，书中缺点错误在所难免，恳请广大读者批评指正。

编　者

2014 年 4 月

第一版前言

物业管理是对各类房屋建筑、公共设施及区域环境进行科学的维护和经营管理。随着高新科技的迅速发展，现代物业建设中引入了很多科技含量很高的智能化设备，使物业建设智能化已经是大势所趋。

楼宇自动化功能是建筑物本身应具备的自动化控制功能，要保证对配电、照明、空调、供热、制冷、通风、电梯、消防系统、保安系统提供有效的、安全的物业管理，达到最大限度地节能和对各类报警信号的快速响应。

智能化物业管理系统是楼宇自动化系统发展的必然趋势，它是楼宇自动化系统的集中控制和协调的体现。在完成保安、消防、楼宇设备自控三大系统后，初步实现建筑物的自动化系统，在此基础上进行功能集成，最终构造出建筑物管理系统。这不仅将提高建筑物自动化系统的综合服务功能，也将增强物业管理效益，成为智能建筑管理系统集成最根本的基础。

本书编写力求内容全面、规范和实用，符合时代特点和需求。为了便于读者理解和掌握，收集了一些实例编入相关章节。同时，在每章后均附有思考题，供大家学习时参考。

本书由全国房地产培训中心刘力编写，天津大学李东辉主审。

由于编者水平有限，书中缺点错误在所难免，恳请广大读者批评指正。

编　者

2004 年 5 月

目　录

上篇　物业基础设施

下篇 建筑智能化

上篇　物业基础设施

物业基础设施是指建筑物及附属于建筑物并为生产和生活提供服务的各种设施、设备，是物业管理实务的主要内容。本篇专述水、暖、电、气等物业基础设施的基本知识。

1　室内给水系统

学习目标：掌握室内给水系统的分类、组成、给水方式、特点和适用范围；熟悉给水管道中常用的管材、管件及附件以及给水管道布置的方式和敷设要求；了解给水升压、贮水设备的作用；掌握室内消防给水系统的组成、分类及使用的条件；了解建筑中水和热水系统。

室内给水系统就是把经过处理好的、满足用户各种要求的水通过输水管道送到各用户的冷水供应系统。

1.1　室内给水系统组成、分类与方式

1.1.1　室内给水系统组成

室内给水系统是由入户管、水表节点、管道系统、给水附件、升压贮水设备、消防设备等组成，见图 1-1。

（1）入户管

将水由室外引入室内的管道称为入户管，也称引入管。它是连接市政给水管网和建筑内部给水管网之间的管道。

（2）水表节点

需要单独计量用水量的建筑物，在入户管上设立水表节点，以便于水表的维修及保证用水的安全性。水表节点包括水表、水表前后的阀门、泄水装置等，见图 1-2。水表用于计量建筑物的总用水量，阀门用于水表检修、更换时关闭管道，止回阀可防止管路中的水倒流，泄水装置在系统检修时排空使用。

（3）管道系统

管道系统包括给水水平干管、立管和横支管等。

（4）给水附件

包括用水附件和控制附件。用水附件是指各种用水龙头，控制附件是指管道上的各种阀门。

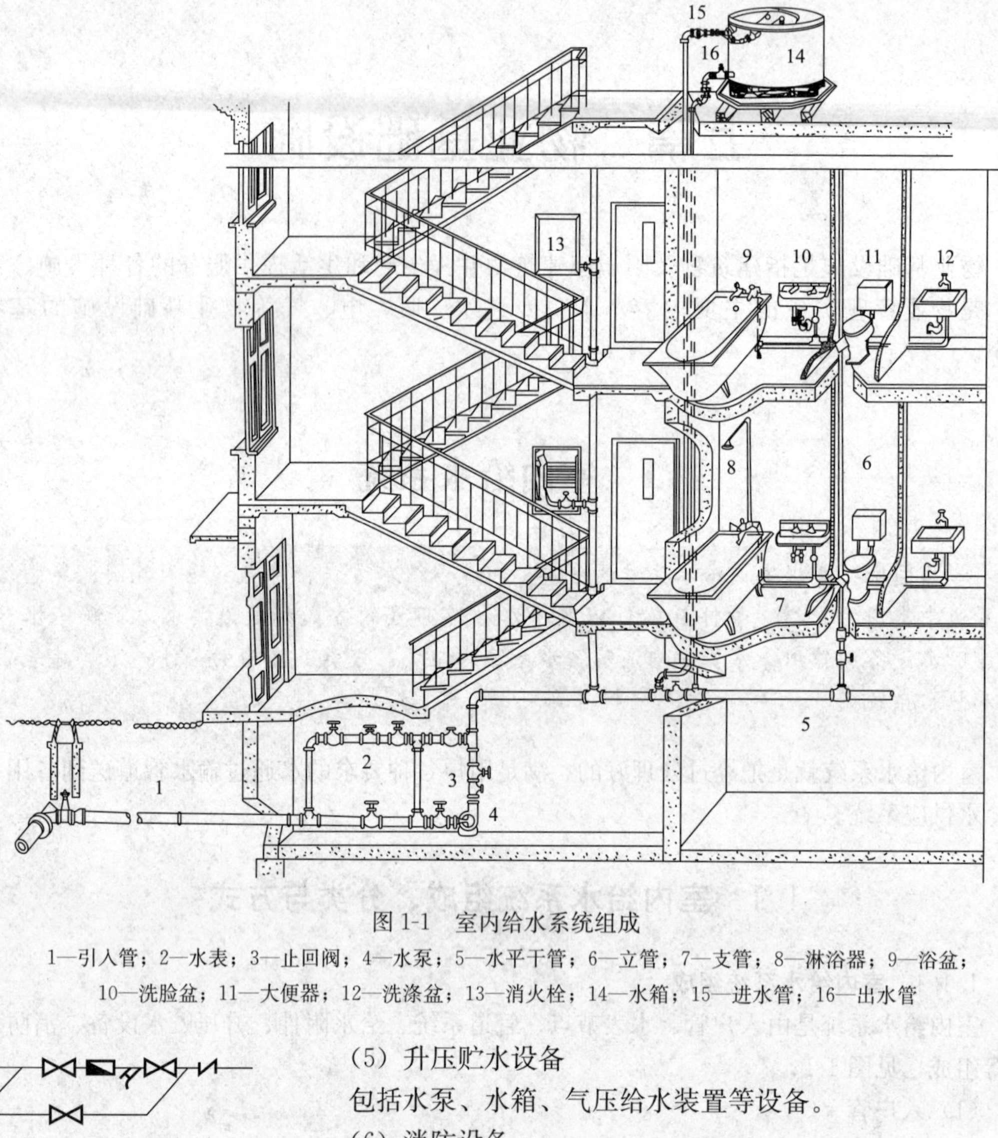

图 1-1　室内给水系统组成

1—引入管；2—水表；3—止回阀；4—水泵；5—水平干管；6—立管；7—支管；8—淋浴器；9—浴盆；10—洗脸盆；11—大便器；12—洗涤盆；13—消火栓；14—水箱；15—进水管；16—出水管

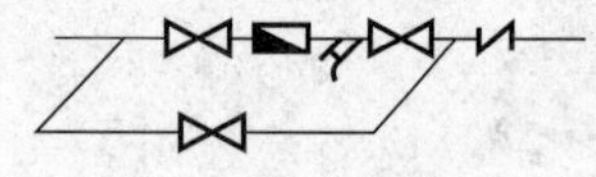

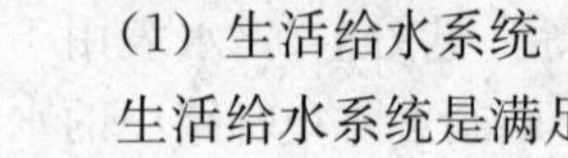

图 1-2　水表节点

（5）升压贮水设备

包括水泵、水箱、气压给水装置等设备。

（6）消防设备

指消防栓系统、自动洒水系统和水幕消防系统等。

1.1.2　室内给水系统分类

根据用水对象的不同，室内给水系统可分为以下几种：

（1）生活给水系统

生活给水系统是满足人们日常生活所需用水的室内给水系统，如饮用、淋浴、盥洗、洗涤用水等。

（2）生产给水系统

生产给水系统是满足生产所需用水的室内给水系统。如生产设备冷却、原材料和产品的洗涤、锅炉用水及某些工业原料用水等。

（3）消防给水系统

消防给水系统是满足居住建筑、大型公共建筑及某些生产车间的消防设备用水的室内给水系统。

(4) 组合给水系统

上述三种系统的组合。包括生活与生产共用给水系统、生产与消防共用给水系统、生活与消防共用给水系统及生活、生产与消防共用给水系统。

(5) 建筑中水给水系统

把给水系统用过的废水按水质有选择地收集起来，经过处理后再利用。主要用于小区环境用水（绿化、道路浇洒、景观、消防等）和小区杂用水（洗车、冲洗厕所、施工用水等）。

1.1.3 室内给水方式

室内给水方式见表1-1。

室内给水方式 表1-1

给水方式	适用条件及建筑	图示	组成
直接给水方式	室外管网水量、水压任何时候都满足建筑物内用水要求。适用于低层建筑	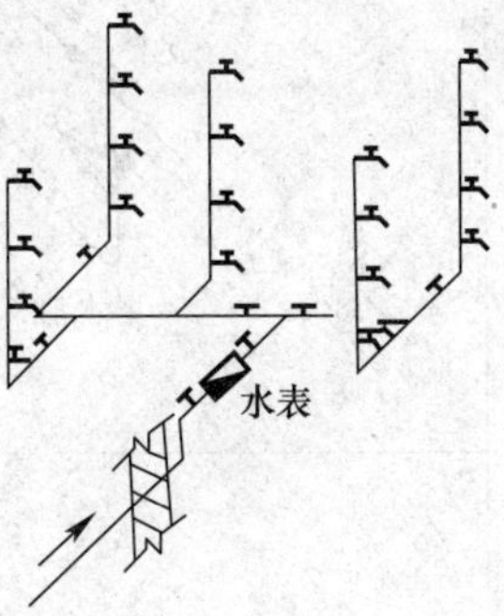 水表	引入管、水表、横干管、立管、横支管等
设水箱给水方式	室外管网水量能满足室内用水需要，但水压间断不足。适用于多层建筑	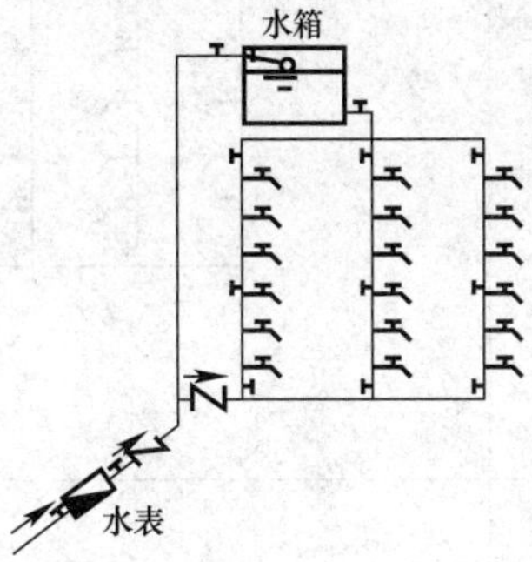 水箱 水表	引入管、水表、横干管、立管、横支管、水箱等
设水池、水泵、水箱给水方式	室外管网水量能满足室内用水需要，但水压经常不足。适用于高层建筑	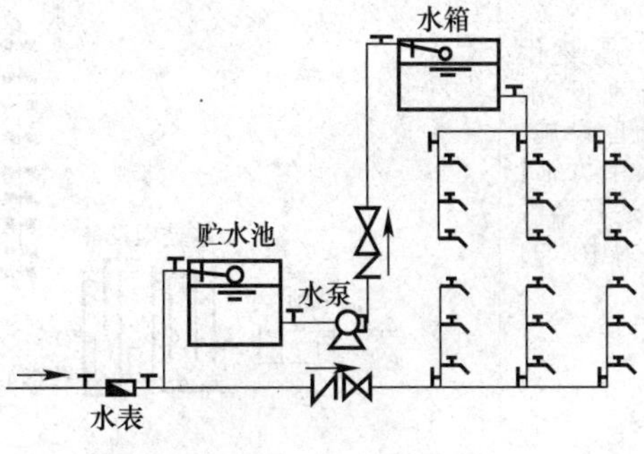 水箱 贮水池 水泵 水表	引入管、水表、横干管、立管、横支管、贮水池、水泵、水箱等

续表

给水方式	适用条件及建筑	图示	组成
分区给水方式	高层建筑中，为充分利用室外管网的压力并满足建筑用水需要，将建筑物分区。对底层有用水量较大的（如洗衣房、餐厅、淋浴室等）建筑物最为合适	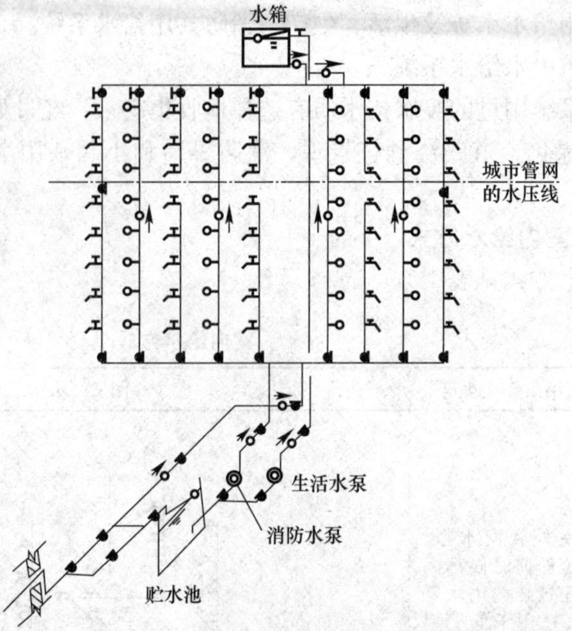 水箱 城市管网的水压线 生活水泵 消防水泵 贮水池	引入管、横干管、立管、横支管、水表、贮水池、水泵、水箱等
气压给水方式	代替高位水箱或水塔，用于用水量变化小，供水压力变化要求不大的供水建筑	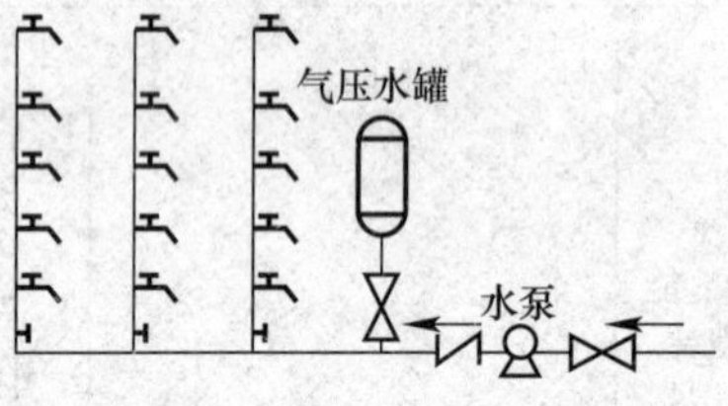 气压水罐 水泵	引入管、横干管、立管、横支管、气压给水装置、安全阀、止回阀、阀门、截止阀、水阀等
建筑中水给水方式	其管网与上述供水管网分别设置，有污水处理设施，用于非饮用方面。可采用上述任意给水方式作为中水的给水方式	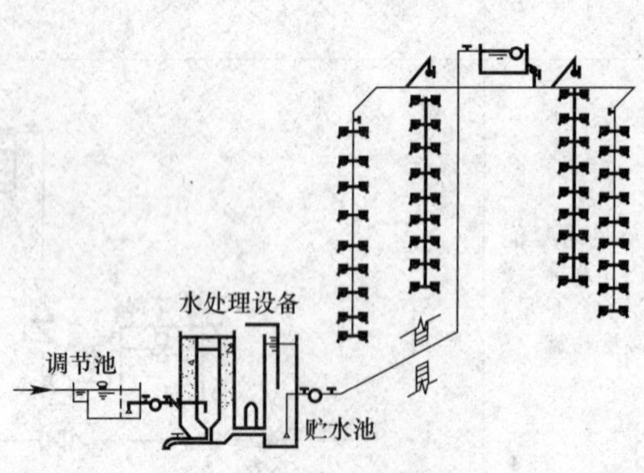 水处理设备 调节池 贮水池	调节池、水处理设备、贮水池、管网等

续表

给水方式	适用条件及建筑	图示	组成
分质给水方式	根据所需水质要求的不同，分别设置独立的给水系统。其中饮用水系统是对自来水进行深度处理，使其成为优质饮用水（纯净水），通过专设的卫生管道直接送到用户供饮用。饮用水和生活用水分不同管道供应	杂用水给水系统；饮用水给水系统；室外给水管网；入室外排水管道；水处理设施；1—生活用水；2—生活污水；3—纯净（饮用）水	水处理设施、饮用水管网、杂用水管网等

1.2 室内给水管材、管件、附件与升压贮水设备

1.2.1 室内常用给水管材

（1）钢管

钢管有无缝钢管和焊接钢管之分。焊接钢管又分为镀锌钢管（白铁管）和不镀锌钢管（黑铁管）。钢管镀锌可达到防锈、防腐，不使水质变坏，延长使用年限的目的。生活给水管道一般采用镀锌焊接钢管，生产和消防给水管道一般采用非镀锌焊接钢管或给水铸铁管。钢管连接方式有螺纹（丝扣）连接、焊接、法兰连接、卡箍连接等。

（2）塑料管

塑料管具有重量轻、化学稳定性好、耐腐蚀、水流阻力小、不易结垢、施工安装方便、维护能耗低等优点。常见的塑料管有下列几种：

1）硬聚氯乙烯管（UPVC）：其管材分为平头管材、粘结承口端管材和弹性密封圈承口端管材，连接方式有螺纹（丝扣）连接、焊接、承插连接、法兰连接和粘结等，主要用于工业给水。

2）聚乙烯管（PE）：可分为高密度聚乙烯管（HDPE）、低密度聚乙烯管（LDPE）和交联聚乙烯管（PEX），其连接方式有热熔套接或对接、电熔连接、法兰连接等，主要用于热水供应和饮用水系统。

3）聚丙烯管（PP）：可分为嵌段共聚聚丙烯管（PP-B）、改性共聚聚丙烯管（PP-C）和无规共聚聚丙烯管（PP-R）。可采用螺纹（丝扣）连接、焊接、承插连接、法兰连接和粘结等，主要用于生活给水、热水和饮用水系统。

4）聚丁烯管（PB）：属于质量优异管材，但由于价格高影响其推广使用。目前主要用于高标准要求的建筑热水及采暖系统中。采用热熔合连接。

5）铝塑复合管（PAP）：采用专用铜管件卡压式连接，主要用于生活给水和饮用水系统。

6）交联铝塑复合管（XPAP）：采用专用铜管件卡压式连接，主要用于热水供应和饮用水系统。

(3) 铸铁管

铸铁管具有耐腐蚀、使用时间长、价格低廉等优点，一般采用承插连接和法兰连接，主要用于消防、生产给水的埋地管材。

1.2.2 室内给水管件

给水管件又称管道配件，主要在管道系统中起连接、转向、变径和分支等作用。不同的管材有各自的管道配件。管道配件有带螺纹接头、带法兰接头和带承插接头等几种形式，见图 1-3。

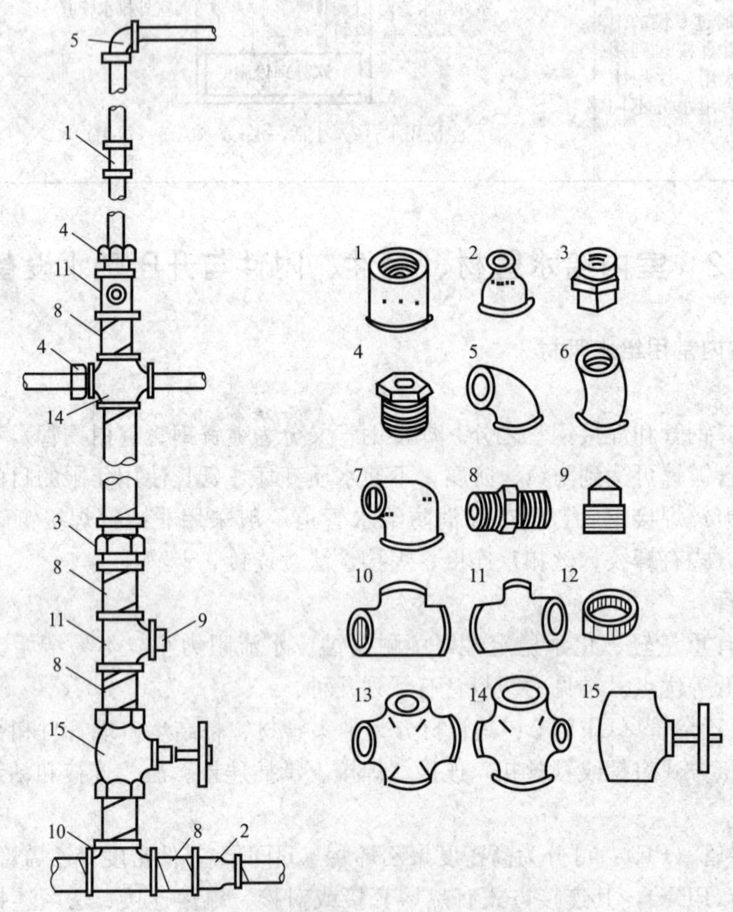

图 1-3 钢管螺纹管道配件及连接方法

1—管箍；2—异径管箍；3—活接头；4—补心；5—90°弯头；6—45°弯头；7—异径弯头；8—内管箍；9—管塞；10—等径三通；11—异径三通；12—根母；13—等径四通；14—异径四通；15—阀门

1.2.3 室内给水附件

(1) 配水附件

配水附件是指各式水龙头，用来调节和分配水流。分为普通龙头、盥洗龙头和混合龙头等。常用配水龙头见图 1-4。

(2) 控制附件

控制附件是指各种阀门，用来控制水量和水压以及开启和关闭水流。常用控制附件见图 1-5。

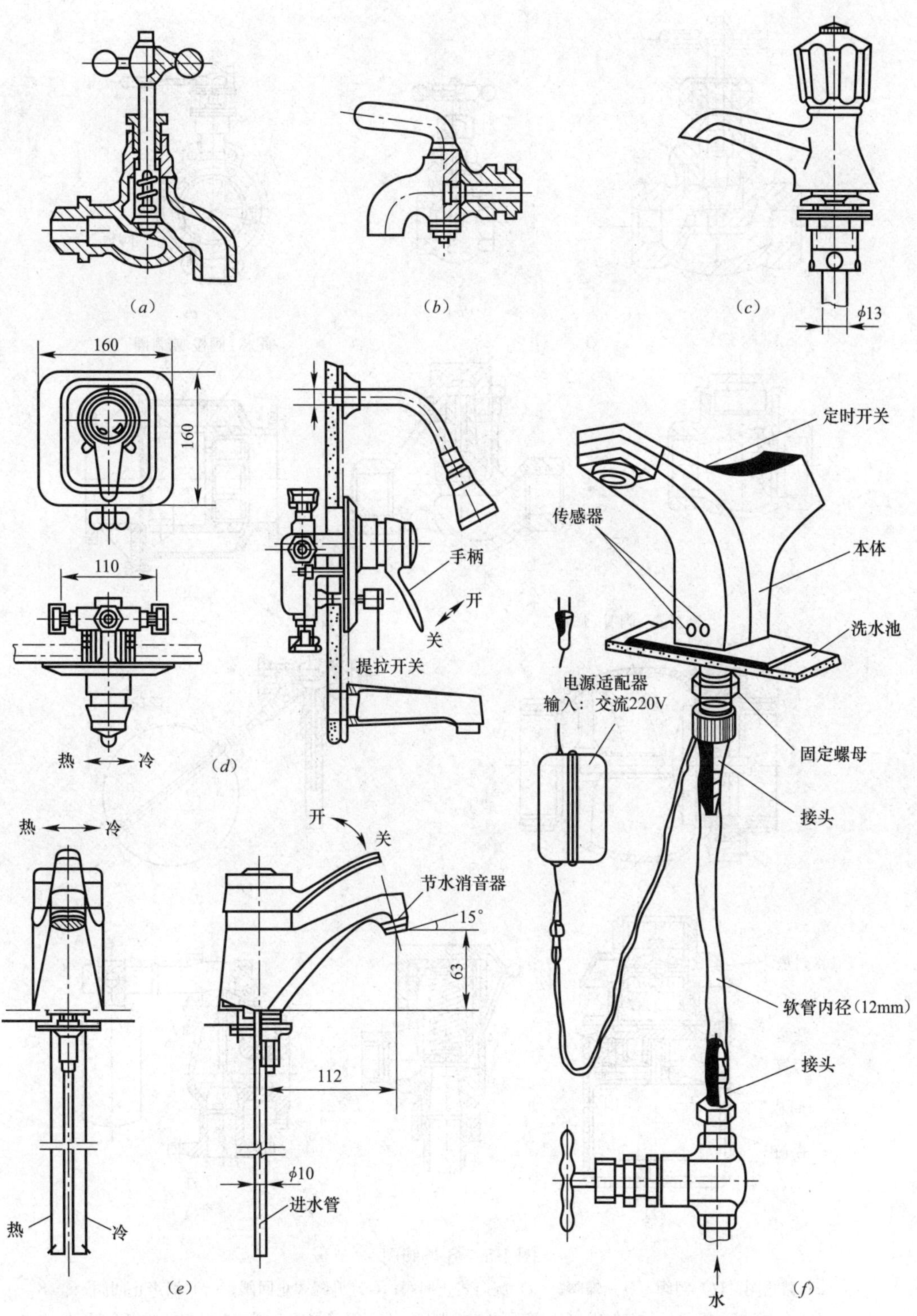

图 1-4 各类配水龙头

(*a*) 旋塞式配水龙头；(*b*) 球形阀式配水龙头；(*c*) 普通洗脸盆配水龙头；
(*d*) 单手柄浴盆水龙头；(*e*) 单手柄洗脸盆配水龙头；(*f*) 自动水龙头

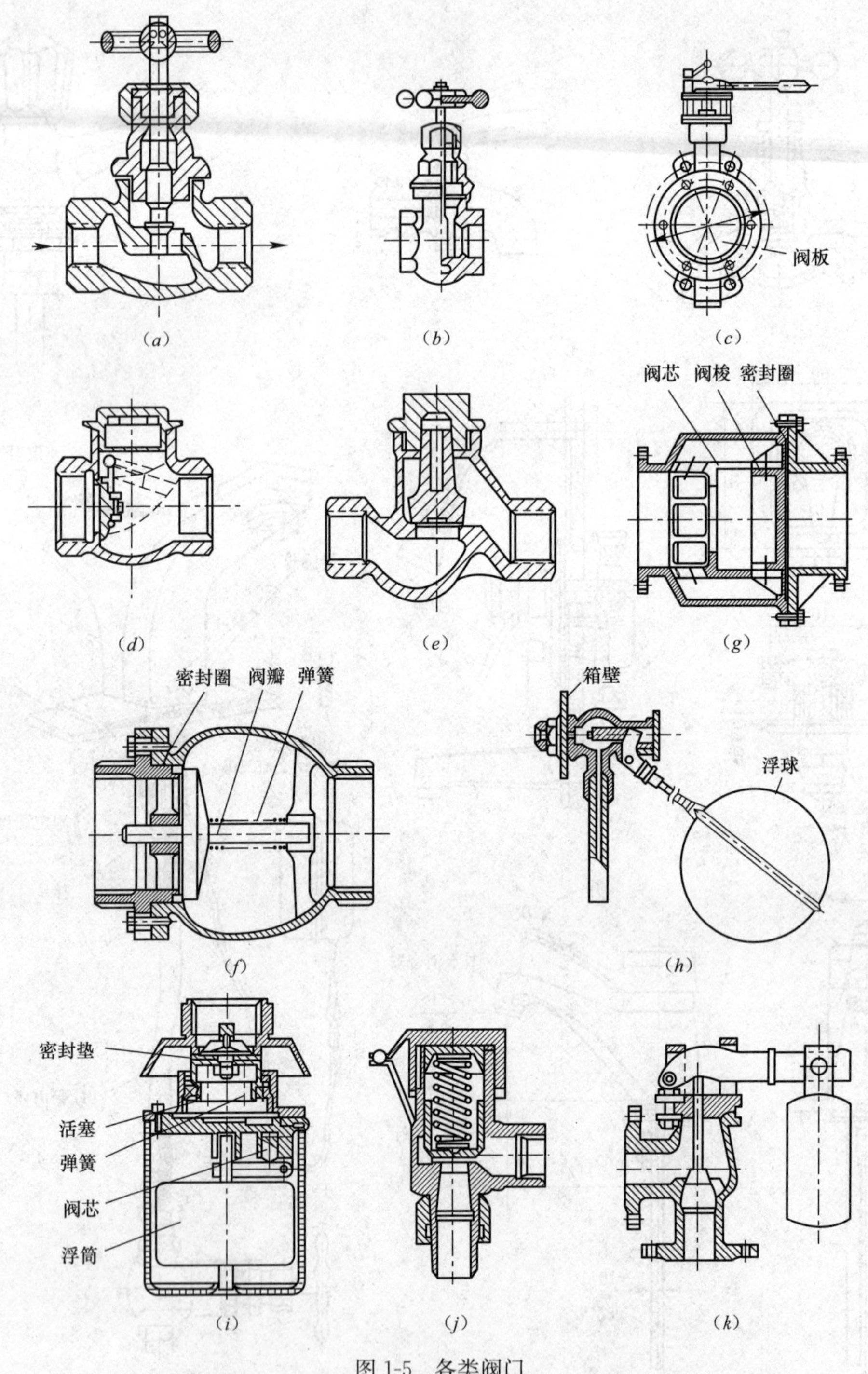

图 1-5 各类阀门

(*a*) 截止阀；(*b*) 闸阀；(*c*) 蝶阀；(*d*) 旋启式止回阀；(*e*) 升降式止回阀；(*f*) 消声止回阀；(*g*) 梭式止回阀；(*h*) 浮球阀；(*i*) 液压水位控制阀；(*j*) 弹簧式安全阀；(*k*) 杠杆式安全阀

1) 闸阀：能够开启和关闭管道水流兼调节水流。宜在管径大于 50mm 或双向流动管段上采用。

2) 截止阀：能够开启和关闭管道水流但不能调节水流。一般在管径不大于 50mm 的管段上采用。

3）蝶阀：能够开启和关闭管道水流兼调节水流。可在双向流动的管段上采用。

4）止回阀（单向阀）：可使水流只能向一个方向流动，不能逆向。其安装具有方向性。

5）浮球阀：是利用液位变化可自动开启和关闭的一种阀门。通常安装在各种水池、水箱的进水管上。

6）液位控制阀：是利用水位升降自动控制的阀门。通常可替代浮球阀立式安装在水池、水箱和水塔的进水管上。

7）安全阀：是保障系统和设备安全的阀门。

1.2.4 水表

水表是一种计量建筑物用水量的仪表。分为流速式和容积式两种，流速式水表在建筑内部给水系统中广泛使用。流速式水表按叶轮构造不同分为旋翼式和螺翼式两种，见图1-6。旋翼式水表用于小流量计量，一般公称直径不大于50mm时采用；螺翼式水表用于计量大的流量，公称直径大于50mm时采用。住户水表一般采用湿式旋翼式水表。

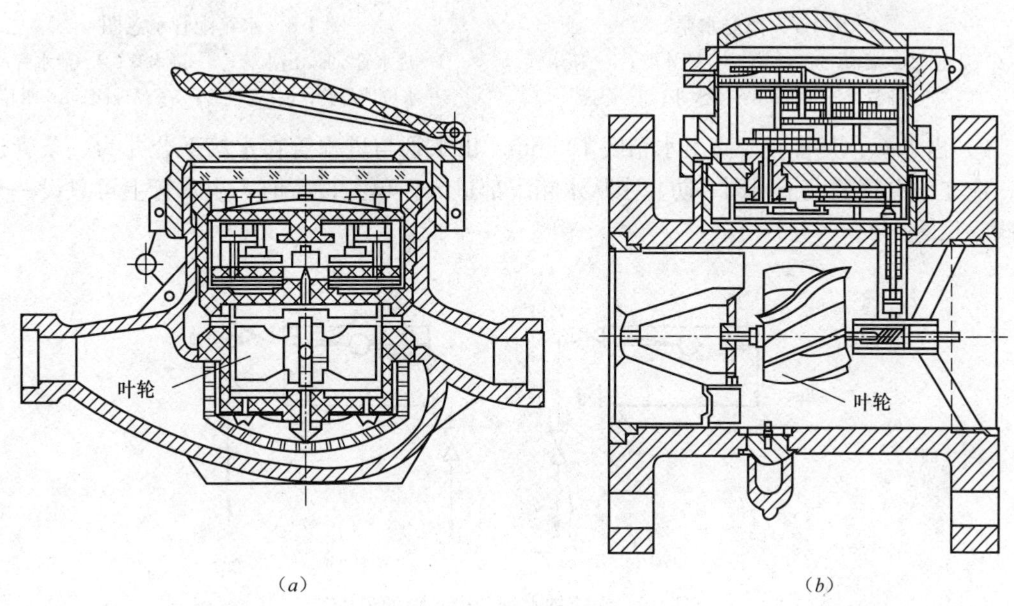

图1-6 流速式水表

(a) 旋翼式水表；(b) 螺翼式水表

1.2.5 升压贮水设备

(1) 离心水泵

离心水泵是用于提升和输送水的一种动力机械。使用前必须先充水，充水方式有自灌式和吸入式两种。为了增加水泵工作时的流量和扬程（提供水压），常将水泵串联或并联。串联工作可在流量不变条件下提高扬程；并联工作可在扬程不变条件下提高流量。见图1-7。

(2) 水箱

设置水箱主要起到稳压、贮水和调节用水量的作用。水箱设置在室内给水系统最高处，其上通常设置下列管道，见图1-8。

1）进水管：一般必须设两个或两个以上浮球阀，每个浮球阀所在管道上设置一个闸阀。

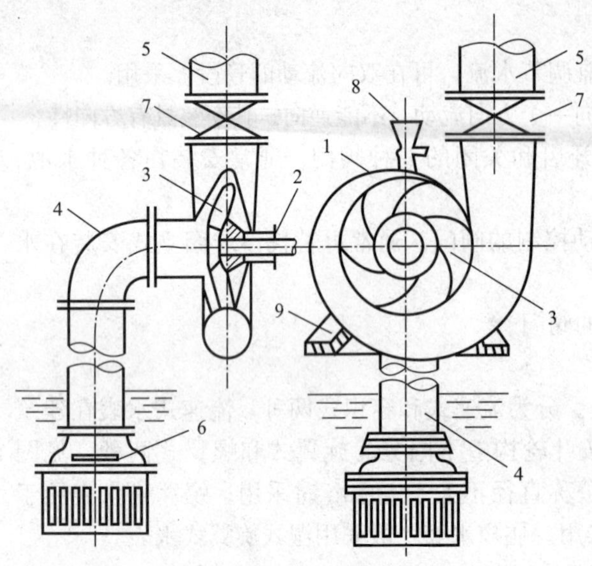

图 1-7 离心水泵

1—泵壳；2—泵轴；3—叶轮；4—吸水管；5—压水管；6—底阀；7—闸阀；8—灌水斗；9—泵座

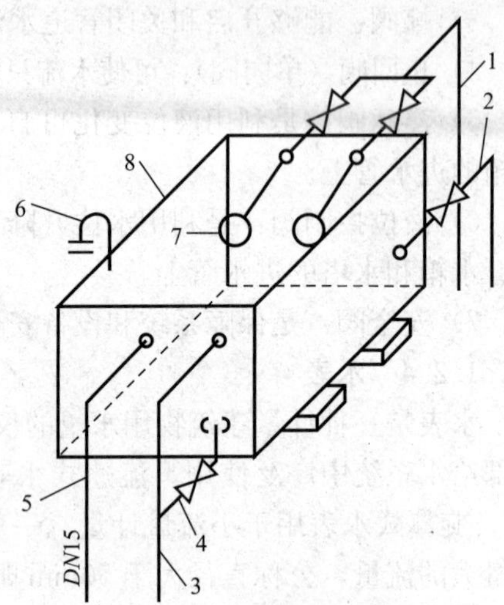

图 1-8 水箱配管示意图

1—进水管；2—出水管；3—溢水管；4—泄水管；5—水位信号管；6—通气管；7—浮球阀；8—水箱

2）出水管：其管底应高出水箱底 100mm。出水管与进水管在水箱下合并为一条管道时，应在出水管上设止回阀，防止水从水箱下部进入；单独设置时，出水管上可只设一个闸阀，见图 1-9。

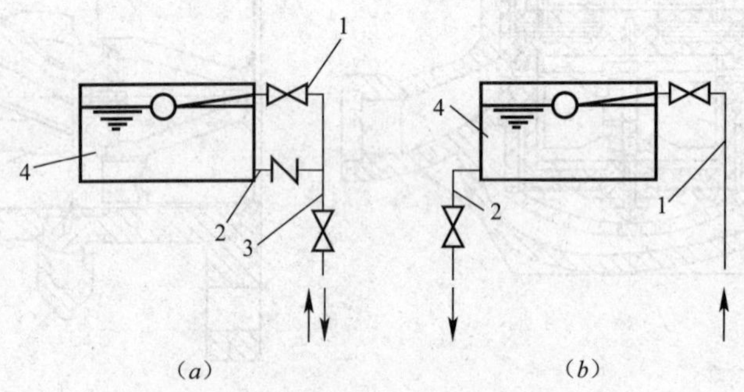

图 1-9 水箱进水管和出水管的设置

1—进水管；2—出水管；3—配水管；4—水箱

3）溢水管：控制水箱最高水位。溢水管设在允许水位以上 20mm 处。其上不得设置任何阀门，也不允许和污水管直接连接。

4）泄水管：清洗水箱后的杂质从该管排出，该管上需设置阀门。

5）水位信号管：水箱浮球阀失灵时的报警装置，装在溢流管口 10mm 以下，另一端通到值班人员房间的污水池上。

6）通气管：设在密闭箱盖上，可伸至室外。管口一般朝下，且必须安装滤网，以防止有害气体的侵入。

（3）气压给水设备

气压给水设备是利用密闭气压罐内空气的可压缩性进行贮存、调节和送水的装置。它是由下面几部分组成的，见图 1-10。

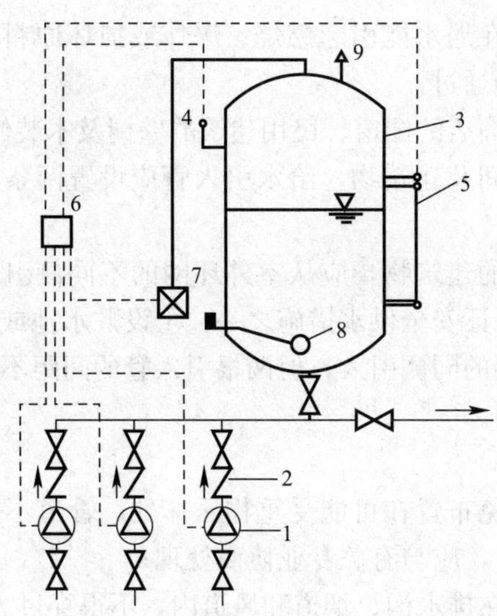

图 1-10 气压给水装置

1—水泵；2—止回阀；3—气压水罐；4—压力信号器；5—液位信号器；
6—控制器；7—补气装置；8—排气阀；9—安全阀

1）密闭罐：内部充满空气和水；

2）水泵：将水送到罐内及管网；

3）空气压缩机：补充空气；

4）控制器材：启动水泵等设施。

1.3 给水管道的布置和敷设

1.3.1 给水管道布置要求

（1）满足最佳水力条件

1）给水管道布置应力求短而直；

2）为充分利用室外给水管网中的水压，给水引入管设置在用水量最大处或不允许间断供水处；

3）室内给水干管宜靠近用水量最大处或不允许间断供水处。

（2）满足维修及美观要求

1）管道应尽量沿墙、梁、柱水平或垂直敷设；

2）对美观要求较高的建筑物，给水管道可在管槽、管井、管沟及吊顶内暗设；

3）为便于检修，管井应每层设检修门。暗设在顶棚或管槽内的管道，在阀门处应留有检修门；

4）室内管道安装位置应有足够的空间以利拆换附件；

5）给水引入管应有不小于 0.003 的坡度坡向室外给水管网或阀门井、水表井，以便检修时排放存水。

（3）保证生产及使用安全

1）给水管道的位置，不得妨碍生产操作、交通运输和建筑物的使用；

2）给水管道不得布置在遇水能引起燃烧、爆炸或损坏原料、产品和设备的上面，并应尽量避免在生产设备上面通过；

3）给水管道不得穿过商店的橱窗、民用建筑的壁橱及木装修等；

4）对不允许断水的车间及建筑物，给水引入管应设置两条，在室内连成环状或贯通枝状双向供水；

5）对设置两根引入管的建筑物，应从室外环网的不同侧引入。如不可能且又不允许间断供水时，应采取下列保证安全供水措施之一：①设贮水池或贮水箱；②有条件时，利用循环给水系统；③由环网的同侧引入，但两根引入管的间距不得小于10m，并在接点间的室外给水管道上设置闸门。

（4）保护管道不受破坏

1）给水埋地管道应避免布置在可能受重物压坏处。管道不得穿越生产设备基础；在特殊情况下，如必须穿越时，应与有关专业协商处理；

2）给水管道不得敷设在排水沟、烟道和风道内，不得穿过大便槽和小便槽；

3）给水引入管与室内排出管管外壁的水平距离不宜小于1.0m；

4）建筑物内给水管与排水管平行埋设或交叉埋设的管外壁的最小允许距离，应分别为0.5m和0.15m，交叉埋设时，给水管宜在排水管的上面；

5）给水横管宜有0.002～0.005的坡度坡向泄水装置；

6）给水管道穿楼板时宜预留孔洞，避免在施工安装时凿打楼板面，孔洞尺寸一般比通过的管径大50～100mm，管道通过楼板段应设套管；

7）给水管道穿过承重墙或基础处应预留洞口，且管顶上部净空不得小于建筑物的沉降量，一般不小于0.1m；

8）通过铁路或地下构筑物下面的给水管，宜敷设在套管内；

9）给水管不宜穿过伸缩缝、沉降缝和抗震缝，必须穿过时应采取有效措施。常用措施如下：①螺纹弯头法，又称丝扣弯头法，建筑物的沉降可由螺纹弯头的旋转补偿，适用于小管径的管道；②软性接头法，用橡胶软管或金属波纹管连接沉降缝、伸缩缝两边的管道；③活动支架法，将沉降缝两侧的支架做成使管道能垂直位移而不能水平横向位移，以适应沉降伸缩之应力。

1.3.2 给水管道的布置形式

给水管道布置形式按照给水干管的位置，可分为：

（1）下行上给式

给水干管布置在室内底层走廊上、地沟内、走廊地下、地下室内或沿外墙地下敷设。这种布置形式常见于一般居住建筑和公共建筑的直接给水方式，见表1-1室内给水方式图中的直接给水方式。

（2）上行下给式

给水干管通常明设在顶层天花板下、暗设在吊顶层内，从上向下通过立管供水。常见于一般民用建筑设有屋顶水箱的给水方式。见表1-1室内给水方式图中的设水箱给水方式。

（3）环状式

对于用水标准高、不允许间断供水的建筑物，如某些生产车间、高级宾馆及设有10个以上消火栓的室内生活-消防给水管网，可采用环状式，见图1-15所示。

1.3.3 给水管道的敷设

室内给水管道的敷设，根据建筑对卫生、美观方面要求的不同，分为明装和暗装两类。

明装是指管道在室内沿墙、梁、柱、天花板下及地板旁暴露敷设。明装管道造价低，施工安装、维护修理均较方便。缺点是由于管道表面积灰、产生凝结水等影响环境卫生，而且明装有碍房屋美观。一般民用建筑和大部分生产车间均为明装方式。

暗装是管道敷设在地下室天花板下或吊顶中，或在管井、管槽及管沟中隐蔽敷设。管道暗装时，卫生条件好，房间美观。标准较高的建筑、宾馆等均采用暗装；在工业企业中，某些生产工艺要求，如精密仪器或电子元件车间要求室内洁净无尘时，也采用暗装。暗装的缺点是造价高，施工、维护均不方便。

给水管道除单独敷设外，亦可与其他管道一同架设，考虑到安全、施工及维护等要求，当平行或交叉设置时，对管道间的相互位置、距离及固定方法等应按有关管道综合要求统一处理。

引入管的敷设，其位于室外部分的埋地深度由建筑物所在地区的土壤冰冻线及地面荷载情况决定。通常管顶覆土厚度不宜小于 0.7m，并应设置在冰冻线 0.2m 以下，以防止地面活荷载和冰冻的影响。在穿越承重墙或基础时，应注意保护管道。若基础埋深浅，管道可以从基础底部穿过，如图 1-11（*a*）所示。若基础埋深较深，引入管必须穿过承重墙或基础，如图 1-11（*b*）所示。施工基础时应预留孔洞，管顶上部净空尺寸不得小于建筑物的最大沉降量，但也不得小于 0.15m。为防止因自重、温度或外力影响变形或位移，室内管道应固定位置。水平管道和垂直管道都应隔一定距离装设支、吊架，如图 1-12 所示。

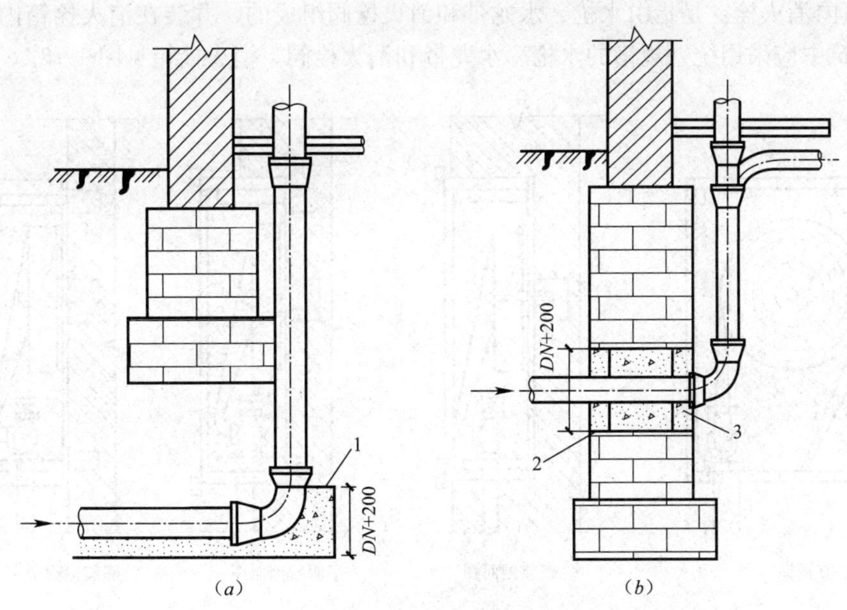

图 1-11 引入管进入建筑

（*a*）管道穿浅基础；（*b*）管道穿深基础

1—支墩；2—砖基础；3—混凝土

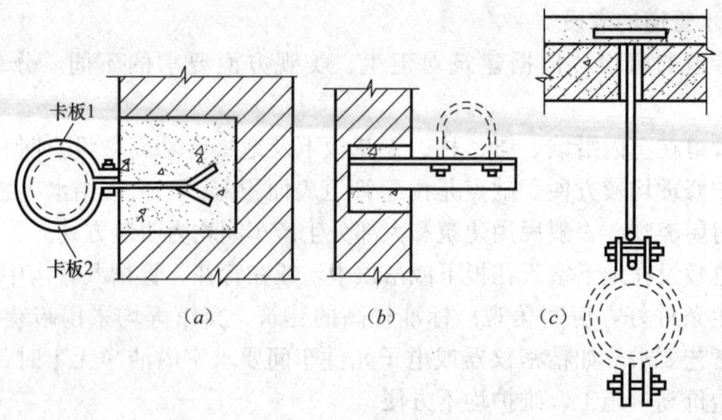

图1-12 支、吊架
(a) 管卡；(b) 托架；(c) 吊环

1.4 消防给水系统

1.4.1 消火栓系统

室内消火栓系统在建筑内使用广泛，主要用于控制和扑灭建筑物中一般物质引起的初期火灾。在建筑高度超过消防车供水能力时，除扑灭初期火灾外，还要扑灭较大火灾。

(1) 室内消火栓系统组成

室内消火栓系统由室内消火栓、消防管道和水源等组成。

1) 室内消火栓：是指由水枪、水龙带和消火栓阀组成的，并装在消火栓箱内的部分。在同一建筑中应采用统一规格的水枪、水龙带和消火栓阀。消火栓箱见图1-13。

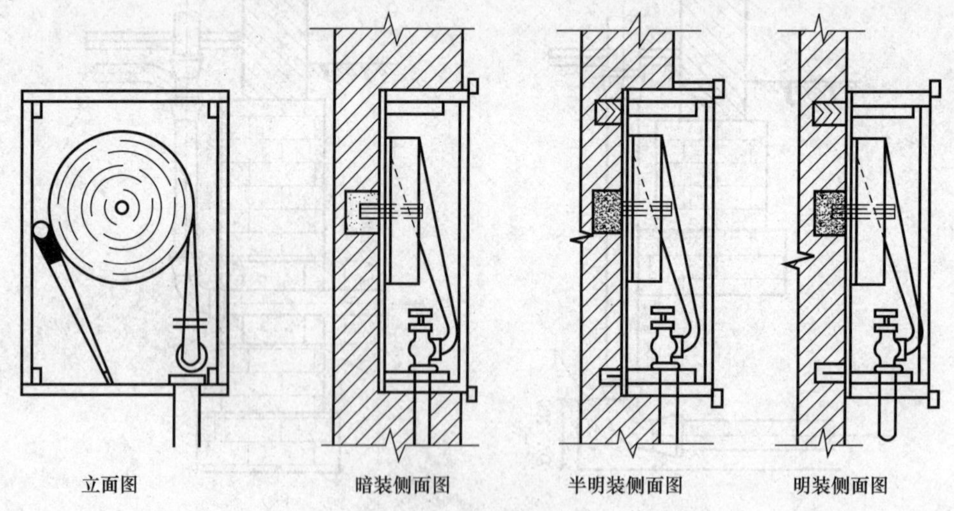

图1-13 消火栓箱

水枪一般为直流式，喷嘴口径有13mm、16mm和19mm三种。水龙带口径有50mm和65mm两种，长度有10m、20m、25m和30m四种，分麻质和化纤两种材质，另外有衬胶（水阻力小）和不衬胶之分。消火栓阀均为内扣式接口的球形阀式水龙头，分单口和双口，单口消火栓阀直径有 50mm 和 65mm 两种，双口消火栓阀直径为 65mm。

2）消防管道：其布置形式与室外给水管网布置形式及室内消火栓数量有关。一般布置成环状，在适当的位置设置阀门，以保证检修时停止使用的数量在允许范围内。常见的有直接供水消火栓系统、设水箱的消火栓系统及设水箱和加压水泵的消火栓系统，见图 1-14～图 1-16。

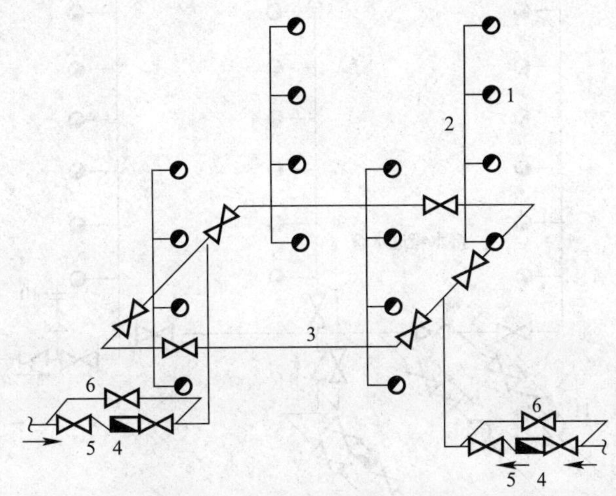

图 1-14　直接供水的消火栓系统

1—室内消火栓；2—消防竖管；3—干管；4—水表；5—止回阀；6—旁通管及阀门

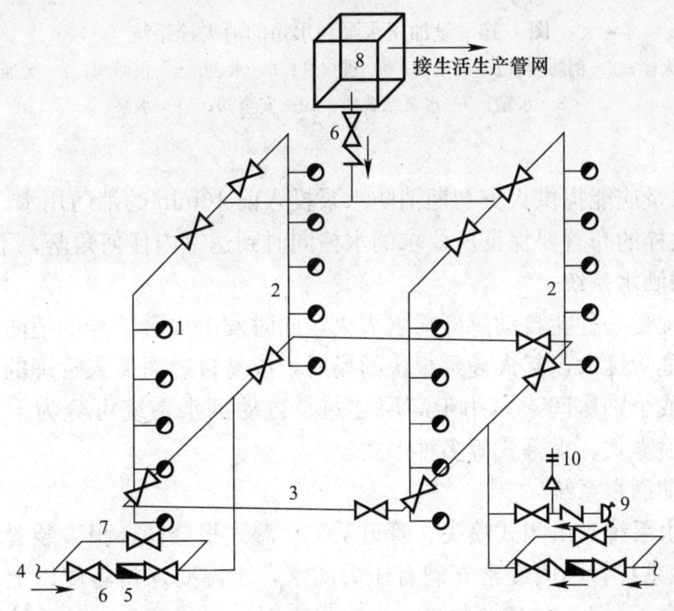

图 1-15　设水箱的消火栓系统

1—室内消火栓；2—消防竖管；3—干管；4—进户管；5—水表；6—止回阀；7—旁通管及阀门；8—水箱；9—水泵结合器；10—安全阀

3）水源：一般由室外给水管网、消防水池等供给。当室内消防水量明显不足或消防水泵发生故障无法启动时，可利用消防车通过水泵结合器加压向室内管网送水灭火。

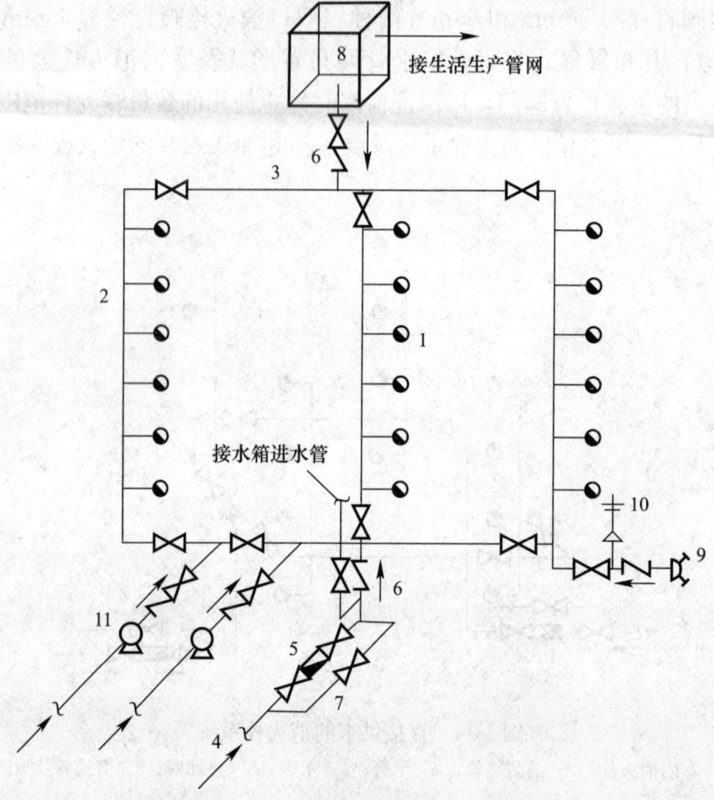

图 1-16　设加压水泵和水箱的消火栓系统

1—室内消火栓；2—消防竖管；3—干管；4—进户管；5—水表；6—止回阀；7—旁通管及阀门；8—水箱；9—水泵结合器；10—安全阀；11—水泵

（2）要求

1）消防贮水量应能提供火灾初期消防水泵投入前 10min 的消防用水。

2）室内消火栓的布置要保证所要求的水柱同时到达室内任何角落，不允许有死角。

1.4.2　自动洒水系统

自动洒水系统是一种能自动感应喷水灭火，同时发出火警信号的消防给水系统。这种装置多设在火灾危险性大，起火蔓延很快的场所，或易自燃而无人管理的仓库及对消防要求较高的建筑物或个别房间，多用于高层建筑。自动洒水系统可分为干式、湿式、雨淋式、预作用式、喷雾式、水幕式等多种形式。

（1）湿式自动洒水系统

湿式自动洒水系统是由闭式喷头、管道系统、湿式报警器、报警装置和供水设施等组成（图 1-17）。该系统管网内经常充满有压力的水，水温要保持零度以上，以避免水的冻结，适于环境温度 4～70℃的建筑物内。火灾发生时，闭式喷头上的玻璃球爆裂，将喷头打开并喷出有压力的水进行灭火。

（2）干式自动洒水系统

干式自动洒水系统是由闭式喷头、管道系统、干式报警器、报警装置、充气装置、排气设备和供水设施等组成（图 1-18）。该系统管道内平时充有低压压缩空气，没有水的进入，不至于因温度过低而冰冻，适于大于 70℃或小于 4℃的温度环境。

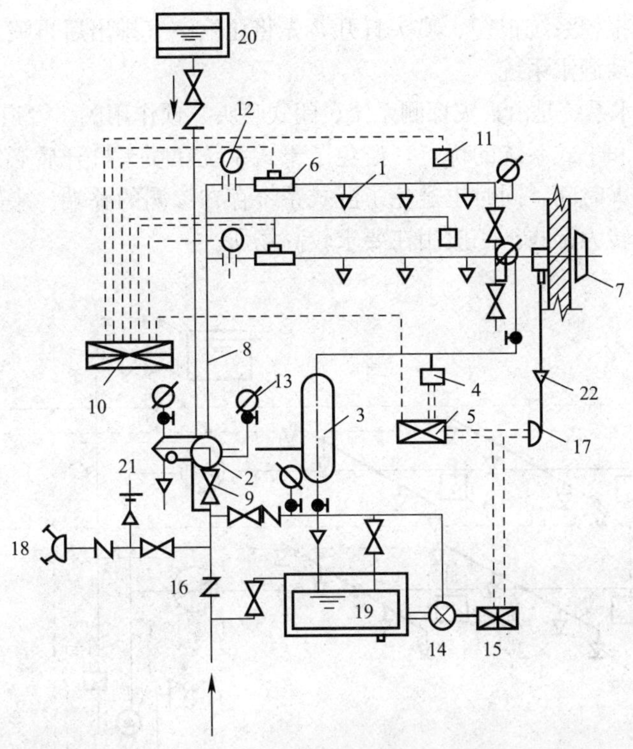

图 1-17 湿式自动洒水系统

1—闭式喷头；2—湿式报警器；3—延迟器；4—压力继电器；5—电气自控箱；6—水流指示器；7—水力警铃；8—配水管；9—阀门；10—火灾收信机；11—感烟感温火灾探测器；12—火灾报警装置；13—压力表；14—消防水泵；15—电动机；16—止回阀；17—按钮；18—水泵结合器；19—水池；20—高位水箱；21—安全阀；22—排水漏斗

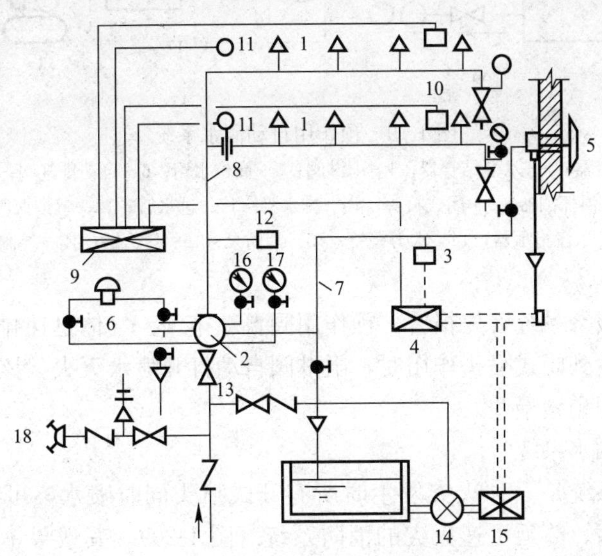

图 1-18 干式自动洒水系统

1—闭式喷头；2—干式报警器；3—压力继电器；4—电气自控箱；5—水力警铃；6—快开器；7—信号管；8—配水管；9—火灾收信机；10—感烟感温火灾探测器；11—报警装置；12—气压保持器；13—阀门；14—消防水泵；15—电动机；16—阀后压力表；17—阀前压力表；18—水泵结合器

火灾发生时，报警系统报警、喷头打开，先将压缩空气排出后再喷水灭火。

(3) 预作用自动洒水系统

预作用自动洒水系统是由火灾探测系统、闭式喷头、预作用阀、管道等组成（图 1-19）。该系统综合了湿式和干式系统的优点，避免了干式系统在喷头打开后必须先放走压缩空气才能喷水而耽误灭火时间，同时也避免了湿式系统存在渗漏的弊端。平时为干式，火灾发生时可立刻将系统转为湿式。一般用在要求较高场所。

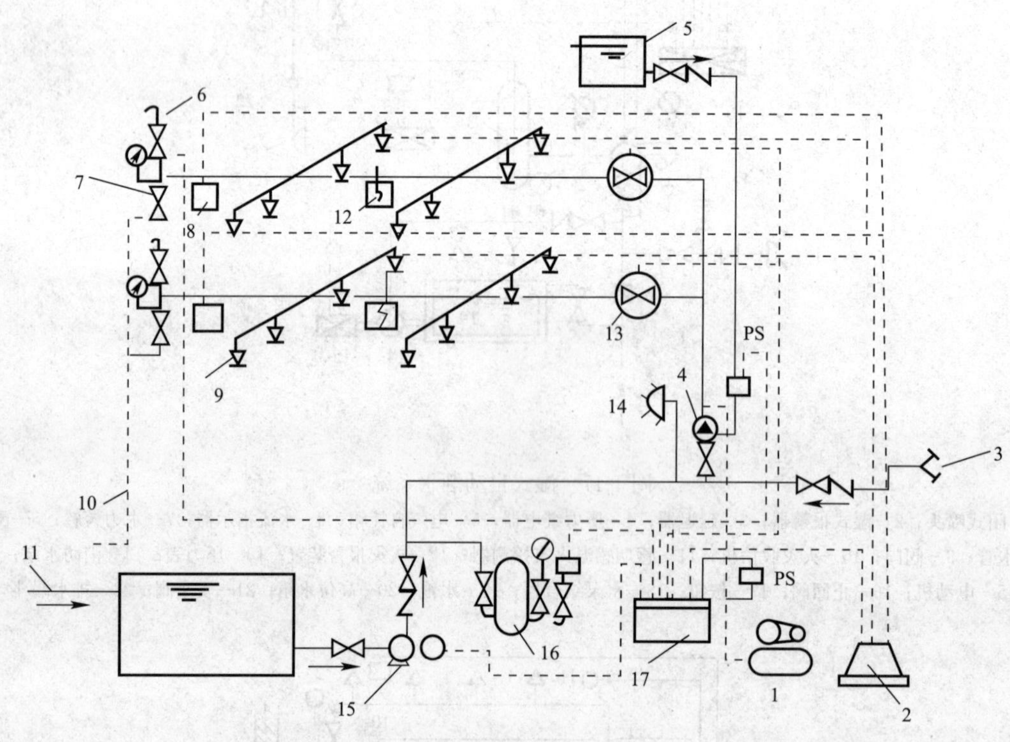

图 1-19 预作用自动洒水系统

1—空压机；2—报警器；3—水泵结合器；4—雨淋阀；5—高位水箱；6—自动排气阀；7—末端试水装置；8—感温探测器；9—闭式喷头；10—排水管；11—进水管；12—感烟探测器；13—水流指示器；14—水力警铃；15—消防泵；16—压力罐；17—控制箱

火灾发生时，报警系统首先报警，预作用阀自动排气，气体迅速排出后，消防水充满管网。当现场温度达到闭式喷头作用时，雨淋阀自动打开喷水灭火。该系统的启动时间要比充水系统启动时间稍缓慢些。

(4) 雨淋自动洒水系统

雨淋自动洒水系统是一种火灾发生时所有开式喷头同时喷水，可覆盖或阻隔整个火区，以控制来势凶猛、蔓延迅速火灾的消防系统（图 1-20）。其效果十分显著，主要用于严重危险级的建筑物。该系统是由报警器、控制箱、高位水箱、喷洒水泵、供水设备、雨淋阀、管网、开式喷头等组成。

当火灾探测器感应到火灾发生时，迅速发出命令启动电磁阀，然后打开雨淋阀，由高位水箱供水，开式喷头喷水灭火。

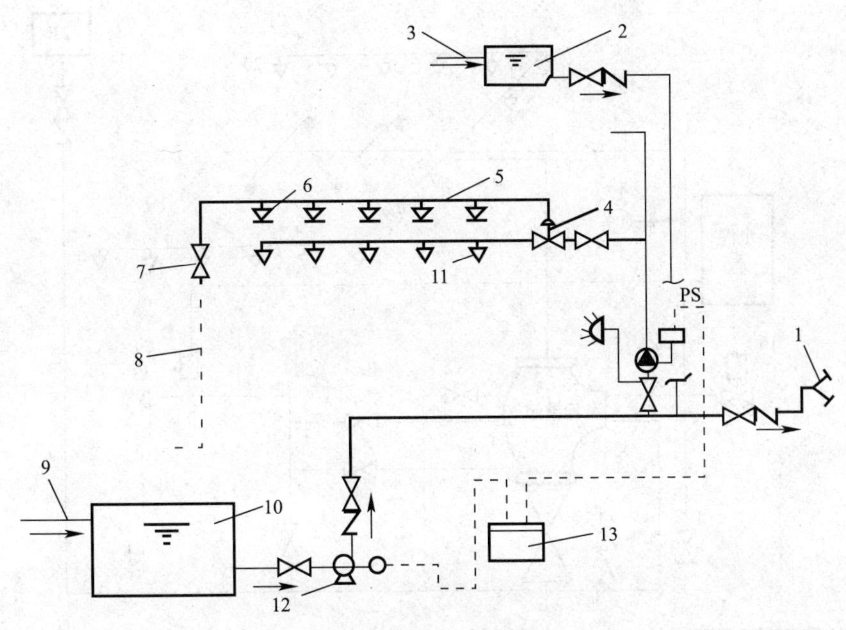

图 1-20 雨淋自动洒水系统

1—水泵结合器；2—高位水箱；3—进水管；4—雨淋阀；5—传动管；6—闭式喷头；7—手动阀；
8—排水管；9—进水管；10—水池；11—开式喷头；12—雨淋泵；13—控制箱

(5) 水幕消防系统

水幕消防系统是一种火灾发生时多个喷头喷水形成水幕，能够隔离火灾地区或冷却防火隔离物，防止火灾蔓延的消防给水系统（图 1-21）。主要用于工厂车间、易燃车间通道，大型舞台等。该系统由水幕喷头、管道、雨淋阀（或手动快开阀）、供水设备、探测报警装置等组成。

水幕消防系统中的喷头都是开口的，端部有一布水盘，可使水分散喷出，一般配合门、窗、墙帷幕等使用，可提高隔火能力。

1.4.3 自动洒水系统组件

(1) 喷头

有开式喷头和闭式喷头之分，如图 1-22、图 1-23 所示。开式喷头按其用途可分为开启式喷头、水幕喷头和喷雾喷头三种；闭式喷头按其溅水盘的形式和安装位置分为直立型、下垂型、干式下垂型、边墙型、普通型和吊顶型。

(2) 报警阀

是开启和关闭管网水流的装置，将控制信号传递给控制系统并启动水力警铃直接报警。一般安装在消防给水立管上，距地面 1.2m 高度位置上。

(3) 水流报警装置

包括水力警铃、水流指示器和压力开关。水力警铃和水流指示器用于湿式自动洒水系统中，压力开关垂直安装在延迟器和报警阀之间的管道上。

(4) 延迟器

安装于报警阀与水力警铃之间，为防止由于水压波动引起报警阀开启导致的误报。

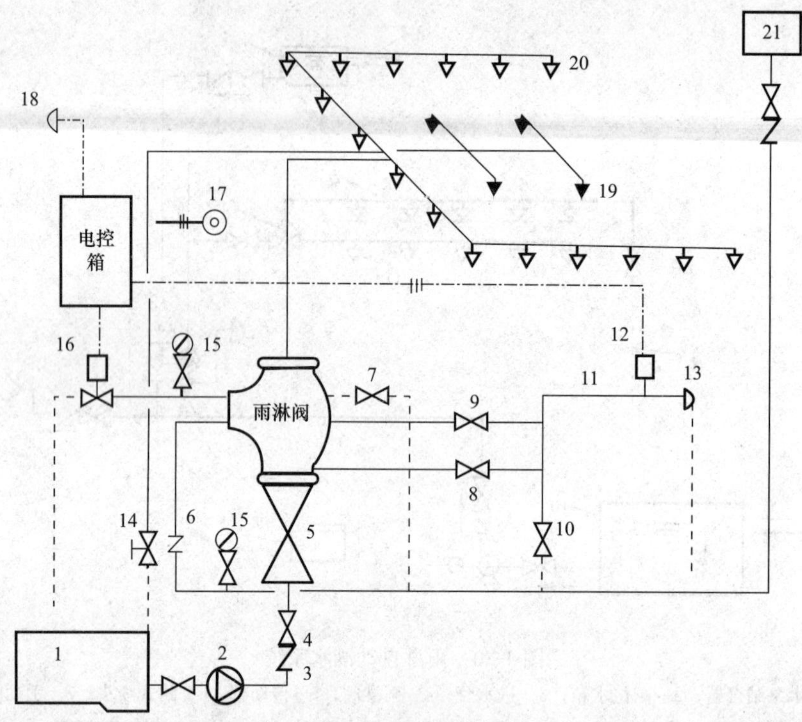

图 1-21 水幕消防系统

1—水池；2—水泵；3—止回阀；4—闸门；5—供水闸阀；6—止回阀；7、10—放水阀；8—识警铃阀；9—警铃管阀；11—滤网；12—压力开关；13—水力警铃；14—手动快开阀；15—压力表；16—电磁阀；17—紧急按钮；18—电铃；19—闭式喷头；20—水幕喷头；21—高位水箱

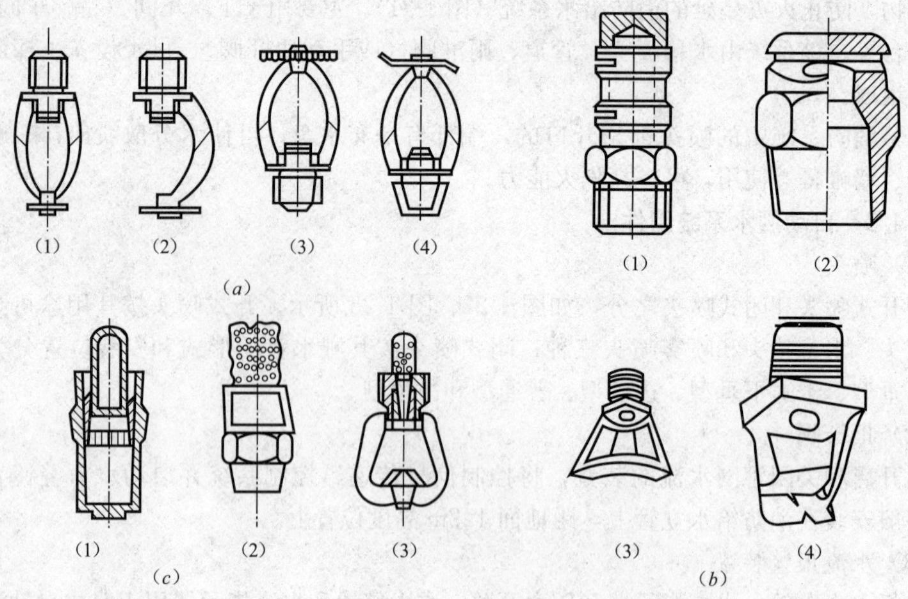

图 1-22 开式喷头

(*a*) 开启式洒水喷头：(1) 双臂下垂式；(2) 单臂下垂式；(3) 双臂直立式；(4) 双臂边墙式

(*b*) 水幕喷头：(1) 双隙式；(2) 单隙式；(3) 窗口式；(4) 檐口式

(*c*) 喷雾喷头：(1)、(2) 高速喷雾式；(3) 中速喷雾式

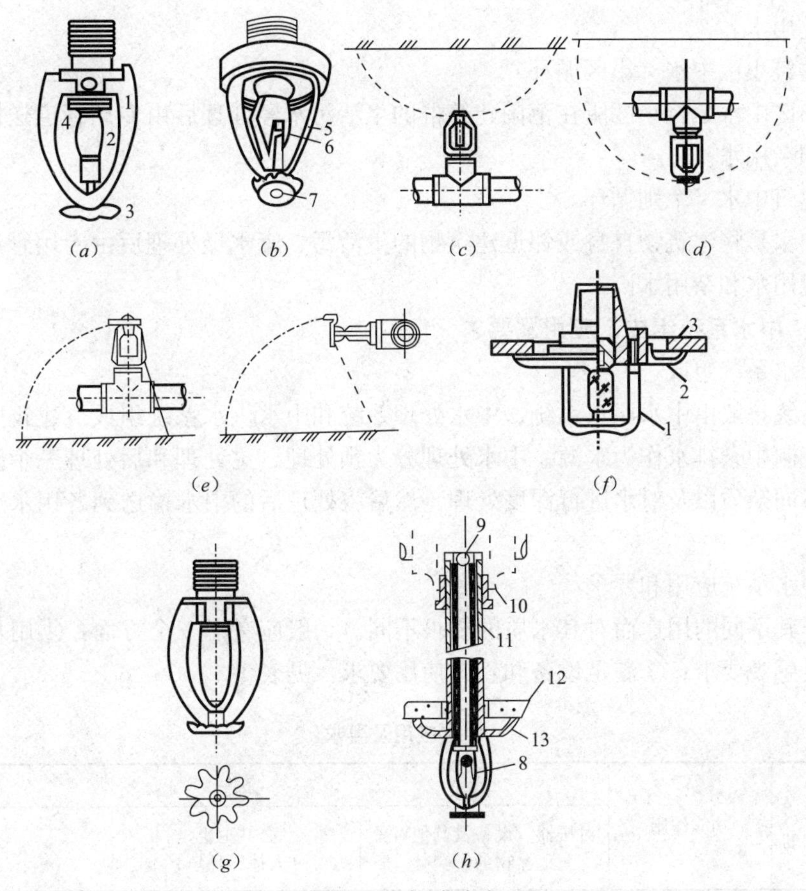

图 1-23 闭式喷头

(a) 玻璃球洒水喷头；(b) 易熔合金洒水喷头；(c) 直立型；(d) 下垂型；
(e) 边墙型；(f) 吊顶型；(g) 普通型；(h) 干式下垂型
1—支架；2—玻璃球；3—溅水盘；4—喷水口；5—支架；6—合金锁片；7—溅水盘；
8—热敏元件；9—钢球；10—钢球密封圈；11—套筒；12—吊顶；13—装饰罩

(5) 火灾探测器

有感温和感烟两种，一般在房间或走道顶棚下面布设。

1.5 建筑中水系统

建筑中水系统是把给水系统用过的废水按水质有选择地收集起来，经过处理后再利用。主要用于小区环境用水（绿化、道路浇洒、景观、消防等）和小区杂用水（洗车、冲洗厕所、施工用水等）。

建筑中水系统是保护环境防止水污染、合理利用水资源并缓解用水的良好途径，具有广阔的发展前景。

1.5.1 中水系统分类

中水系统按其循环方式不同可分为城市中水、小区中水和建筑中水三类。

(1) 城市中水（广域循环）

城市中水是将城市污水处理厂的二级处理水经处理后由专用管网送回，供城市杂用水或工厂工业用水。

（2）建筑小区中水（小区循环）

建筑小区中水是将小区所在范围建筑群的生活污水经处理后由专用管道送回，供小区环境用水和杂用水。

（3）建筑中水（个别循环）

建筑中水是将建筑物自身或邻近建筑物的生活污、废水经处理后由专用管道送回，供建筑物环境用水和杂用水。

1.5.2 中水系统组成、应用及要求

（1）中水系统组成

中水系统一般由中水原水系统、中水处理系统和中水供水系统组成。建筑中水系统一般采用分流制中杂排水作为水源。中水处理分为预处理、主处理和后处理三个阶段，分别去除水中不同杂质以及对水进行深度处理，然后将处理后的中水输送到各用水点的中水管网系统中。

（2）中水系统应用和要求

中水因其不同的用途而对其水质的要求不同。一般应考虑三个方面：①用水安全性要求；②满足感观要求；③满足设备和管道使用要求。见表 1-2。

中水应用及要求 表 1-2

用　途	水质标准	功能作用	条件		
			对机器、设备及其他对象器物的影响	公共卫生（人体、环境）	人类感觉
水洗厕所用水	低质	应带走、排除污物	不发生障碍	对人体几乎无影响，应考虑环境卫生	清洁感（无令人不快的臭气等）
空调冷却水	低质	通过空调或暖气调节室内的温度，创造舒适环境	不发生故障（可用材料、材料性质、养护管理等在很大程度上控制）	无特别关系（可用机器、设备进行控制）	无特别关系
汽车等冲洗用水	中质	除掉车体上的污物，使之清洁	不得发生锈蚀 不得失去光泽 不得超过含盐量	用机器洗车时无关 人洗车时要特别注意皮肤接触式影响和误饮等问题	用机器洗车没关系 人洗时，越清洁越好
洒水	中质	应给人以凉爽感，防尘，供给花草树木水分	不发生故障（可用材料、材料性质控制）	须特别注意，有经皮肤、气道呼吸的影响 根据路面洒水、浇花、浇树等水质而有所差别	越清洁越好
扫地用水	中质	使对象物清洁	不得发生故障（运用机器和人直接使用时有所不同）	要特别考虑到人体及其周围环境的影响	在自动机器时与人不发生关系 人直接用时应清洁
水池喷水	中质	娱乐、修养、观赏（精神卫生）	不发生故障（可用材料、材料性质控制）	要特别注意经皮肤或经口的影响，可养金鱼。需考虑环境卫生	清洁

1.6 室内热水系统

室内热水供应系统主要用于洗涤及盥洗方面，要保证水量、水质、水温达到用户要求。

1.6.1 室内热水供应系统分类

室内热水供应系统按供应热水范围可分为局部热水供应系统、集中热水供应系统和区域热水供应系统。

(1) 局部热水供应系统

局部热水供应系统适用于热水点少、使用要求不高的建筑，其系统简单、造价低，管理维护方便。

(2) 集中热水供应系统

集中热水供应系统适用于用水点多、分布集中的一幢或几幢建筑物用热水。其系统复杂、投资较高，加热设备集中管理方便。

(3) 区域热水供应系统

区域热水供应系统适用于供应热水集中区域的住宅和大型工业企业。因水是在热电厂或区域性锅炉房或区域性热交换站加热，再通过室外热水管网输送到建筑中，便于集中统一维护管理和热能综合利用。其系统、设备复杂，投资较高。

1.6.2 集中热水系统组成

集中热水供应系统主要由第一循环系统（发热、加热设备和热媒循环管道）和第二循环系统（配水和回水管网等）组成（图 1-24）。

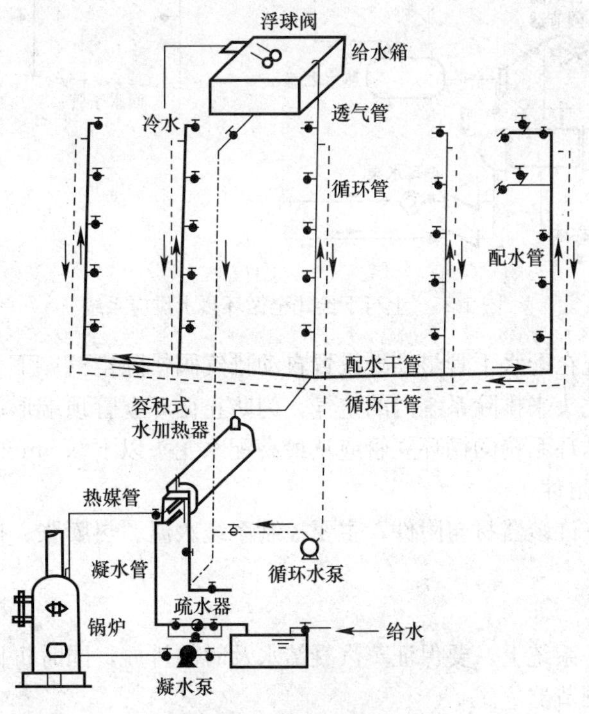

图 1-24 集中热水供应系统组成（下行上给式）

(1) 发热、加热设备

有锅炉、炉灶、太阳能热水器、热交换器、蒸汽管、过热水管、热水贮存水箱等。

(2) 热媒循环管道

连接锅炉和水加热器或贮水器间的管道。

(3) 热水输配水管网和回水管网

连接贮水器（或水加热器）和配水龙头间的管道。

(4) 其他

循环水泵、仪表、管道伸缩器等。

1.6.3 热水供应系统的方式

按照干管在建筑内布置的位置可分为上行下给式（配水干管敷设在建筑物的上部，自上而下供应热水）和下行上给式（配水干管敷设在建筑物的下部，自下而上供应热水），见图 1-25、图 1-26。根据使用要求不同，热水管网可分为全循环（所有支管、立管、干管都设有循环管，支管较短时可不设）和半循环（仅在干管上设置循环管）。

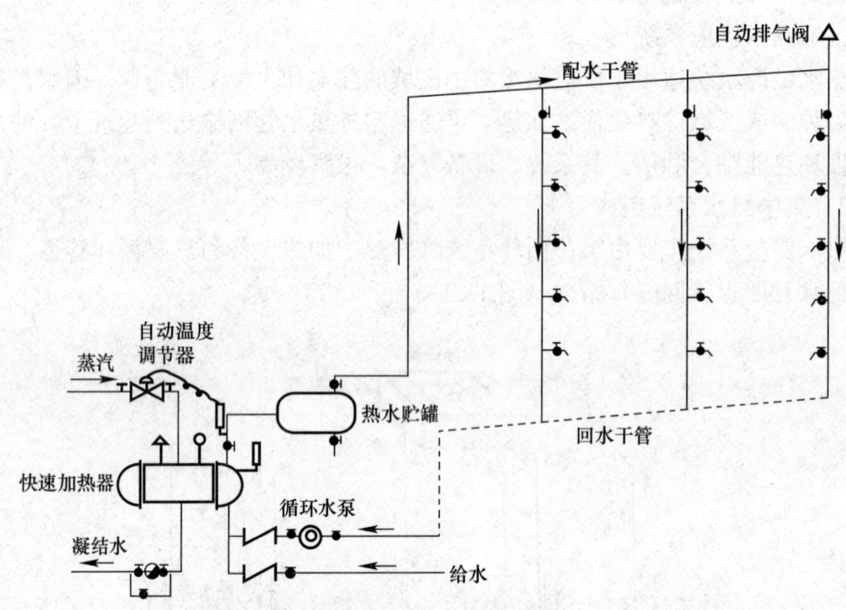

图 1-25 上行下给式全循环热水供应系统

上行下给式系统在配水干管最高处设置自动排气阀排除空气，下行上给式系统可利用设在系统处的配水龙头来排除系统内的空气。为防止循环立管顶端形成气塞而影响系统内水的正常循环，全循环系统的循环立管应从最高配水龙头以下 0.5m 处与配水立管相接。

1.6.4 器材与附件

热水供应系统有许多器材与附件，主要控制系统水温、热膨胀、排气等以保证系统安全正常工作。

(1) 疏水器

装设在第一循环系统上，要保证蒸汽凝结水及时的排放，同时防止蒸汽漏失。

(2) 自动温度调节器

能够自动调节、控制热水水温。

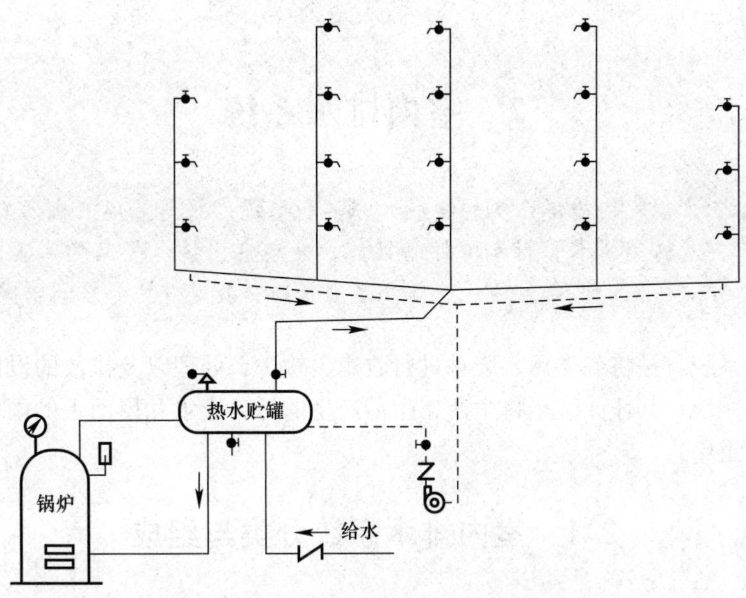

图 1-26 下行上给式半循环热水供应系统

(3) 减压阀

安装在水平管段上，用来降低蒸汽压力值，保证设备安全。

(4) 节流阀

安装在回水管道上，用来粗略调节压力或流量。

(5) 自然补偿管道和伸缩器

通过敷设 L 形或 Z 形自然管道补偿管道的热伸长量。还可以安装伸缩器来补偿管道的热伸长量。

(6) 自动排气阀

设置在管网最高处，要保证管道内热水通畅，避免气体阻塞管道。

思 考 题

1. 室内给水的任务是什么？
2. 室内给水系统是由哪几部分组成的，各有什么作用？
3. 室内给水的方式有哪些，各有何特点？
4. 室内消防给水系统有哪些，分别用于哪些建筑？
5. 室内常用给水管材有哪些，有何特点？
6. 室内给水管道布置原则和敷设要求有哪些？
7. 集中热水供应系统的分类？集中热水系统组成？主要的器材与附件有哪些？有何作用？

2 室内排水系统

学习目标：掌握室内排水系统的组成、分类和形式；熟悉常用卫生器具种类、性能及安装要求；熟悉常用排水管材和附件的性能；熟悉室内排水管网的布置和敷设方式；掌握室内给排水施工图的阅读方法；了解高层建筑与一般建筑给排水的不同要求。

室内排水系统就是将各类污、废水进行收集、输送、处理以及排放的设施以一定方式组合成的排放系统。其任务就是将生产、生活产生的污、废水和屋面上的雨、雪水及时排到室外排水管道中。

2.1 室内排水系统分类与组成

2.1.1 室内排水系统分类

按照排放的污废水性质，室内排水系统分为生活污水排水系统，工业污、废水排水系统和雨、雪水排水系统三类。生活污水排水系统用来排除人们日常生活中所产生的污水，包括盥洗、淋浴和冲洗粪便等污水；工业污、废水排水系统用来排除生产过程中所产生的污、废水；雨、雪水排水系统用来排除屋面雨、雪水。

2.1.2 室内排水系统组成

室内排水系统是由卫生器具、排水管道、排出管、通气管、清通设备及特殊设备等组成，见图 2-1。

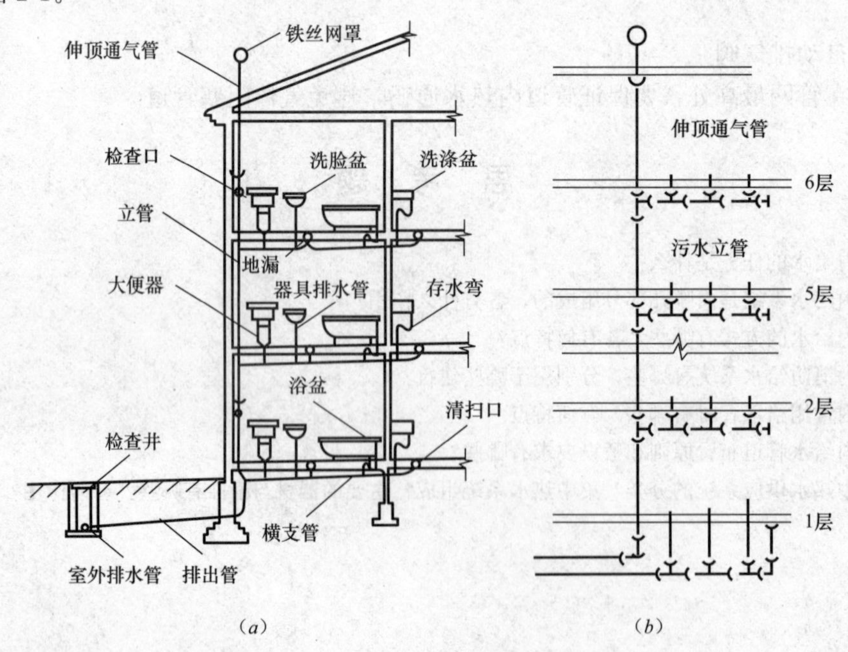

图 2-1 室内排水系统组成

(*a*) 共用下水道；(*b*) 独立下水道

(1) 卫生器具

卫生器具是指收集污、废水并将其排到排水系统中的器具。

(2) 排水管道

排水管道包括器具排水管（设有水封装置S形或P形）、横支管、立管、干管等。

器具排水管是只连接一个卫生器具的排水管。排水横支管是连接两个或两个以上器具排水支管的水平排水管。排水立管是连接排水横支管的垂直排水管的过水部分。排水干管是连接两个或两个以上排水立管的总横管，排水干管一般埋在地下与排出管连接。

(3) 排出管

排出管是将室内污、废水迅速安全地排出室外的管道。

(4) 通气管

指从建筑物最高层立管的检查口，向上延伸出屋面的不过水部分管段。通气管应高出屋面不小于0.3m，并大于最大积雪厚度，对经常有人活动的屋面，则通气管应高出屋面2m，并应考虑设防雷装置。对于排水量大的建筑，除设普通通气管外，还应设置辅助通气管系统（详见2.3高层建筑排水）。

(5) 清通设备

清通设备包括检查口、清扫口、检查井等。为方便疏通排水管道，还需设置带有清通门（盖板）的部分90°弯头和三通。

(6) 特殊设备

如污水泵、局部水处理构筑物等。

当室内污、废水不能自流排到室外时，需设置提升设备。常用的污水泵有潜水泵、液下泵和卧式离心泵。当室内污水未经处理不允许直接排入城市排水系统或水体时，需设置局部水处理构筑物，包括化粪池、隔油池和降温井。

2.2 室内排水系统常用管材及卫生器具

2.2.1 室内排水管材和管件

(1) 常用管材

室内排水管材主要使用的塑料管是硬聚氯乙烯管（UPVC），排水铸铁管逐渐被塑料管所代替，只在某些特殊地方使用。排水系统中常用管材如下：

1）塑料管：主要用于生活污水、雨水、生产排水管道。目前市场供应的塑料管有实壁管、心层发泡管、螺旋管等。

2）排水铸铁管：主要用于生活污水、雨水管道。

3）焊接钢管：主要用于卫生器具排水支管及生产设备的非腐蚀性排水管。

4）无缝钢管：主要用于振动大、压力大且非腐蚀性排水管道。

5）耐酸陶瓷管：主要用于强酸性的生产污水管道。

6）石棉水泥管：主要用于振动不大、无机械损伤的生产排水管道。

7）特种管材：主要用于排出工业生产产生的特种废水（具有腐蚀性、高温、高压、毒性污水等）管道。

(2) 室内排水管件

室内排水管通过各种管件连接，常用的排水管件如图 2-2 所示。

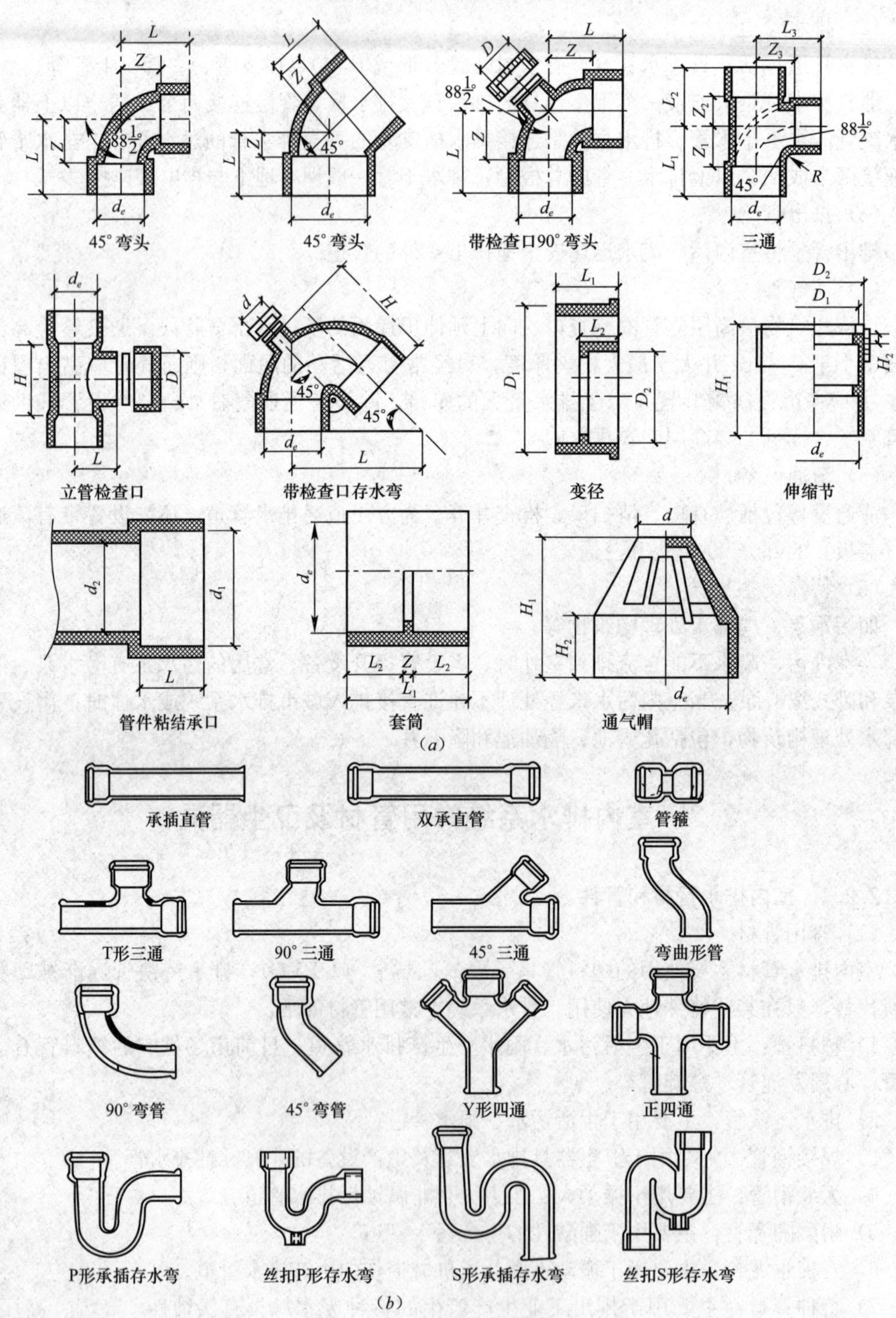

图 2-2 常用排水管件

(a) 塑料排水管件；(b) 铸铁排水管件

2.2.2 室内排水附件

（1）存水弯

存水弯指的是在卫生器具内部或器具排水管段上设置的一种内有水封的配件。有的卫生器具构造内已有存水弯（如坐式大便器），构造中不具备者和工业废水受水器与生活污水管道或其他可能产生有害气体的排水管道连接时，必须在排水口以下设存水弯。

存水弯的作用是在其内形成一定高度的水柱（一般为 50～100mm），该部分存水高度称为水封高度，它能阻止排水管道内各种污染气体以及小虫进入室内。

存水弯分 S 形存水弯和 P 形存水弯，S 形存水弯用于与排水横管垂直连接的场所。P 形存水弯用于与排水横管或排水立管水平直角连接的场所。

存水弯的水封除因水封深度不够等原因容易遭受破坏外，有的卫生器具由于使用间歇时间过长，尤其是地漏，长时期没有补充水，水封面不断蒸发而失去水封作用，这是造成臭气外逸的主要原因，故应定时向地漏的存水弯部分注水，保持一定水封高度。

（2）检查口和清扫口

检查口指的是带有可开启检查盖的短管，装设在排水立管及较长水平管段上，作检查和清通之用。一般装于立管，供立管与横支管连接处有异物堵塞时清掏用，多层或高层建筑的排水立管上每隔一层就应装一个，检查口间距不大于 10m。但在最底层和设有卫生器具的两层以上坡顶建筑物的最高层必须设置检查口，平顶建筑可用通气口代替检查口。另外，立管如装有乙字管，则应在乙字管上部设检查口。当排水横支管管段超过规定长度时，也应设置检查口。检查口设置高度一般从地面至检查口中心 1.0m 为宜。

清扫口指的是装在排水横管上，用于清扫排水管的配件。其上口与地面齐平。清扫口一般装于横管，尤其是各层横支管连接卫生器具较多时，横支管起点均应装置清扫口（有时可用地漏代替）。当连接两个及以上大便器或三个及以上卫生器具的铸铁横支管、连接四个及四个以上的大便器的塑料横支管时均宜设置清扫口。

清扫口安装须与地面平齐，排水横管起点设置的清扫口一般与墙面保持不得小于 0.15m 的距离。当采用堵头代替清扫口时，距离不得小于 0.4m。

（3）地漏

地漏是连接排水管道系统与室内地面的重要接口。作为住宅中排水系统的重要部件，它的性能好坏直接影响室内空气的质量，对卫生间和淋浴室的异味控制非常重要。

地漏的安装比较复杂，必须交由专业人员来完成。安装时需注意以下两点：①修整排水预留孔，使其与地漏完全吻合。地漏箅子的开孔孔径应控制在 6～8mm 之间，可防止头发、污泥、沙粒等污物的进入；②多通道地漏的进水口不宜过多，有两个（地面和浴缸或地面和洗衣机）完全可以满足需要。

地漏使用的材料主要有铸铁、PVC、锌合金、陶瓷、铸铝、不锈钢、黄铜、铜合金等材质。

2.2.3 卫生器具

卫生器具包括下列四类：

（1）便溺用卫生器具

包括大便器、小便器、大便槽、小便槽等。主要是收集排除粪便污水。

（2）盥洗、沐浴用卫生器具

包括洗脸盆、盥洗槽、浴盆、淋浴器、妇女卫生盆等。

（3）洗涤用卫生器具

包括洗涤盆、化验盆、污水盆、地漏等。

（4）专用卫生器具

包括饮水器等。

2.2.4　排水管道布置与敷设

（1）排水管道布置与敷设的原则

1）排水通畅，水力条件好；

2）使用安全可靠，防止污染，不影响室内环境卫生；

3）管线简单，工程造价低；

4）施工安装方便，易于维护管理；

5）占地面积小、美观；

6）兼顾到给水管道、热水管道、供热通风管道、燃气管道、电力照明线路、通信线路和电视电缆等的布置和敷设要求。

（2）卫生器具布置与敷设

1）既要考虑使用方便，又要考虑管线短，排水通畅，便于维护管理；

2）地漏应设在地面最低处，易于溅水的卫生器具附近，地漏箅子面应低于地面 5～10mm。

（3）器具排水管布置与敷设

1）器具排水管上应设有水封装置，以防止排水管道中的有害气体进入室内，水封有S形、P形存水弯及水封盒、水封井等；

2）器具排水管与排水横支管连接时，宜采用45°三通或90°斜三通。

（4）排水横支管布置与敷设

1）可沿墙敷设在地板上，也可用间距为1～1.5m的吊环悬吊在地板上，底层的横支管宜埋地敷设；

2）不宜穿过沉降缝、伸缩缝、烟道和风道；

3）排水管道容易渗漏和产生凝结水，故悬吊横支管不得布置在不能遇水的设备和原料上方、卧室内和炉灶上方以及库房、通风室及配电室天棚下；

4）排水横支管不宜过长，以防因管道过长而造成虹吸作用对卫生器具水封的破坏；

5）应以一定的坡度坡向立管，并要尽量少拐弯，尤其是连接大便器的横支管，宜直线与立管连接，以减少阻塞及清扫口的数量；

6）排水横支管与立管连接处应采用45°三通或90°斜三通。

（5）排水立管布置与敷设

1）一般在墙角处明装，高级建筑的排水立管可暗装在管槽或管井中；

2）宜靠近杂质多、水量大的排水点，民用建筑一般靠近大便器，以减少管道堵塞机会；

3）排水立管一般不允许转弯，当上下位置错开时，宜用乙字弯或两个45°弯头连接；

4）排水立管穿过实心楼板时应预留孔洞，预留洞时注意使排水立管中心与墙面有一定的操作距离。排水立管中心与墙面距离及楼板留洞尺寸见表 2-1；

排水立管中心与墙面距离及楼板留洞尺寸　　表 2-1

管径（mm）	50	75	100	125～150
管中心与墙面距离（mm）	100	110	130	150
楼板留洞尺寸（mm）	100×100	200×200	200×200	300×300

5）立管的固定常采用管卡，管卡间距不得超过 3m，但每层至少应设置一个，托在承口的下面。

（6）排水干管和排出管布置与敷设

1）为保持水流通畅，排水干管应尽量少拐弯；

2）排水干管与排出管在穿越建筑物承重墙或基础时，要预留孔洞，其管顶上部的净空高度不得小于沉降量，且不小于 0.15m；

3）排出管管顶距室外地面不应小于 0.7m，生活污水和与生活污水水温相同的其他污水的排出管的管底可在冰冻线上 0.15m；

4）排水横管、干管和排出管必须按规定的坡度敷设，以达到自清流速，其标准坡度和最小坡度见表 2-2，一般应按标准坡度敷设。

排水管道标准坡度和最小坡度　　表 2-2

管径（mm）	生产废水	生产污水	生活污水	
	最小坡度	最小坡度	标准坡度	最小坡度
50	0.020	0.030	0.035	0.025
75	0.015	0.020	0.025	0.015
100	0.008	0.012	0.020	0.012
125	0.006	0.010	0.015	0.010
150	0.005	0.006	0.010	0.007
200	0.004	0.004	0.008	0.005
250	0.0035	0.0035		
300	0.003	0.003		

（7）通气管布置与敷设

1）对于卫生器具在 4 个以上，且距立管大于 12m 或同一横支管连接 6 个及 6 个以上大便器时，应设辅助通气管。辅助通气管是为平衡排水管内的空气压力而由排水横管上接出的管段。

2）建筑物内设有卫生器具的层数在 10 层及 10 层以上时，可设专用通气立管，它是专为平衡排水立管内的空气压力而设置的，其中间部分每隔两层与排水立管连接。

3）通气管出口不宜设在檐口、阳台和雨篷等挑出部分的下面，出口应装网罩或风帽，以防杂物落入。

2.3 高层建筑给排水系统

高层建筑是指 10 层及 10 层以上的居民住宅或建筑高度超过 24m 以上的公共建筑。

由于高层建筑功能复杂，管道长且设备多、用水标准高、使用人数多及发生火灾危险性大等原因，其给排水的设置也不同于一般建筑，必须保证供水的安全可靠性和排水的通畅。

2.3.1 高层建筑给水

高层建筑高度较高，一般城市管网水压达不到用水要求，且对管材、配件及设备的强度有很高要求。因此，高层建筑给水必须合理竖向分区。常用给水方式见表 2-3。

高层建筑常用给水方式 表 2-3

名称		图示	适用条件	说明
高位水箱供水	分区串联给水方式	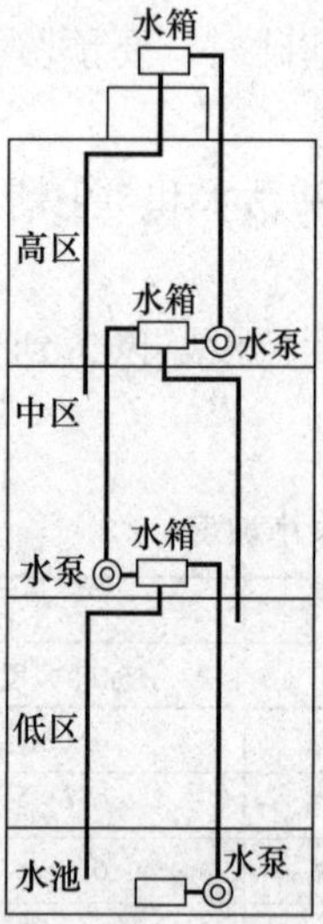 水箱 高区 水箱 水泵 中区 水箱 水泵 低区 水池 水泵	允许分区设置水泵和水箱的高层工业建筑	水泵、水箱、分区设置，各区水泵、水箱独立集中，从下区水箱抽水供上区用水
	分区并联给水方式	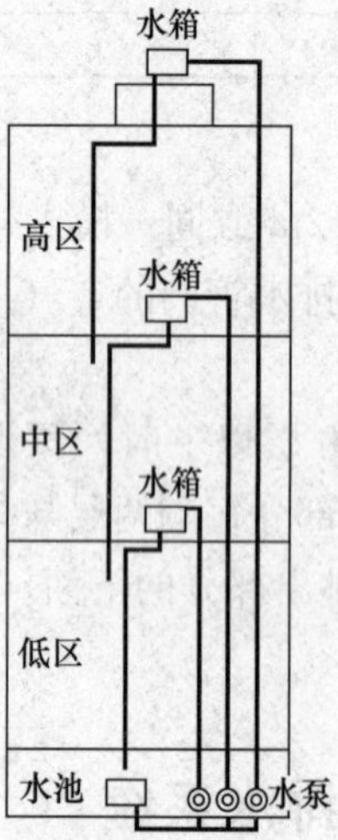 水箱 高区 水箱 中区 水箱 低区 水池 水泵	允许分区设置水箱的高层建筑	水泵、水箱、分区设置，水泵集中设置在地下室或底层

续表

名称		图示	适用条件	说明
高位水箱供水	减压水箱给水方式	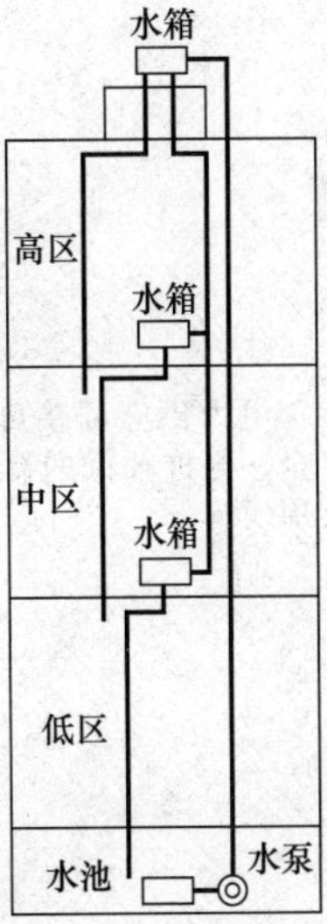 水箱 高区 水箱 中区 水箱 低区 水池 水泵	允许分区设置水箱，电力供应充足且电价较低的高层建筑	水泵加压供水至最高区水箱，再由管道逐层送至各分区减压水箱减压
气压水箱供水方式	并联给水方式	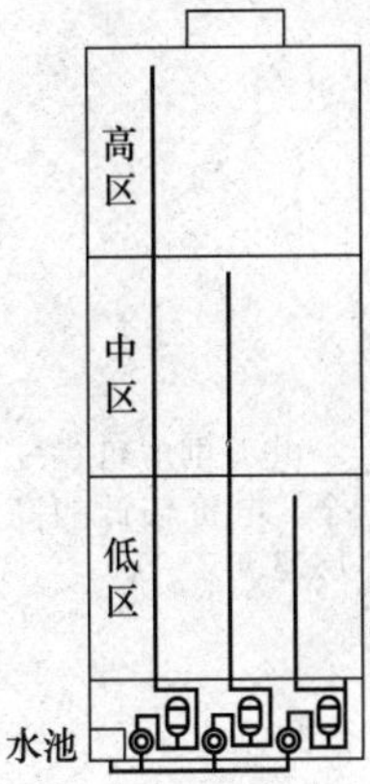 高区 中区 低区 水池	不允许设置高位水箱的高层建筑，对水量、水压要求低	各区由气压设备分别供水。其运行费用高，气压罐贮水量小，水泵启闭频繁，水压变化幅度大
	减压阀给水方式	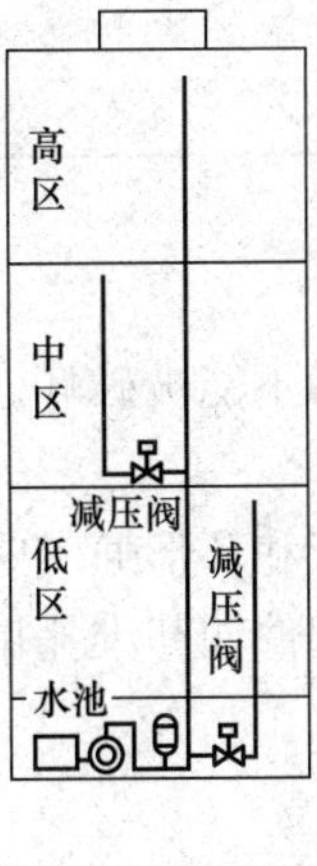 高区 中区 减压阀 低区 减压阀 水池	不允许设置高位水箱的高层建筑	由气压水箱直接供水，中、低区利用减压阀减压供水

续表

名　称		图　示	适用条件	说　明
无水箱给水方式	并联给水方式	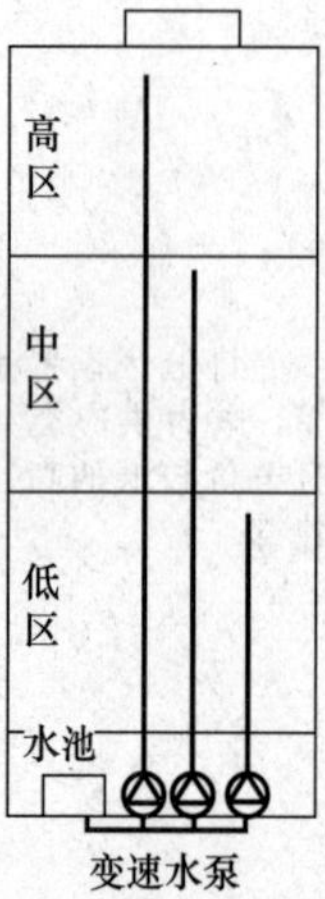 高区 中区 低区 水池 变速水泵	电力供应可靠安全、电价较低的高层建筑	分区设置变频调速水泵，水泵集中设置管理，计算机控制多台水泵并联运行
	减压阀给水方式	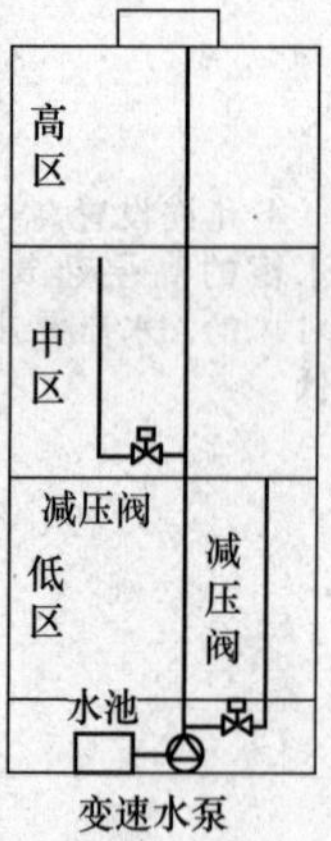 高区 中区 减压阀 低区 减压阀 水池 变速水泵	电力供应可靠安全、电价较低的高层建筑	由水泵统一将水加压至最高区水箱，下区利用减压阀减压供水

2.3.2　高层建筑排水

高层建筑卫生条件要求高，排水必须通畅，水封不能被破坏。一般采用增加辅助通气管系统的方法解决。

辅助通气管系统包括专用通气立管、主通气立管和环形通气管、副通气立管、器具通气管、共轭通气管和混合通气管。另外还有特制的配件如苏维托单立管排水系统、旋流式单立管系统等，以保证排水通畅。主要形式见表 2-4。

高层建筑排水辅助通气管系统 表 2-4

名称		图示	说明
辅助通气管系统	专用通气立管	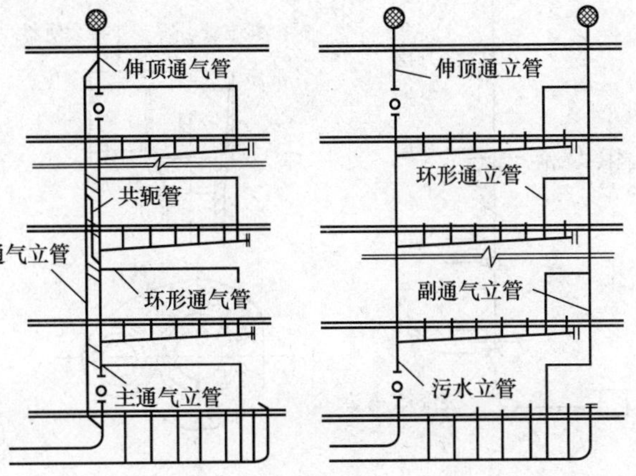 伸顶通气管 共轭管 专用通气立管 环形通气管 主通气立管 (a) 伸顶通立管 环形通立管 副通气立管 污水立管 (b)	层数较多或卫生器具较多，且排水立管排水量超过无专用通气立管的排水立管最大排水能力时，应设专用通气立管
	主通气立管和环形通气管		由于排水立管较长且横支管上卫生器具较多，易使管道内压力波动破坏水封。一般在横支管末端第一个与第二个卫生器具之间连接环形通气立管和设置主通气立管(排水与通气立管同边设置)
	副通气立管	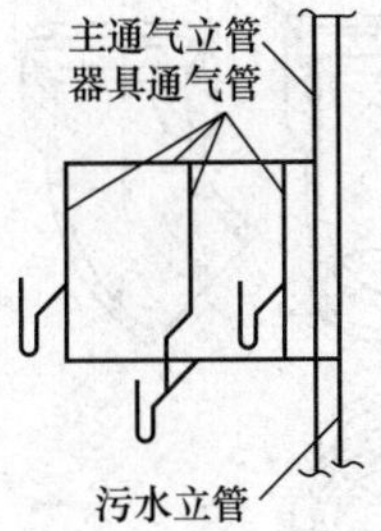 主通气立管 器具通气管 污水立管 (c)	排水与通气立管分开设置
	器具通气管		有较高卫生、安静要求时宜设器具通气管
	共轭通气管		为加强气流环行，每隔十层在立管和通气管间连接共轭通气管
	混合通气管		上述管系的综合使用
苏维托单立管排水系统		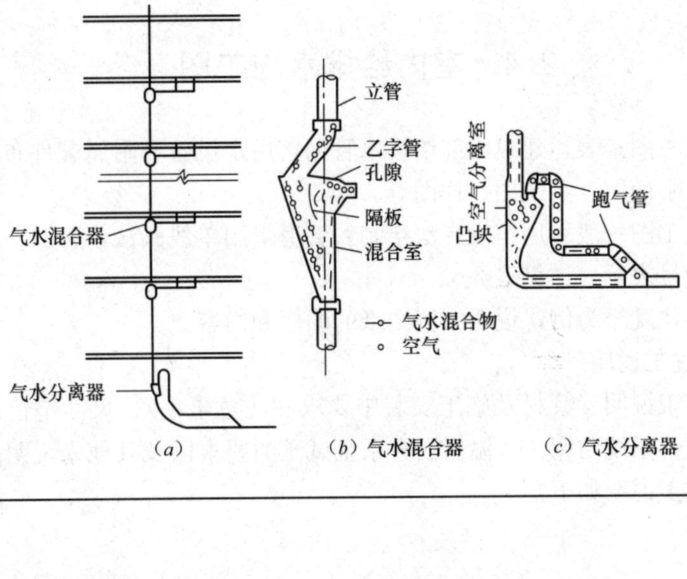 气水混合器 气水分离器 (a) 立管 乙字管 孔隙 隔板 混合室 气水混合物 空气 (b) 气水混合器 空气分离室 凸块 跑气管 (c) 气水分离器	属特制的配件。包括各楼层的气水混合器和最底层的气水分离器

续表

名　称	图　示	说　明
旋流式单立管排水系统	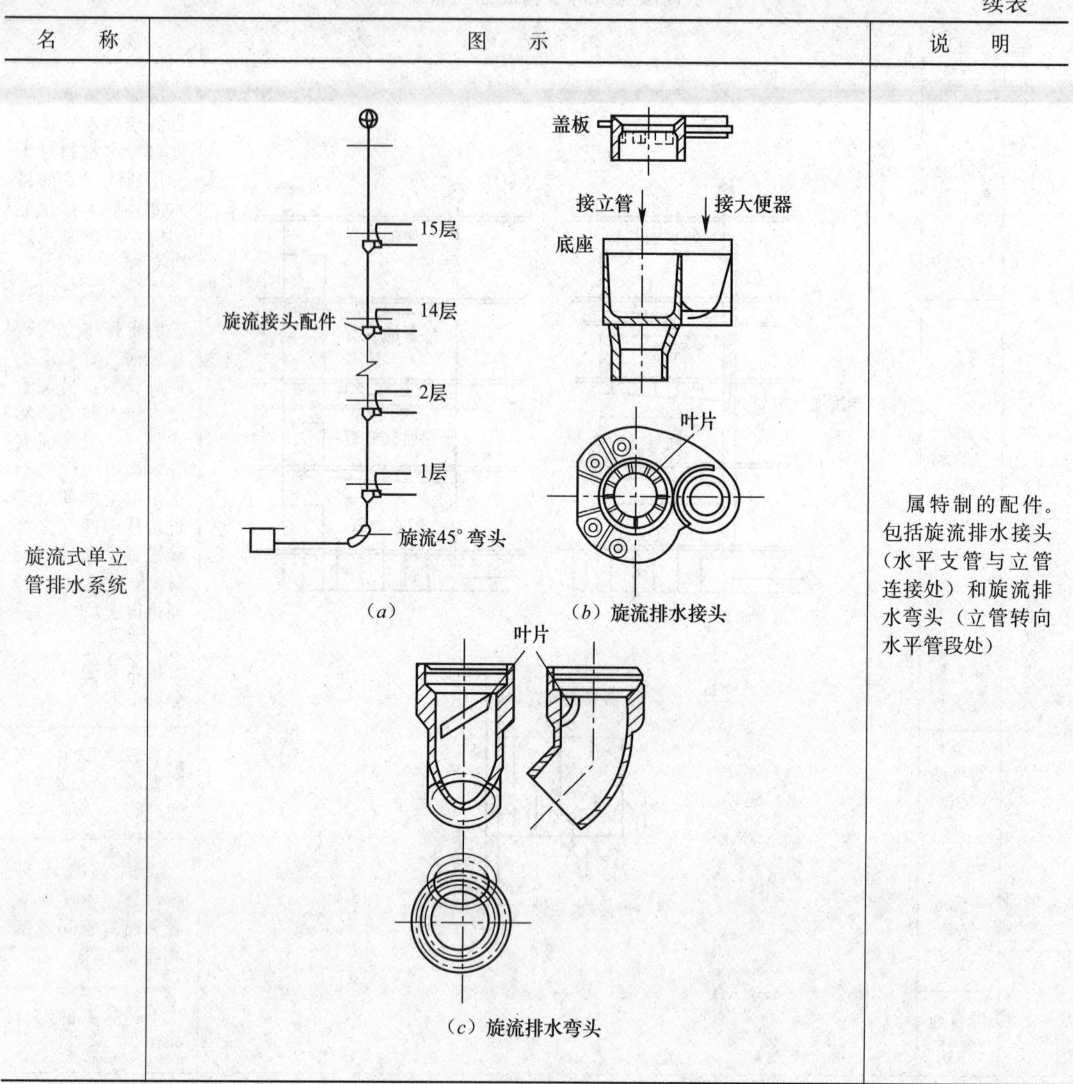（*a*） （*b*）旋流排水接头 （*c*）旋流排水弯头	属特制的配件。包括旋流排水接头（水平支管与立管连接处）和旋流排水弯头（立管转向水平管段处）

2.4　室内给排水施工图

室内给排水施工图是表达建筑内部给排水管网、用水设备和附属配件布置的图纸。包括施工设计说明、平面图、系统图、详图等。

室内给排水施工图一般采用正投影法绘制。管道采用单线画法，管道、附件及设备等有统一的图例、代号表示，详见表 2-5。

以某医院三层住院楼为例，说明阅读图纸的顺序和内容。

2.4.1　设计施工说明

包括给排水施工说明（管材及施工安装中要求和注意事项）、尺寸单位说明；消防设备型号、阀门符号；系统防腐、保温做法；系统试压的要求以及其他未说明的各项施工要求等。该例设计施工说明如下：

室内给排水施工图常用图例 表 2-5

符号	名称	符号	名称	符号	名称
	给水管		水泵接合器		污水池
	排水管		消防喷淋头		洗涤池
	热水管		水龙头		系统编号
	闸阀		淋浴器	JL-1或	立管编号
	截止阀		地漏		通气帽
	止回阀		清扫口		水泵
	电动阀		检查口		防水套管
	减压阀		存水弯		可曲挠接头
	消防报警阀		洗脸盆		压力表
	蝶阀		浴盆		水流指示器
	浮球阀		小便器		消火栓（单出口）
	减压孔板		坐式大便器		消火栓（双出口）
	水表		蹲式大便器		

(1) 给水方式

室外给水压力满足室内用水量、水压要求，市内给水系统不设水泵、水箱，采取直接给水方式。

(2) 管道安装

给水采用镀锌钢管，丝扣连接。排水管到地面上部分采用硬聚乙烯塑料管，承插粘结。埋地部分采用承插铸铁排水管，水泥捻口。管道穿地面、楼板及墙壁处均应设钢套管，钢套管直径比管道直径大二号。穿楼板钢套管长度要求上端高出地面 20mm，下端与抹灰后顶棚一平。穿墙钢套管长度要求两端与抹灰后墙面一平。箭头指向为管道坡度向下方向，给水管道坡度均为 0.002，便于泄水。排水管道坡度为标准坡度，坡度大小图中已注明。

给排水管标高均指管中心，首层地面相对标高为±0.000。卫生间及盥洗室地面相对标高为−0.020，室外地坪相对标高为−0.450。

(3) 卫生器具

卫生器具均为普通型，其型号规格见表 2-6。

主要材料设备表 表 2-6

序号	图例	名称	规格型号	单位	数量	备注
1		给水管	镀锌钢管	m		
2		排水管	硬聚氯乙烯塑料排水管	m		
3		热水管	镀锌钢管	m		
4		大便器		套	18	
5		小便器		套	3	
6		硬聚乙烯塑料清扫口	DN100	个	9	
7		硬聚氯乙烯塑料地漏	DN50	个	9	
8		检查口		个	4	
9		硬聚氯乙烯塑料通气帽		个	2	
10		闸阀	Z15T-10	个	2	
11		截止阀	J11T-10	个	27	
12		水嘴	陶瓷磨片密封水嘴 DN15	个	21	

(4) 水表阀门安装

给水系统首层立管上均为闸阀，其余均为截止阀。

(5) 检查口、通气帽、地漏

排水立管在首层及顶层设检查口，其中心距地 1000mm，卫生间地面设地漏，地面为高水封、防臭地漏。地漏箅子顶面比设置处的地面低 10mm，卫生间地面应有 0.01 坡度坡向地漏，通气帽为硬聚氯乙烯通气帽，通气帽高出屋顶 500mm。

(6) 保温防腐、刷油

埋地镀锌钢管采取乳化沥青玻璃布五层做法；地上明装给水镀锌钢管刷银粉漆两遍；埋地排水铸铁管刷乳化沥青两遍。

(7) 水压试验

埋地排水铸铁管隐蔽前做灌水试验。室内给水管道系统安装完毕冲洗合格后作水压试验，试验压力为 0.6MPa，10 分钟内压力降不大于 0.05MPa，做外观检查，以不漏为合格。

(8) 消防

根据《建筑设计防火规范》GB 50016—2006 要求室内不设消防给水系统，室外距建筑物 150m 内应有室外消火栓一个。

2.4.2 室内给排水平面图和系统图

室内给排水平面图反映给排水设备的配置和管道的平面布置情况。如房间编号、立管编号、管径尺寸、坡度大小、用水设备和卫生器具类型、位置等。

室内给排水系统图反映给排水管道空间布置和连接情况。如给排水立管编号、管径尺寸、坡度大小、给水附件和排水设施位置、管道标高、楼层标高等。

(1) 室内给水平面图

如图 2-3 所示，从首层给水平面图中可看到：给水入口 J1 从卫生间中间外墙穿入。左右各连一横干管，分别在墙角处设立管 JL1 和 JL2，从立管 JL1 接出水平支管，用于大便器、小便池的冲洗；从立管 JL2 接出水平支管，再安装盥洗水龙头。

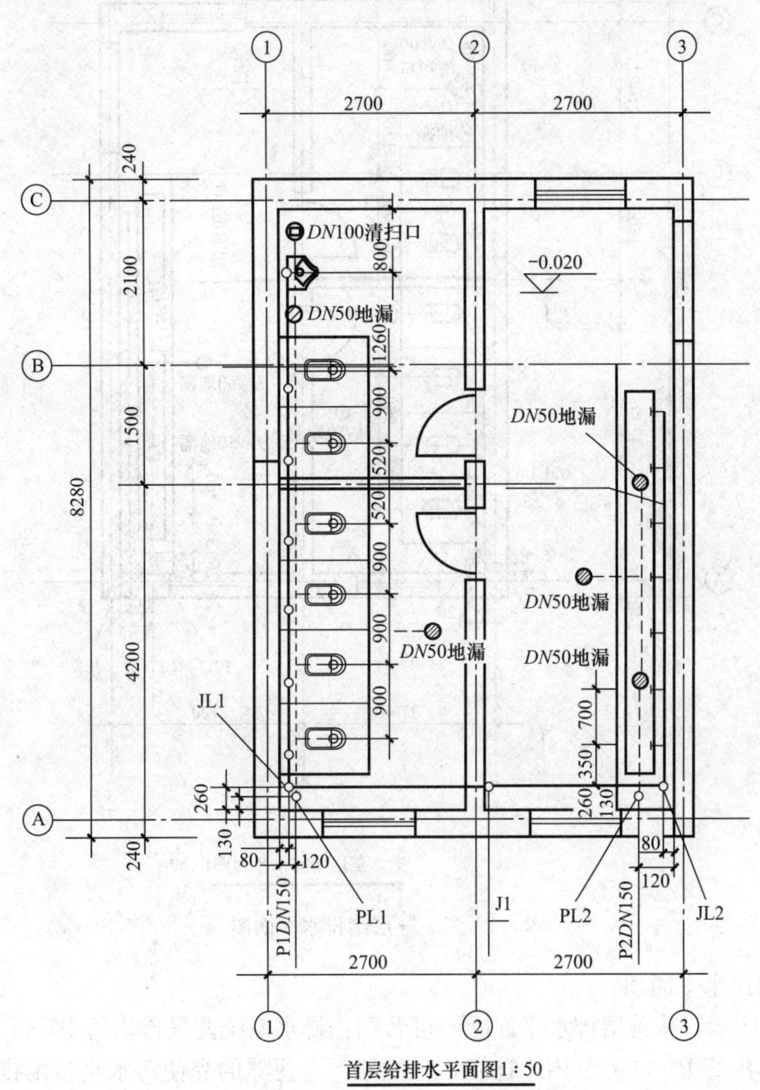

图 2-3 首层给排水平面图

如图 2-4 所示，从二、三层给水平面图中可看到：各给水立管从一楼引上后，通向各层，除入户管和水平干管外，其他主要内容与首层给水平面图基本相同。

(2) 室内给水系统图

如图 2-5 所示，从 J1 给水系统图中可看到：入户管从－1.250m 相对标高处由室外引入室内，上升到－0.400m 标高处左右两分至墙角设立管，在立管 JL1 上各层都从距地面 2.250m 处沿墙连接横支管，在该支管上安装有截止阀。在立管上各层都从距地面 1.0m 处沿墙安装横支管，在该支管上装有截止阀和水龙头。

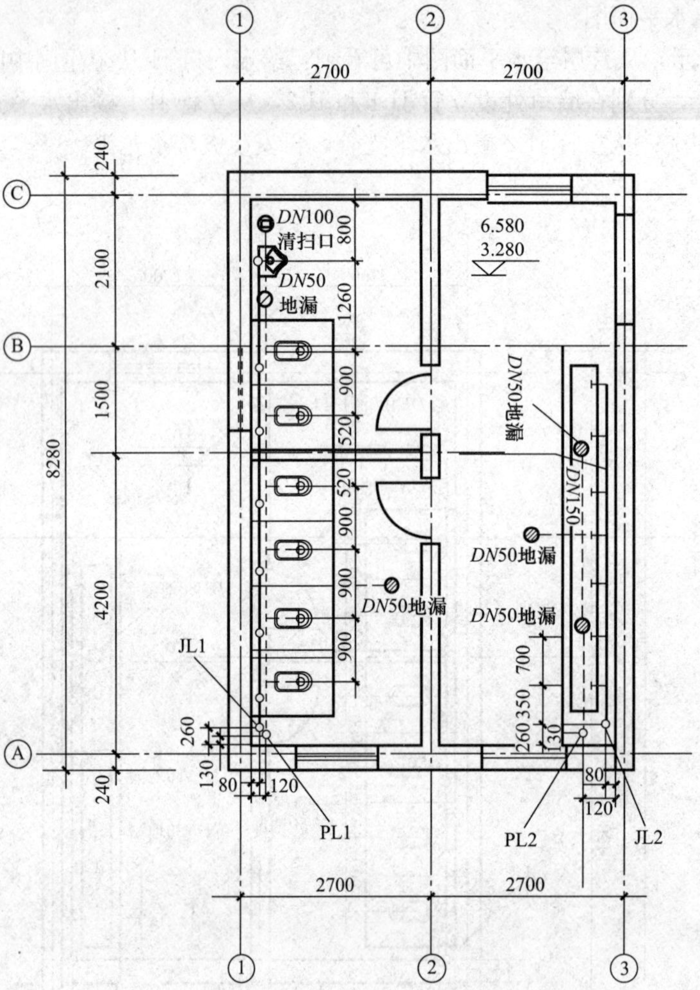

二、三层给排水平面图1:50

图 2-4　二、三层给排水平面图

(3) 室内排水平面图

如图 2-3 所示，从首层排水平面图中可看到：排水系统两根排出管 P1 和 P2 与给水入户管同侧，排出管 P1 与立管 PL1 连接，大便器、小便器的粪便污水直接由排水支管接入立管 PL1，再由排出管 P1 排出。排出管 P2 与立管 PL2 连接，盥洗污、废水直接由地漏及排水支管接入立管 PL2，再由排出管 P2 排出。另外，两条管道系统都由 *DN*50 地漏接收地面污水，然后接入排水支管。为清通方便，接入大便器的排水横支管带有 *DN*100 清扫口。

如图 2-4 所示，从二、三层排水平面图中可看到：各排水立管 PL1 和 PL2 从一楼引上后通向各层，除排出管外，其他主要内容与首层排水平面图基本相同。

(4) 室内排水系统图

如图 2-6 所示，由图中可看到：污、废水由两路通过排出管 P1 和 P2 排出室外，P1 管径为 *DN*150，P2 管径为 *DN*100。大小便器产生的污、废水由 P1 排出，大便器为 P 形

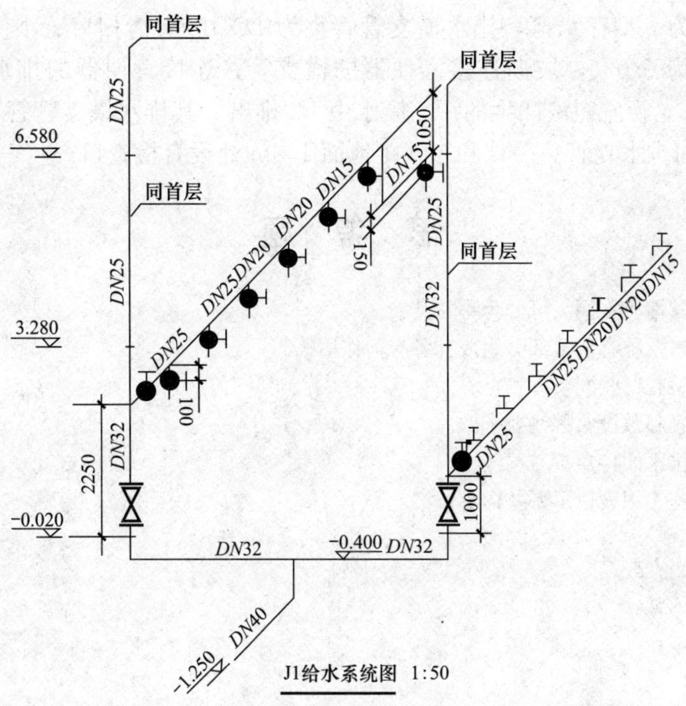

图 2-5 J1 给水系统图

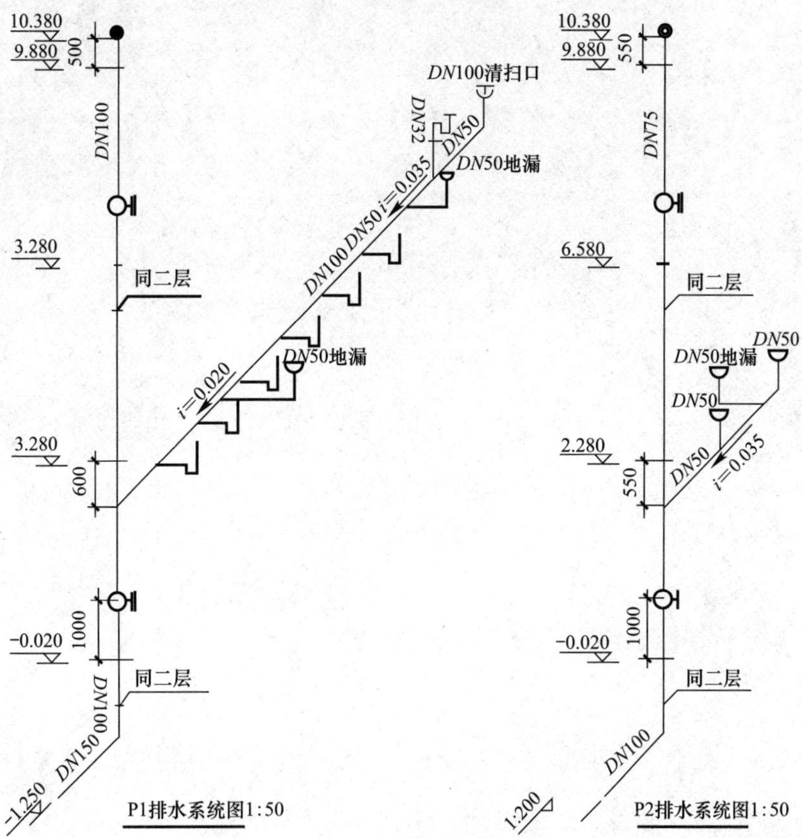

图 2-6 P1P2 排水系统图

存水弯，小便器为S型存水弯，排水横支管管径为$DN100$。清扫口、小便器和地漏所在排水横支管坡度为0.035，坡向连接大便器的横支管；连接大便器的排水横支管坡度为0.020，坡向排水立管。盥洗产生的污、废水由P2排出，其排水横支管管径为$DN50$，坡度为0.035，坡向排水立管。一楼和三楼距地面1.0m处设有检查口。

思 考 题

1. 室内污水按其性质不同，可分为哪几类？
2. 室内生活排水系统有哪几部分组成？各有何作用？
3. 常用排水管材有哪些？
4. 排水管道布置和敷设有哪些要求？
5. 高层建筑给排水的特点？
6. 室内给排水施工图表达了哪些内容？

3 室内供热与燃气

学习目标：掌握热水采暖系统的组成、分类、特点和适用条件以及采暖系统中常用的设备种类；了解蒸汽采暖系统与热水采暖系统区别；熟悉管道的防腐保温要求和做法；掌握建筑采暖施工图的组成和识读方法；了解煤气供应系统的组成。

3.1 热水采暖系统

采暖系统常用的热媒有蒸汽和水。以热水作为热媒的采暖系统称为热水采暖系统，民用建筑多采用热水采暖系统。

热水采暖系统按照水循环的动力不同，分为自然循环热水采暖系统和机械循环热水采暖系统两种。

3.1.1 自然循环热水采暖系统

自然循环热水采暖系统是由锅炉、散热器和膨胀水箱三部分组成。该系统没有外在动力（循环水泵），靠供水与回水的密度差所形成的压力使水进行循环的。锅炉和散热器，用供水管和回水管把散热器和锅炉连接起来。在系统的最高处连接一个膨胀水箱，用它来容纳水受热膨胀而增加的体积，并可作为系统最高排气点。安装时必须保证散热器中心与锅炉中心具有一定的高度差，锅炉的位置应尽可能降低。供水干管有向膨胀水箱方向上升的坡度，回水干管有向锅炉方向下降的坡度。自然循环系统的作用压力都不大，作用半径小于 50m 为宜，见图 3-1。

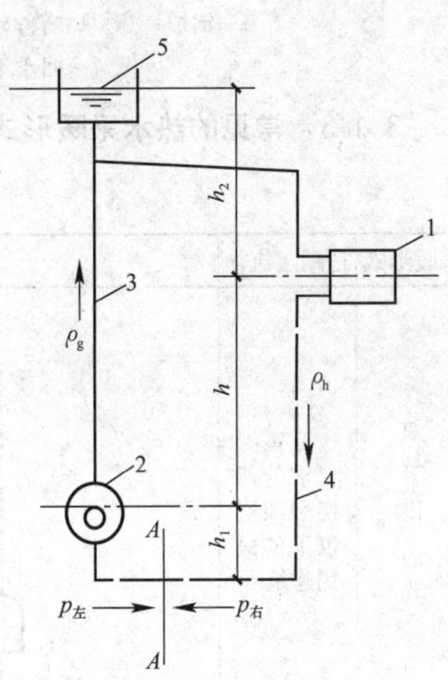

图 3-1 自然循环热水采暖系统

1—散热器；2—热水锅炉；3—供水管道；4—回水管道；5—膨胀水箱

自然循环热水采暖系统构造简单，一般用于单层房屋的单户或多户。

A-*A* 断面两侧水柱压力分别为：

$$P_{左} = g(h_1\rho_h + h\rho_g + h_2\rho_g)$$

$$P_{右} = g(h_1\rho_h + h\rho_h + h_2\rho_g)$$

系统的循环作用力为：

$$\Delta P = P_{右} - P_{左} = gh(\rho_h - \rho_g)$$

式中 ΔP——自然循环系统的作用压力（Pa）；

g——重力加速度（m/s^2）；

h——加热中心至冷却中心的垂直距离（m）；

ρ_h——回水密度（kg/m^3）；

ρ_g——供水密度（kg/m^3）。

3.1.2 机械循环热水采暖系统

该系统主要靠水泵产生的压力促进水的循环。对于比较高大的多层建筑、高层建筑及较大面积集中供暖区都采用机械循环采暖系统。水泵安装在回水干管上，水在锅炉内加热，沿立管、供水干管、供水立管流入散水器，放热后沿回水立管、回水干管，由水泵压回锅炉。

供水干管应逆坡敷设，在供水干管最高点设集气罐，便于排除系统中空气。水泵装在回水干管上，膨胀水箱在系统的最高点，连接在水泵的进口管道上，以保证系统在正压下工作，避免因水的汽化阻断循环，见图 3-2。

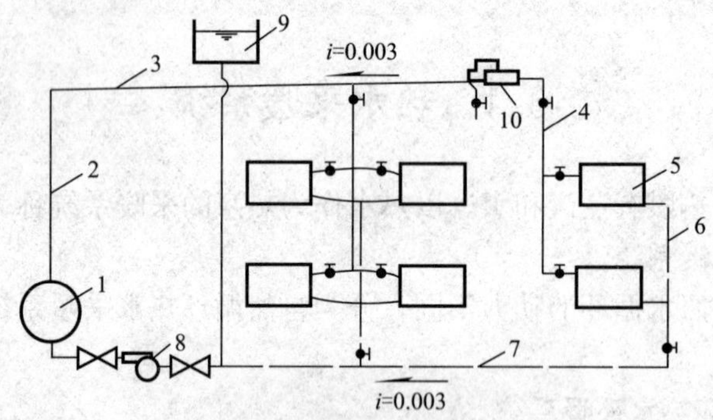

图 3-2 机械循环热水采暖系统

1—锅炉；2—总立管；3—供水干管；4—供水立管；5—散热器；6—回水立管；7—回水干管；8—水泵；9—膨胀水箱；10—集气罐

3.1.3 常见的热水采暖形式

常见的热水采暖形式 表 3-1

采暖形式	适用建筑物	图 示	备 注
双管上供下回式	有室温要求的四层和四层以下的民用建筑		供水干管设在系统顶部（屋架或吊顶），回水干管设在系统最下部（地沟）
双管上供上回式	可单独计量每户耗热量，按热量收费的建筑物		供、回水干管均设在系统上部，每根立管下部要装泄水丝堵。每组散热器上要安装手动跑风门，供回水干管均逆坡敷设。供水干管末端设排气装置

续表

采暖形式	适用建筑物	图示	备注
双管下供下回式	有室温调节要求，但顶层不能设干管的四层及四层以下建筑。目前使用较少	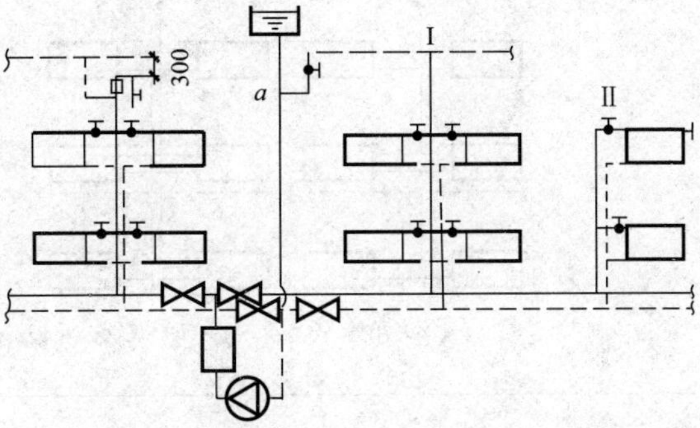 300 a I II	供、回水干管均设在系统最下部（地沟）。顶层每组散热器上设手动跑风门或将立管顶部加高，设专用空气管道和排气装置
双管中分式	在顶部不能敷设干管的多层建筑	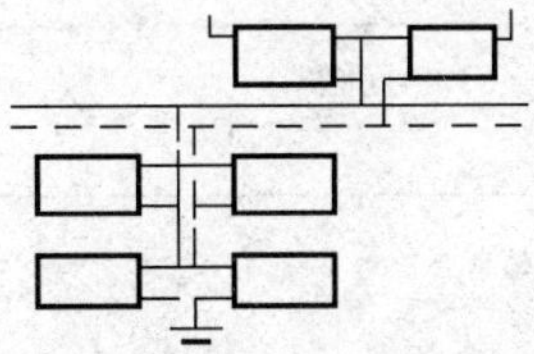	供回水干管均设在中间技术层内
单管垂直上供下回式	一般的多层建筑	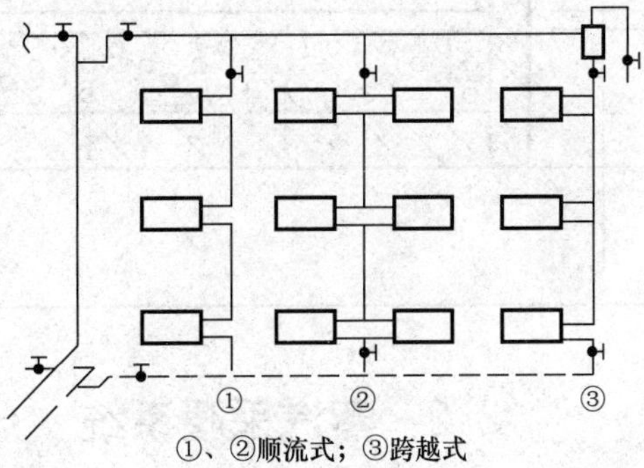 ① ② ③ ①、②顺流式；③跨越式	可分为跨越式（可调节温度）和顺流式（不能调节室温）两种
单管水平串联式和跨越式	对房间温度要求不严格的单身宿舍、办公楼等大面积多层建筑和公共建筑	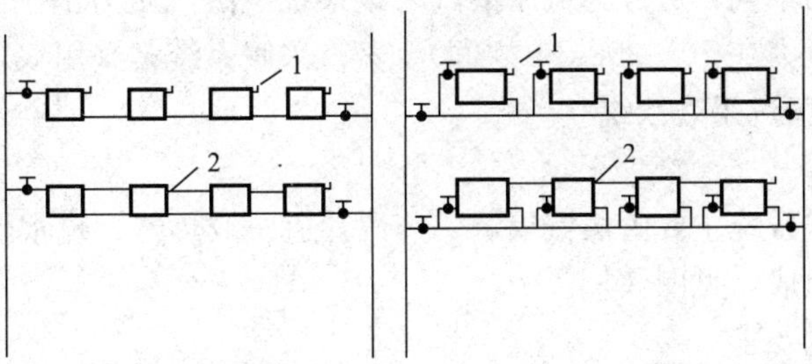 1 2 1 2 （a）串联式　（b）跨越式 1—冷风阀；2—空气管	除主立管外没有其他穿越楼板的立管。每组散热器上设跑风门分散排气或同一散热器上部串联一根空气管集中排气

续表

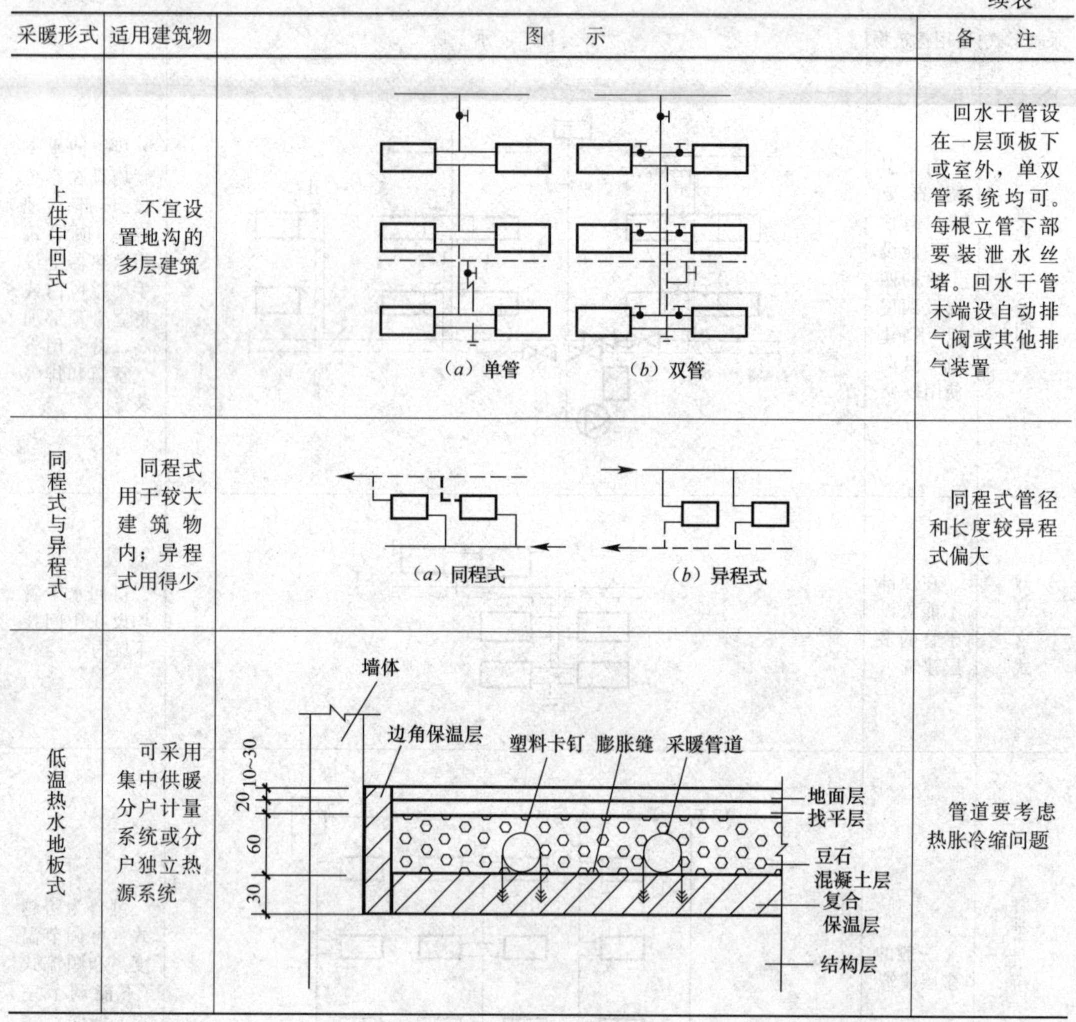

采暖形式	适用建筑物	图示	备注
上供中回式	不宜设置地沟的多层建筑	(a) 单管　(b) 双管	回水干管设在一层顶板下或室外，单双管系统均可。每根立管下部要装泄水丝堵。回水干管末端设自动排气阀或其他排气装置
同程式与异程式	同程式用于较大建筑物内；异程式用得少	(a) 同程式　(b) 异程式	同程式管径和长度较异程式偏大
低温热水地板式	可采用集中供暖分户计量系统或分户独立热源系统		管道要考虑热胀冷缩问题

3.2 蒸汽采暖系统

蒸汽采暖系统是以蒸汽为热媒，利用蒸汽在散热器中凝结时放出的热量来向房间供暖。根据蒸汽压力不同，可分为低压蒸汽采暖系统（蒸汽压力不大于 70kPa）和高压蒸汽采暖系统（蒸汽压力在 70～300kPa 之间）。蒸汽采暖系统常采用双管上供下回式。

3.2.1 低压蒸汽采暖系统

(1) 组成

低压蒸汽采暖系统主要由蒸汽锅炉、蒸汽管道、散热器、疏水器、凝结水管、凝结水箱、凝结水泵等组成，见图 3-3。

(2) 系统设置要求

1) 为了将散热器内的空气及凝结水顺利及时的排出，保证系统正常工作，在每组散热器靠下部，设自动排气阀排出空气，每组散热器后设一个低压疏水器（回水盒）起到阻汽疏水的作用；

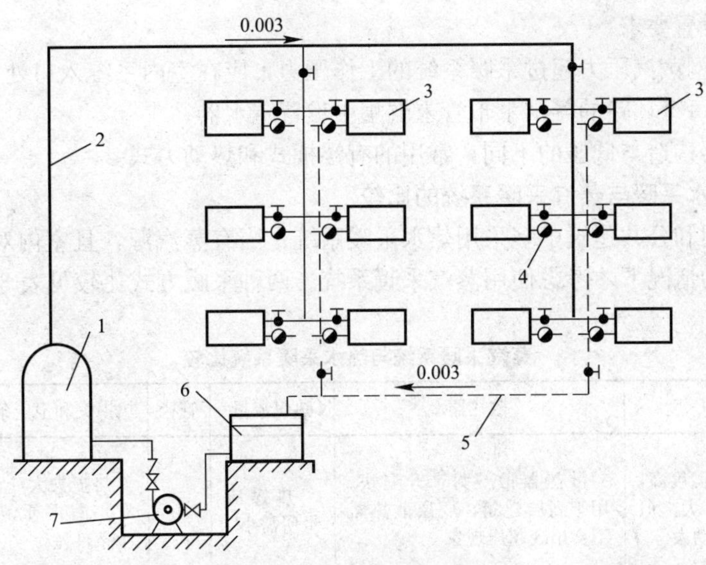

图 3-3 低压蒸汽采暖系统

1—蒸汽锅炉；2—蒸汽管道；3—散热器；4—疏水器；5—凝结水管；6—凝结水箱；7—凝结水泵

2）凝结水箱设在系统最低处，以使凝结水顺利地流回凝结水箱中；

3）凝结水箱应高于水泵，当凝结水温低于 70℃时，水箱底部应高出水泵进水口 0.5m；

4）在锅炉和水泵间应设止回阀，以防止水泵停止工作时，水从锅炉倒流回凝结水箱中；

5）蒸汽干管一般采用坡度 $i=0.003$ 顺坡敷设以排出沿途凝结水。

3.2.2 高压蒸汽采暖系统

（1）组成

高压采暖系统是由蒸汽锅炉、蒸汽管道、减压阀、散热器、凝结水管、疏水器、凝结水箱和凝结水泵等组成，见图 3-4。

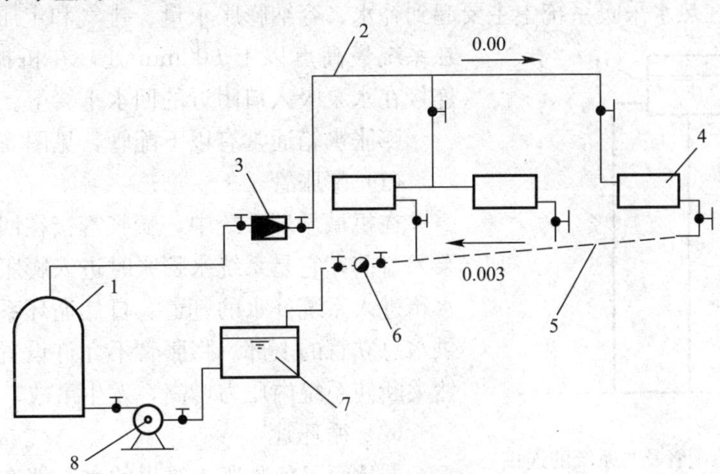

图 3-4 高压蒸汽采暖系统

1—蒸汽锅炉；2—蒸汽管道；3—减压阀；4—散热器；5—凝结水管道；

6—高压疏水器；7—凝结水箱；8—水泵

(2) 系统设置要求

1) 如果外网蒸汽压力超过采暖系统的工作压力，应在室内系统入口处设置减压装置；

2) 系统的每个环路的凝结水干管末端集中设置疏水器。

高压疏水器构造与低压的不同，常用的有浮桶式和热动力式。

3.2.3 热水采暖与蒸汽采暖系统的比较

在一般民用和公共建筑中多采用热水采暖系统；当有蒸汽源，且室内对室温及卫生条件要求不太高的情况下才考虑使用蒸汽采暖系统。两种采暖方式比较见表 3-2。

蒸汽采暖系统与热水采暖系统比较 表 3-2

采暖系统	温度	散热器	热媒流量	管径	热损失和卫生条件	腐蚀性
蒸汽采暖	热媒温度高，热效率大，但温度波动大	散热器散热好，升温快。用于高层建筑，底层散热器不会出现超压现象	热媒流量所需小	小	热损失大，跑、冒、漏严重，卫生条件差	腐蚀性快，耐久性差
热水采暖	供水温度低，蓄热能力大，室温较稳定	散热器变冷或变热都较慢。停炉时，管道内的水压力大，底层散热器易发生超压现象	热媒流量所需大	大	热损失少，热利用率高，卫生条件好，舒适	腐蚀性慢，耐久性好

根据上述比较，一般在民用建筑中，如住宅、学校、医院、幼儿园等处宜采用热水采暖系统；而在工业建筑中，如车间、厂房、剧院、会议厅等处宜采用蒸汽采暖系统。

3.3 室内供热系统附属设备

3.3.1 膨胀水箱

膨胀水箱在热水采暖系统中主要起到补水、容纳膨胀水量、排气和定压的作用。设置在系统最高点以上 600mm 处，在机械循环系统中，连接在水泵吸入口附近的回水干管上。

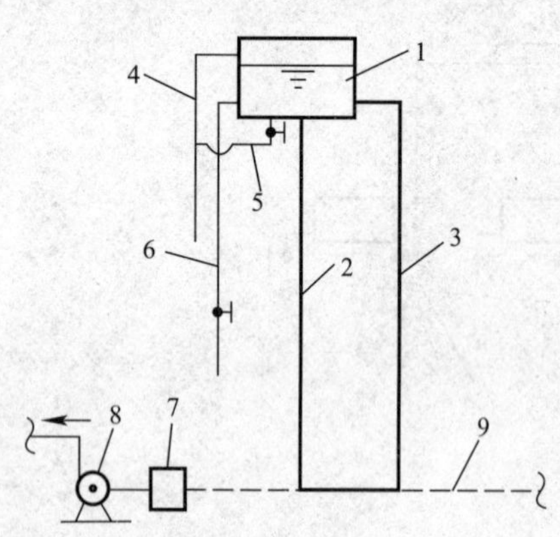

图 3-5 膨胀水箱配管及与系统的连接
1—膨胀水箱；2—膨胀管；3—循环管；4—溢流管；5—泄水管；6—检查管；7—除污管；8—水泵；9—回水管

膨胀水箱通常有以下配管，见图 3-5。

(1) 膨胀管

在机械循环系统中，膨胀管接在回水干管循环水泵入口前，它是系统水膨胀时进入膨胀水箱和从膨胀水箱进入系统补水的管道。自然循环系统膨胀管接在供水总立管的上部。膨胀管不允许设置阀门，以免偶然关断使系统内压力增高，发生事故。

(2) 循环管

循环管可使膨胀水箱里的水能够在膨胀管和循环管间产生微循环，可防止膨胀水箱内的水冻结。循环管上不应设置阀门，以免水箱内水结冰。

（3）检查管（信号管）

检查管控制系统的最低水位。检查管的管道末端设有阀门，可将其引到易观察的地方，随时打开检查膨胀水箱水位，决定系统是否需要补水。

（4）溢流管

溢流管可排出膨胀水箱中多余的水和系统中的空气，控制系统的最高水位。溢流管上不允许设置阀门。

（5）排污管

排污管设在水箱最下部，用来检修或清洗水箱。其上装设阀门。

3.3.2　排气装置

（1）集气罐

集气罐一般是用钢管焊制而成的。集气罐有立式和卧式两种，一般多用立式，只有当干管离顶棚太近，不能设置立式时，才用卧式。集气罐设于系统供水干管末端最高处。系统的供水干管要逆坡设置以利于排气，见图 3-6。

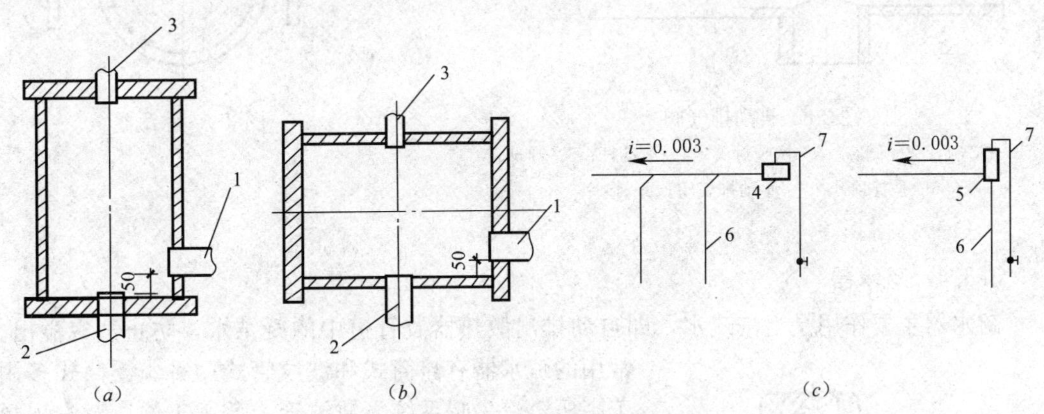

图 3-6　集气罐及安装位置图

（a）立式；（b）卧式；（c）安装

1—进水口；2—出水口；3—放气管；4—卧式；5—立式；6—末端立管；7—*DN*15 放气管

（2）手动（自动）跑风门

手动（自动）跑风门设在热水采暖系统散热器上部的丝堵上或在低压蒸汽系统散热器下部 1/3 处。多为铜制品，见图 3-7。

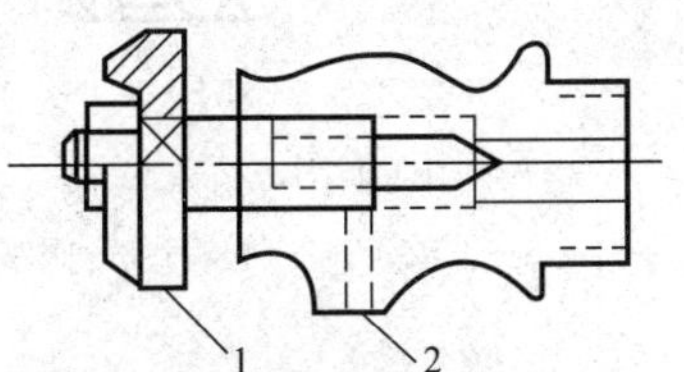

图 3-7　手动跑风门

1—手轮；2—排气孔

（3）自动排气阀

自动排气阀可自动打开或关闭，达到排气的目的，广泛用于热水采暖系统。使用中要防止污物堵塞，注意拆下清洗或更换。

该阀前应装设一个截止阀，以便排气阀的检修，见图 3-8。

3.3.3　除污器

除污器是一种钢制筒体，主要作用是阻留管网中的污物，防止管路堵塞。一般安装在用户入口的供水干管上或循环水泵前的回水总管上，并设旁通管以便定期清洗检修，见图 3-9。

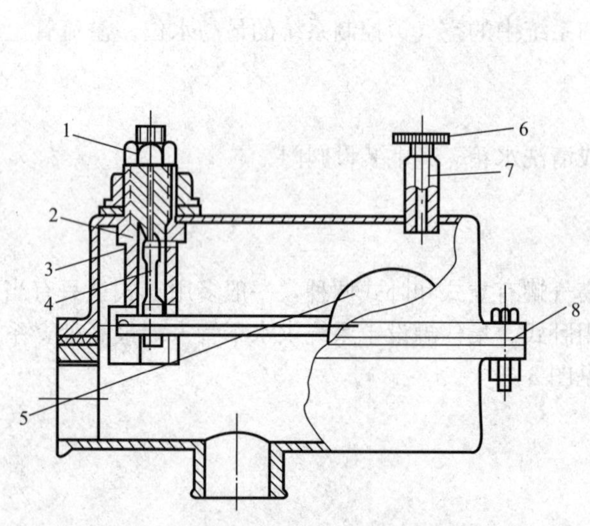

图 3-8　自动排气阀

1—排气芯；2—阀芯；3—橡胶封头；4—滑动杆；5—浮球；6—手拧顶针；7—手动排气座；8—垫片

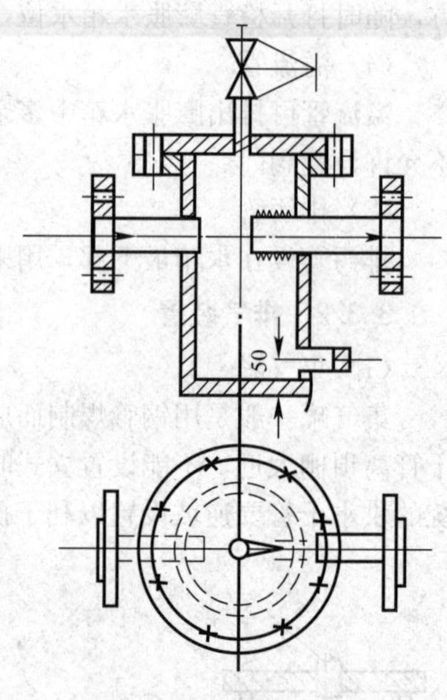

图 3-9　除污器

3.3.4　疏水器

疏水器主要作用是阻汽疏水，即自动排出散热器及管道中的凝结水，防止蒸汽溢出。常用的疏水器有浮筒式和波纹管式两种。浮筒式多用于高压蒸汽采暖系统，波纹管式适用于低压蒸汽采暖系统，见图 3-10。

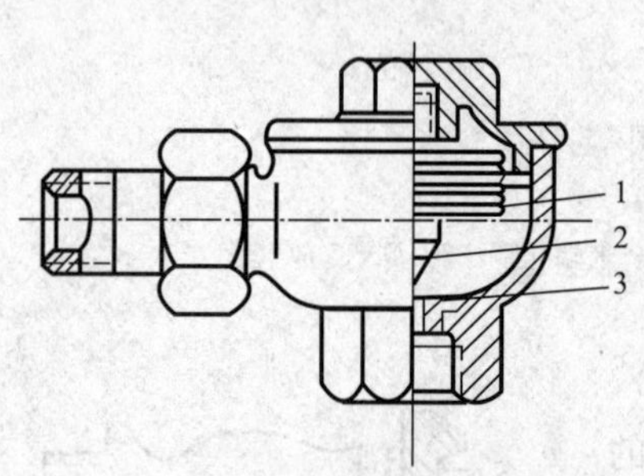

图 3-10　疏水器

1—波纹管；2—阀瓣；3—阀座

3.3.5　伸缩器

伸缩器主要作用是防止管道因热胀冷缩而弯曲变形、接口松动而遭到破坏。常用的伸缩器有以下几种：

1）L 形和 Z 形伸缩器：利用管道自身转弯或扭转处补偿，见图 3-11。

2）方形伸缩器：在直管道上专门增加的弯曲管道，见图 3-12。

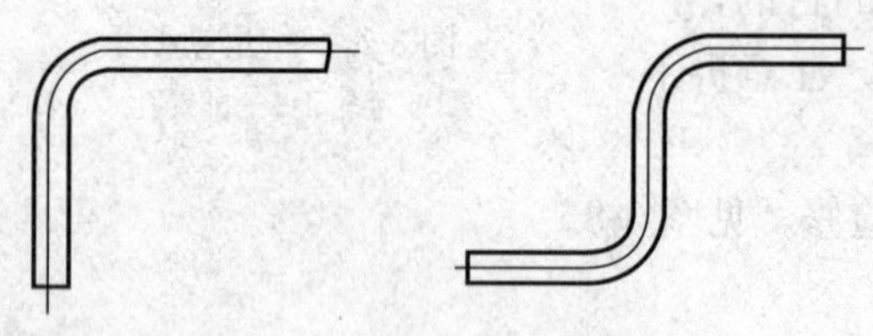

图 3-11　L 形、Z 形伸缩器

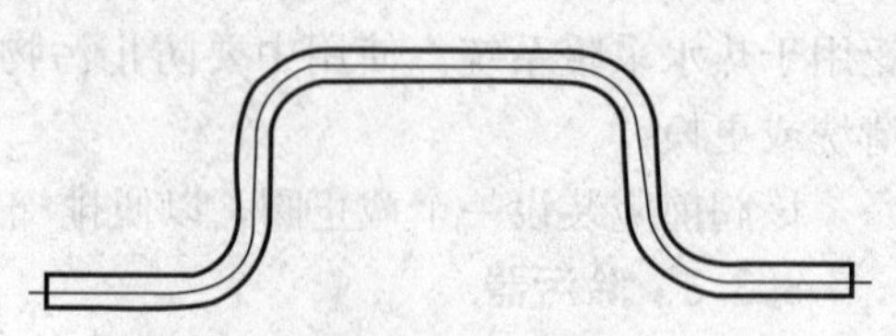

图 3-12　方形伸缩器

3）套筒伸缩器：由直径不同的两段管子套在一起制成的，见图 3-13。

4）波形伸缩器：用金属片焊成的像波浪形的装置，见图 3-14。

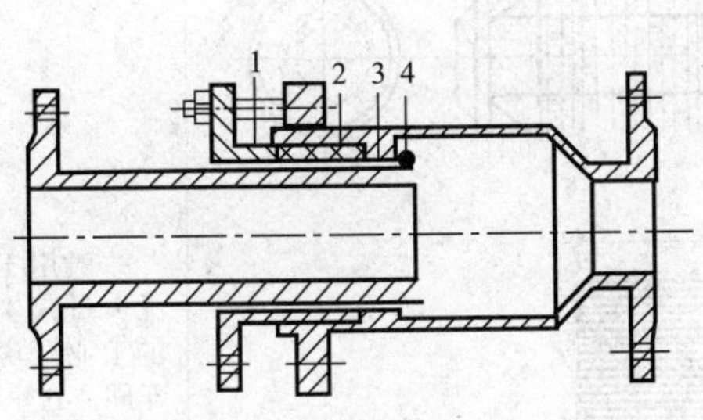

图 3-13　套筒伸缩器

1—前压兰；2—填料圈；3—后压兰；4—防脱腐

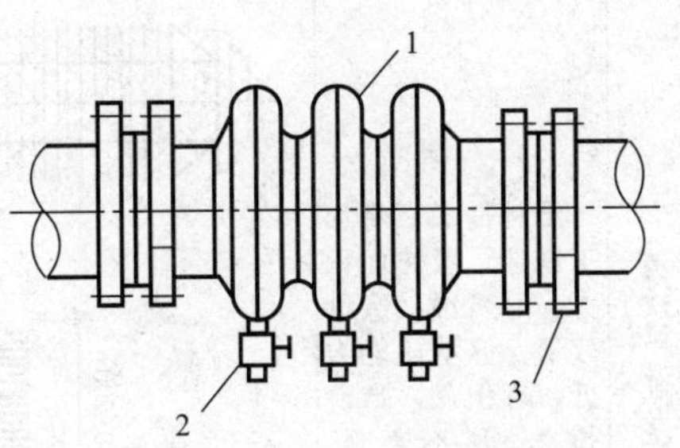

图 3-14　波形伸缩器

1—波形伸缩器；2—放水阀；3—法兰

3.4　散热器、管道防腐与保温

3.4.1　散热器与管材

（1）散热器

散热器是向室内散热的设备。我国常用散热器有以下几种，见表 3-3。

（2）管材

1）焊接钢管：用于一般室内采暖系统。当 $DN \leqslant 32$mm 时，采用丝扣连接；当 $DN \geqslant 40$mm 时，采用焊接。

2）无缝钢管：用于承受压力较高的室内采暖系统，采用焊接。

3）交联铝塑复合管、交联聚乙烯管：用于外径 16～63mm 的室内供暖和地面辐射采暖，采用卡压式金属专用管件连接。

4）聚丙烯管：用于外径 20～110mm 的室内供暖和地面辐射采暖，采用熔接器热熔连接。

3.4.2　管道防腐与保温

（1）防腐

管道防腐的顺序是：先除锈（彻底清除金属表面的灰尘、污垢及焊渣等杂物，能见到金属光泽），再刷防锈漆，最后刷面漆。

常用油漆有红丹防锈漆、防锈漆、银粉漆、冷底子油、沥青漆、调和漆等。

埋地钢管防腐层三种做法：

1）正常防腐（三层做法）：冷底子油（沥青底漆）、沥青涂层、外包保护层。

2）加强防腐（六层做法）：冷底子油（沥青底漆）、沥青涂层、加强包扎层、（封闭层）、沥青涂层、外包保护层。

3）特别加强防腐（九层做法）：冷底子油（沥青底漆）、沥青涂层、加强包扎层、（封闭层）、沥青涂层、加强包扎层、（封闭层）、沥青涂层、外包保护层。

常用散热器　　表 3-3

名称	优缺点	图示	使用情况
铸铁翼型散热器	结构简单，易加工制造，散热面积大，耐腐蚀，造价较低。但承压能力低，易积灰，难清扫，外形不美观。易造成散热器面积过大	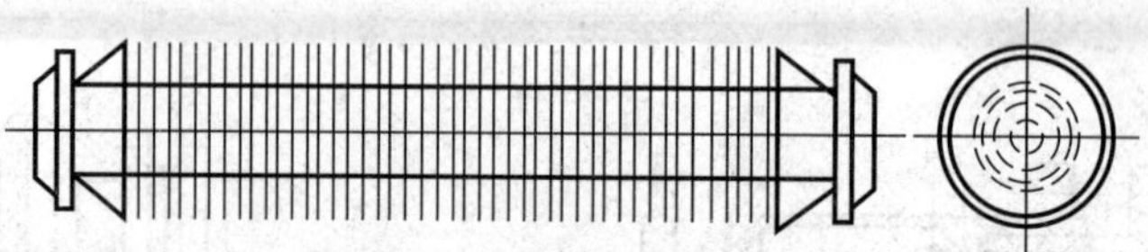 (*a*) 圆翼 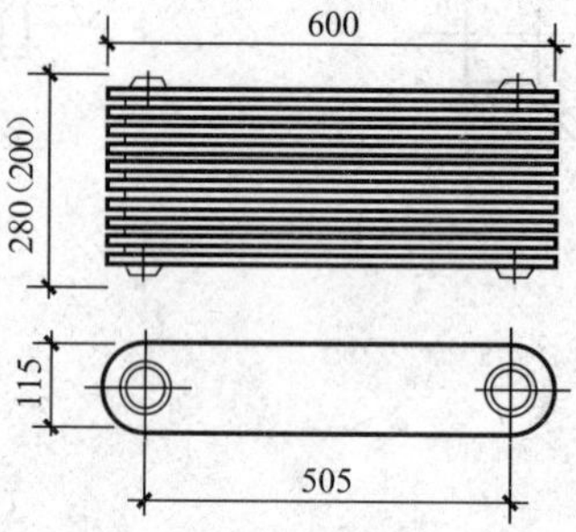 600　280(200)　115　505 (*b*) 长翼	一般用于无大量灰尘的工业厂房车间、仓库
铸铁柱型散热器	传热系数高，外形美观，易清除积灰，易于组成所需要的散热面积。但造价高，金属热强度低，组片接口多，承受压力较低	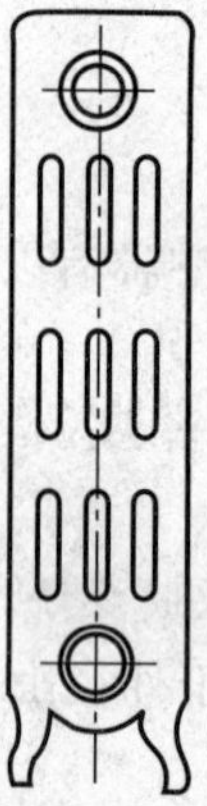 (*a*) 四柱813型散热器 　(*b*) M-132型散热器	适用于住宅和公共建筑
钢制排管散热器	传热系数大，表面光滑、美观，易于清扫，耐高压，重量轻，可现场制作并能随意组成所需要的散热面积。但钢材耗量大，造价高，占地面积大，外形不美观，易腐蚀，使用寿命短	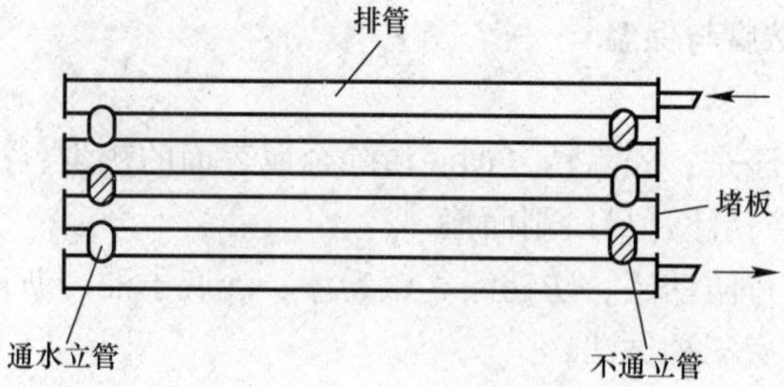 排管　堵板　通水立管　不通立管	多用于高层建筑，粉尘较多的车间及临时性采暖设施。A型用于蒸汽采暖，B型用于热水采暖
闭式钢串片散热器	重量轻，体积小，承压高，制造工艺简单。但造价高，钢材耗量多，水容量小，易积灰尘	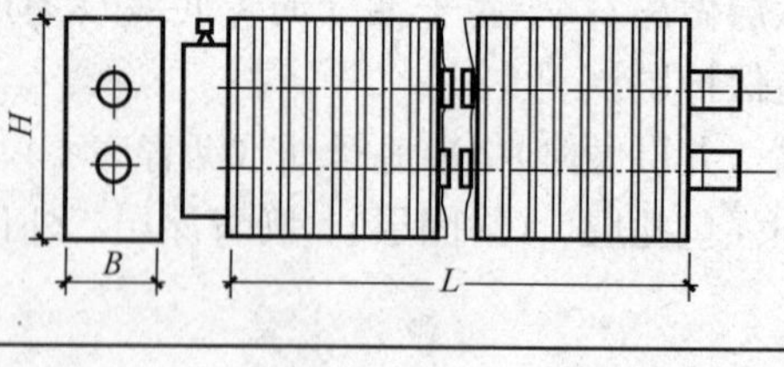 *H*　*B*　*L*	适用于承受压力较高的采暖系统

续表

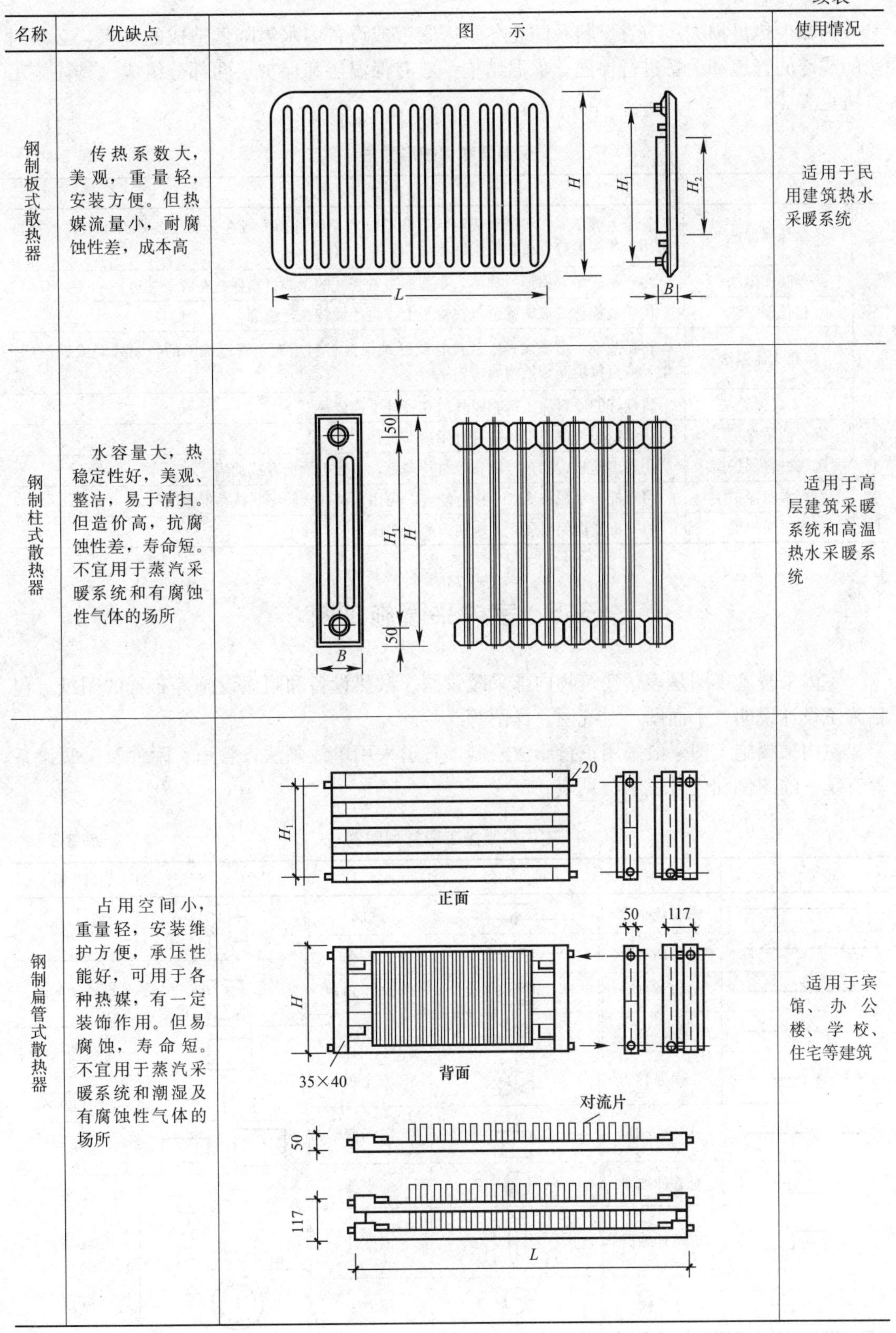

名称	优缺点	图示	使用情况
钢制板式散热器	传热系数大，美观，重量轻，安装方便。但热媒流量小，耐腐蚀性差，成本高		适用于民用建筑热水采暖系统
钢制柱式散热器	水容量大，热稳定性好，美观、整洁，易于清扫。但造价高，抗腐蚀性差，寿命短。不宜用于蒸汽采暖系统和有腐蚀性气体的场所		适用于高层建筑采暖系统和高温热水采暖系统
钢制扁管式散热器	占用空间小，重量轻，安装维护方便，承压性能好，可用于各种热媒，有一定装饰作用。但易腐蚀，寿命短。不宜用于蒸汽采暖系统和潮湿及有腐蚀性气体的场所		适用于宾馆、办公楼、学校、住宅等建筑

(2) 保温

为减少热量损失、节省燃料及防止冬季因管道或设备内水温降低造成的危害，必须对热的或冷的管道和设备进行保温。保温结构一般有保温层和保护层两部分组成。具体施工方法见表 3-4。

保温层和保护层做法　　表 3-4

	名　称	施工方法
保温层	涂抹保温法	管子上缠草绳、将调和成泥状石灰棉抹在草绳外面。或在金属设备外面罩上铁丝网，再用上述保温胶泥糊在铁丝网上
	预制保温法	将预制成型（扇形、梯形、半圆形、管壳）的保温材料捆扎在管子外边
	包扎保温法	用矿渣棉毡或玻璃棉毡包在管子上，再用镀锌铁丝缠绑
	填充式保温法	将矿渣棉、玻璃棉等松散粒状或纤维保温材料填充于管道周围的特制外套或铁丝网中，或直接填充于地沟或槽内
	灌入式保温法	将配好的原料注入钢制模具内在管外发泡成形
保护层	沥青油毡保护层	用油毡包住保温层，搭接缝用热沥青粘住
	缠裹材料保护层	用玻璃丝布、棉布、麻布等材料缠裹，表面上刷沥青或油漆
	石棉水泥保护层	将石棉与水泥按 3∶17 拌合均匀，再用水调和成胶泥状抹在保温层外面
	铁皮保护层	将铁皮紧裹保温层，外刷两遍醇酸磁漆

3.5 室内采暖施工图

室内采暖施工图是表达建筑物内部采暖管网、散热设备和附属设施等布置的图纸。包括施工设计说明、平面图、系统图、详图等。

室内采暖施工图一般采用正投影法绘制。管道采用单线画法，管道、附件及采暖设备等有统一的图例和代号表示，见表 3-5。

室内采暖施工图常用图例　　表 3-5

符　号	名　称	符　号	名　称	符　号	名　称
	采暖热水管		闸阀		集气罐
	采暖回水管		止回阀		自动排气阀
	采暖蒸汽管		减压阀		手动排气阀
	采暖凝结水管		膨胀阀		减压孔板
	保温管		安全阀		散热器
	固定支架		除污器		水泵
	套管伸缩器		疏水器		丝堵
	方形伸缩器		温度计	1　③	立管编号
	截止阀		压力表		

以某医院三层住院楼为例。

3.5.1 施工设计说明

（1）系统形式

本工程采暖为低温热水上供下回单管系统。供回水温度为95～70℃，各散热器的立、支管与供回水水平干管连接处，各装截止阀一个；供水干管设在顶层天花板下；回水干管设在底层天花板下，管道均明设。

（2）管材及连接

室内低温热水采暖系统管材选用普通焊接钢管，管径 $DN \leqslant 32$mm时，采用丝扣连接；$DN > 32$mm时，采用焊接或法兰连接。散热器的水平支管应设置乙字管；散热器水平支管管径与散热器支管管径相同，均为 $DN20$mm。

（3）散热器

散热器选用四柱铸铁散热器，落地式明装。

（4）系统内空气排出及泄水

供回水水平干管均设 $i=0.002$ 的坡度，箭头指向为坡度向下方向。在干管最高处设自动排气阀。散热器水平支管坡度为 $i=0.01$，坡向为沿水流方向向下。散热器回水立管最下端设泄水丝堵。每组散热器最后一片上端设手动跑风门一个。

（5）保温防腐

出、入户管的局部供热管道均做40mm厚树脂岩棉，外缠二道玻璃布保护层，玻璃布面刷调和漆二道，供水管红色，回水管蓝色。保温管道除锈后刷防锈二道，其他非保温明装采暖管道除锈后刷樟丹防锈漆一道，再刷银粉漆二道。散热器除锈后刷樟丹防锈漆二道，再刷银粉漆二道。

（6）钢套管

采暖管道穿墙、楼板应设钢套管，钢套管直径比管道直径大两号，穿墙钢套管长度要求两端与抹灰后墙面一平。

（7）标高

室内首层地面相对标高为±0.000，采暖管道标高均指管中心。

（8）水压试验

散热器组装后即进行水压试验，试验压力60MPa，5min不渗不漏为合格。系统安装完毕冲洗合格后进行水压试验，在系统入户处，试验压力为60MPa，5min内压力降不大于2MPa，不渗不漏为合格。

（9）施工做法

参照某设计院通用图98N_1，98S_4。

散热器安装————————————————98N_1-48-52

散热器支、立管与水平干管连接——————98N_1-30

干管变径，立管绕水平支管弯管加工————98N_1-40

管道保温做法———————————————98S_4-11

管道支架、管卡——————————————98S_4-11

主要设备材料表见表3-6。

主要设备材料表　　表 3-6

图　　例	名　　称	型号规格	单位	数量	备注
——————	供水管道	焊接钢管	t		
— — — — — —	回水管道	焊接钢管	t		
	散热器	铸铁 4 柱 760	片		
	闸阀	J11T-16，J41T-16	个		
	截止阀	J11T-16，J41T-16	个		
	自动排气阀	ZP-1，*DN*25	个		
	泄水丝堵		个		

3.5.2 室内采暖平面图

室内采暖平面图主要表达的内容有采暖系统主要设备的位置、各管走向和编号、散热器位置、规格和片数、采暖地沟位置等。

如图 3-15 所示，从首层平面图可以看到，采暖入口在东侧 B、C 轴线之间，各散热器分布在外墙和外墙下的墙内侧，每组散热器与暖气立管相接的水平支管均为单侧连接，每组散热器的片数都标注在每组散热器处，每根暖气立管均有编号，共有 18 根立管，各段管径如图标注。

如图 3-16 所示，从二层平面图可以看到，在二层各散热器分别与暖气立管单侧连接，散热器向室内供热。其他内容除去没有采暖接口及采暖回水干管外，与一层采暖平面图内容基本一致。

如图 3-17 所示，从顶层平面图可以看到，采暖供水立管从一层引上后，分为两支沿外墙敷设，在各水平干管上分别接出暖气立管，各散热器分别与暖气立管单侧连接，其他内容除去没有采暖接口及采暖回水干管外，与一层采暖平面图内容基本一致。

3.5.3 室内采暖系统图

室内采暖系统图表示管道、附件、散热器的空间位置和走向；管道间连接方式、立管编号、管径和坡度、供水干管和主要设备位置、标高等。

如图 3-18 所示，从图中可以看到，采暖系统为上供下回单管顺流式。采暖供水水平干管从 0.200m 相对标高处由室外引入室内后立起，立管①穿过一、二层顶板直到 9.420m 和 9.440m 标高处分两根水平干管转弯，以 $i=0.002$ 坡度上升沿外墙敷设。一根水平干管上分别接出②～⑪共 10 根立管，另一根水平干管上分别接出⑫～⑱共 7 根立管。系统干管最高处 9.900m 处设置了自动排气阀，与供水干管相连的立管端部、供水干管起点及回水干管终点均设有截止阀。散热器回水立管最下端设有泄水丝堵。由热源供给的低温水热媒通过采暖接口进入，经过采暖立管流入水平干管，再分别向各组散热器放热，经水平回水干管流出，标高为 2.740m。没有暖气回水地沟。

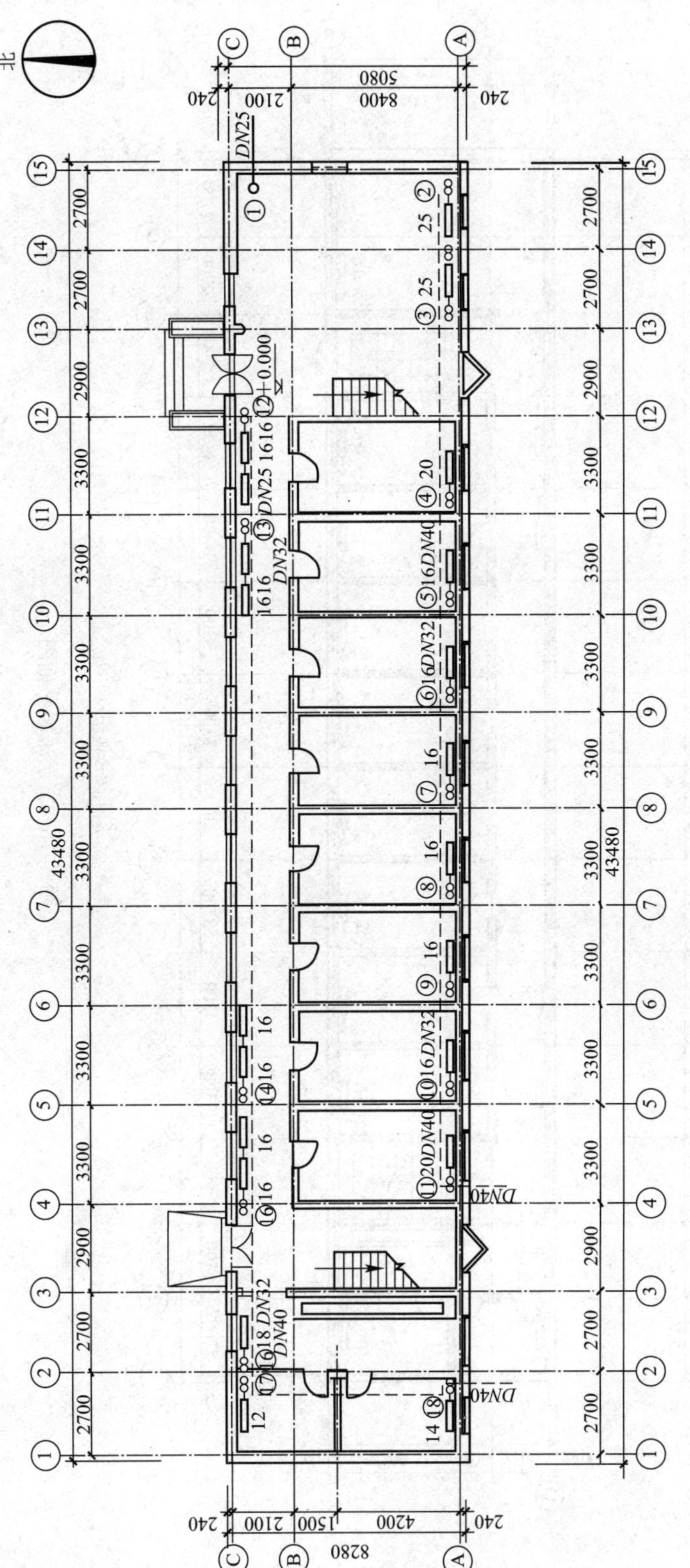

首层采暖平面图1:100

图 3-15 首层采暖平面图

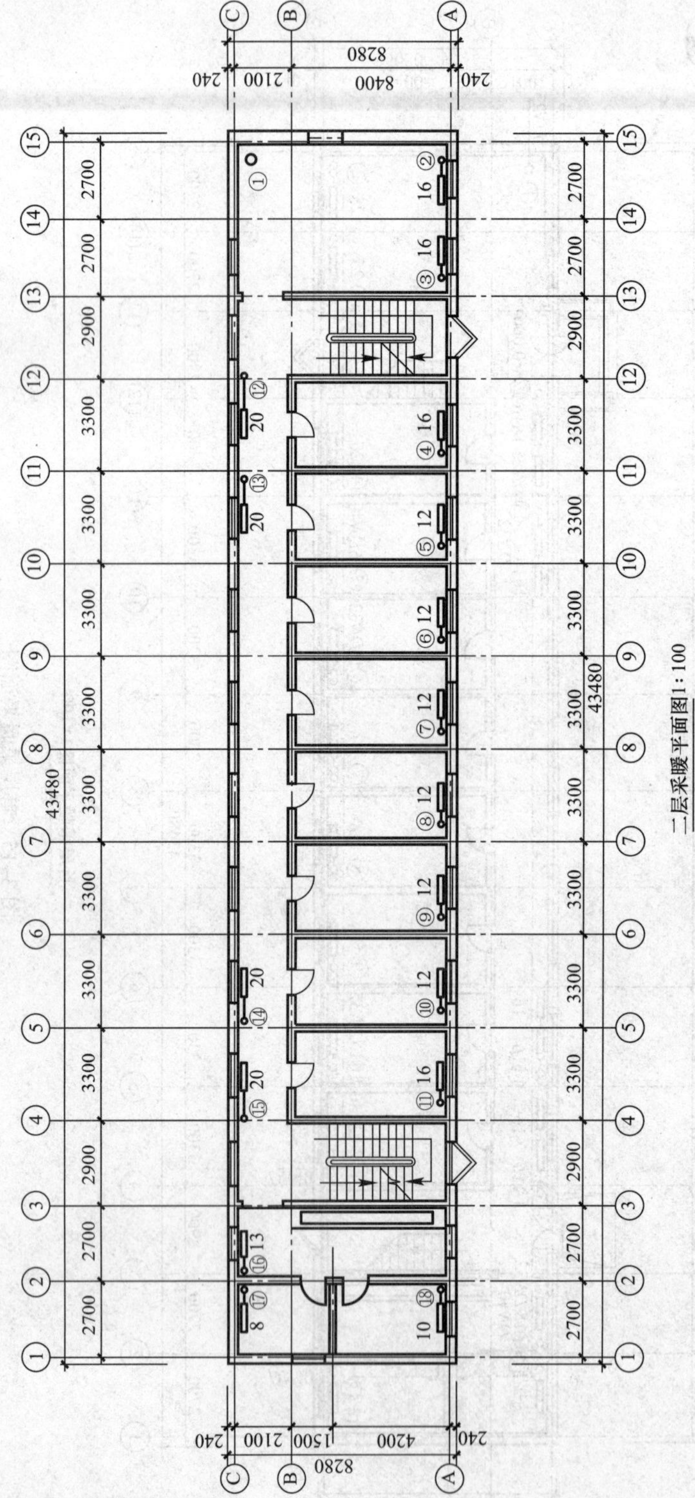

图 3-16 二层采暖平面图

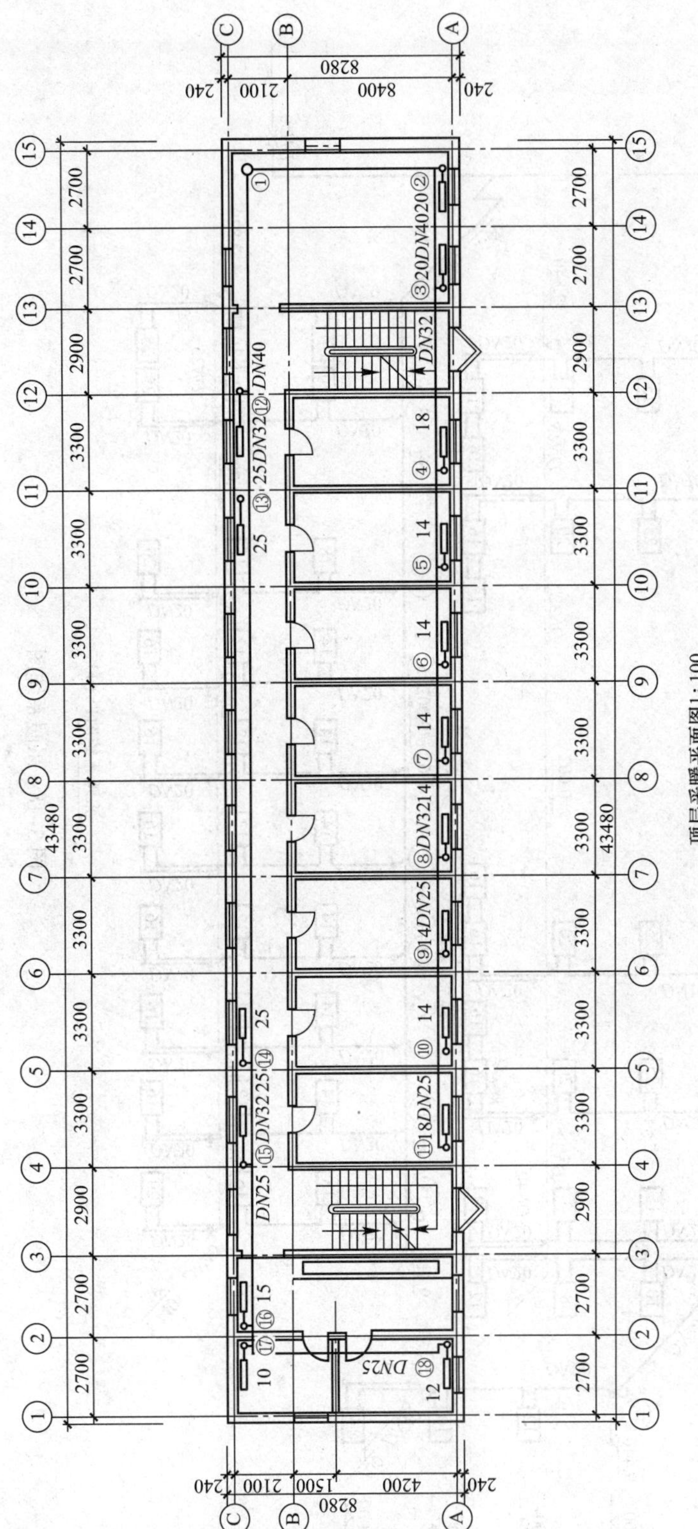

图 3-17　顶层采暖平面图

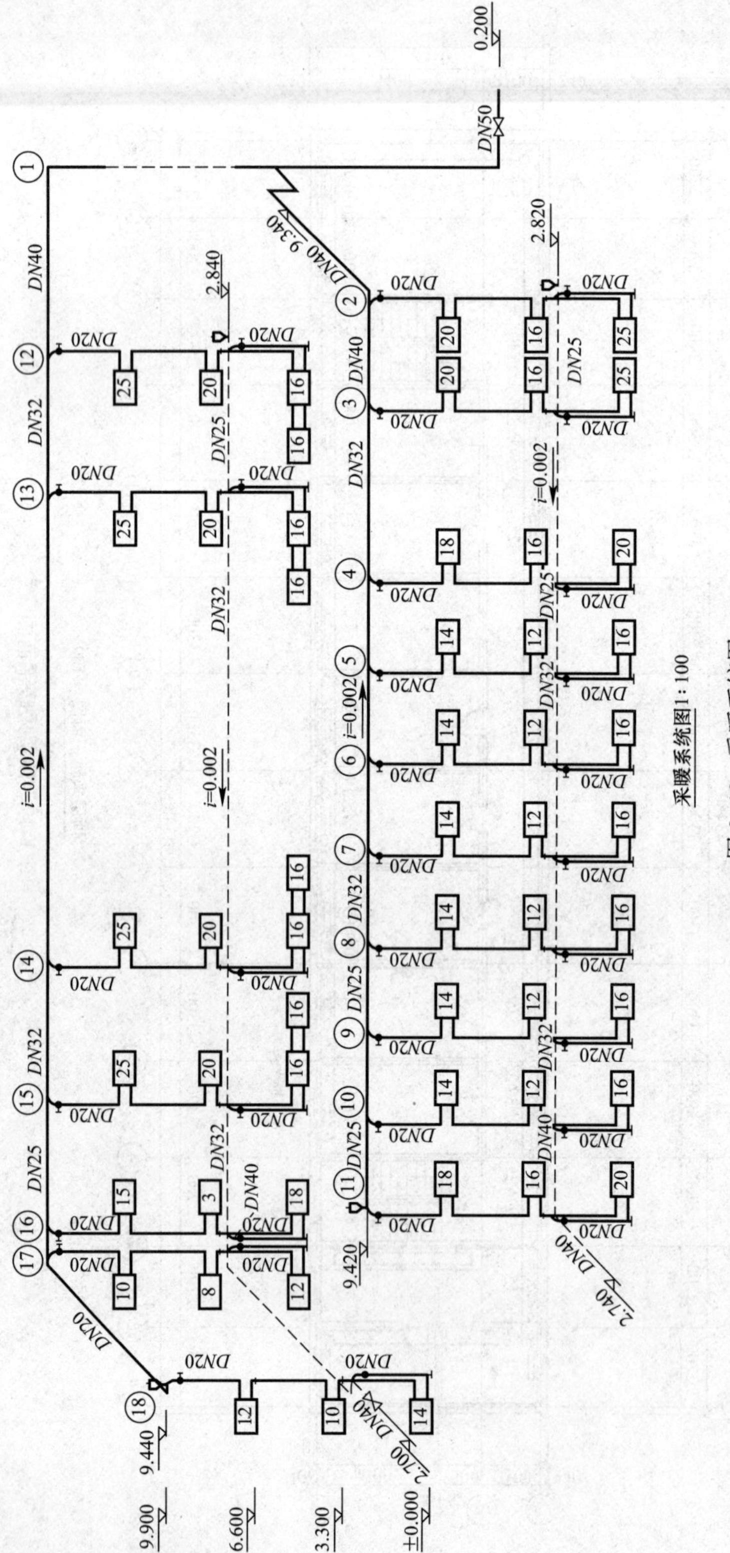

采暖系统图1:100

图 3-18 采暖系统图

从系统图还看到各管管径、水平干管坡度、标高、立管编号、散热器片数等均在图中标注。

3.6 热　　源

3.6.1 锅炉

锅炉是采暖系统的热源，它把燃料的化学能转化为热能并传递给水，生产出的蒸汽或热水再通过热力管道送往热用户，以满足生产或生活的需要。

(1) 锅炉组成

锅炉是由“锅”和“炉”两大部分组成。“锅”是指容纳锅水和蒸汽的受压部件，由锅筒（或称汽包）、对流管束、水冷壁、联箱和下降管、省煤器等以及管道组成的封闭汽水系统。“炉”是指燃料进行燃烧产生高温烟气的场所，由炉排、炉墙所包围的炉膛、送风装置等组成的燃烧设备。“锅”和“炉”一个吸热，一个放热，是密切联系着的一个整体。

为了保证锅炉正常工作，安全运行，还必须设置一些附件和仪表，如安全阀、压力表、水位表、温度表、水位报警器、主阀、排污阀、止回阀等。

(2) 锅炉类型

1) 蒸汽锅炉：又分为低压锅炉（蒸汽压力小于0.7相对大气压）和高压锅炉（蒸汽压力大于0.7相对大气压）。

2) 热水锅炉：又分为低温锅炉（供水温度小于95℃）和高温锅炉（供水温度大于95℃）。一般集中供暖常用低温锅炉；区域供暖多用高温锅炉。

(3) 锅炉房

锅炉房除有锅炉外，还必须有辅助设备，包括：

1) 运煤除灰系统：连续供给燃料，及时排走灰渣；

2) 通风系统：将空气送入锅炉内助燃，排走燃烧所产生的烟气；

3) 水、汽系统：不断向锅炉供给符合质量要求的水，将蒸汽或热水分别送到各个热用户；

4) 仪表控制系统：保证锅炉安全经济运行。

(4) 锅炉运行要求

锅炉在密闭、高温、高压下使用，必须连续运转。锅炉的制造、安装、运行必须有严格的规范及制度，以防发生爆炸等安全事故。锅炉内水必须经过处理，防止锅炉结垢，降低热效应，发生金属表面过热烧坏等严重问题。

3.6.2 热力管网和热力接口

热用户可直接与热力管网相连（热媒直接进入热用户系统中），也可间接与热力管网相连（在热用户和热力管网接口处设置表面式热交换设备）。直接连接简单、方便、造价低，在小型供热系统中广泛采用。间接连接方式其用户系统与热力管网相对独立，需设置测量、控制等附属设备，造价比较高。热力接口分为热水热力接口和蒸汽热力接口，见图3-19和图3-20。

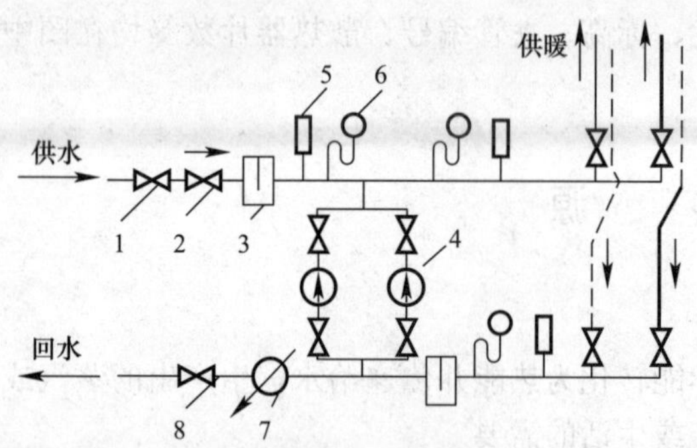

图 3-19 热水热力接口

1—阀门；2—止回阀；3—除污器；4—水泵；5—温度计；6—压力表；7—水量表；8—阀门

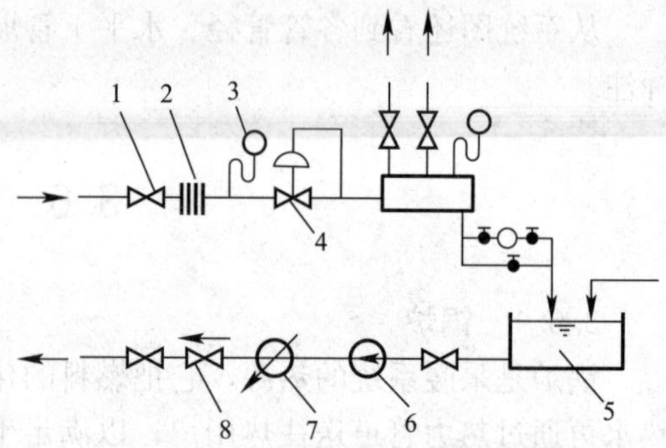

图 3-20 蒸汽热力接口

1—阀门；2—蒸汽流量计；3—压力表；4—减压阀；5—凝结水箱；6—水泵；7—水量表；8—止回阀

3.7 燃气供应

3.7.1 分类及供应方式

燃气是一种气体燃料，按其来源不同，主要有天然气，人工燃气和液化石油气三大类。

(1) 天然气

天然气的主要成分是甲烷，其发热值较高，一般它的低位发热值约为 33490～37680kJ/(N·m^3)，是理想的城市气源。由于天然气没有气味，使用时应加入无害且有臭味的气体，便于发现漏气问题，避免发生中毒或爆炸情况。天然气可以管道输送也可压缩成液态运输和贮存。

(2) 人工燃气

人工燃气发热值较低，有强烈的气味及毒性，容易腐蚀及堵塞管道，须净化处理后出厂。其中煤制燃气只能采用管道输送或气态贮存罐中。

(3) 液化石油气

液化石油气是多种气体的混合物，它的主要成分是丙烷、丙烯、丁烷、丁烯等，它的低位发热值常为 83736～113044kJ/(N·m^3)。常温下成气态，当压力升高或温度降低时成液态。可以管道输送也可压缩成液态运输和贮存。我国当前采用钢瓶供应。

3.7.2 室内燃气管道系统

室内燃气管道系统是从庭院燃气管网接出的引入管、水平干管、立管、用户支管、燃气计量表、用具、用具连接管、燃气用具组成的，见图 3-21。

(1) 引入管

从城市或庭院低压分配管道引出进入建筑物的管道，其距离应尽量短，并设大于 0.005 的坡度，坡向室外燃气管网。引入管穿过建筑物基础或地板时需设套管。

(2) 水平干管

当引入管连接多根立管时设置水平干管。坡向引入管，坡度不小于 0.002。

(3) 立管

将燃气由水平干管分送到各层的管道。一般敷设在厨房或走廊内，立管的直径一般不小于 25mm。立管通过各层楼板处应设套管。套管高出地面至少 50mm，套管与立管之间的间隙应用沥青和油麻填塞。

(4) 用户支管

由立管引向各单独用户计量表及燃气用具的管道。在厨房内其高度不低于 1.7m。敷设坡度不小于 0.002，并由燃气表分别坡向立管和燃具。支管穿过墙壁时也应安装在套管内。

(5) 燃气计量表

是计量燃气用量的仪表。

(6) 用具连接管

用具连接管又称下垂管，是指燃气表后的垂直管段，其上的旋塞应距地面 1.5m 左右。

(7) 燃气用具

常用的有厨房燃气灶和燃气热水器等，见图 3-22。

室内燃气管道的管材应采用低压流体输送钢管，并应尽量采用镀锌钢管。

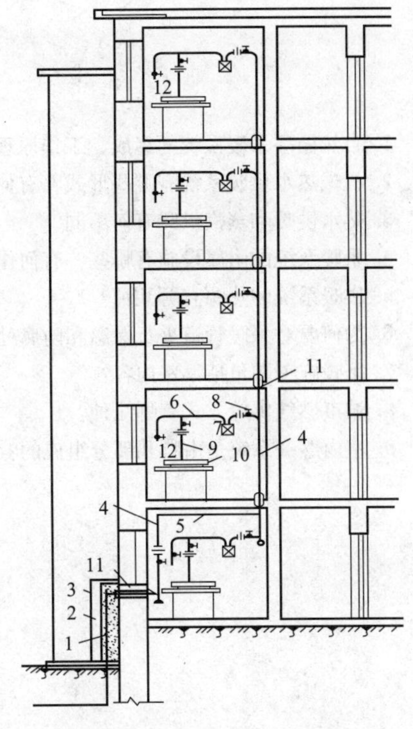

图 3-21 室内燃气管道系统

1—用户引入管；2—砖台；3—保温层；4—立管；5—水平干管；6—用户支管；7—燃气计量表；8—表前阀门；9—燃气灶具连接管；10—燃气灶；11—套管；12—燃气热水器接头

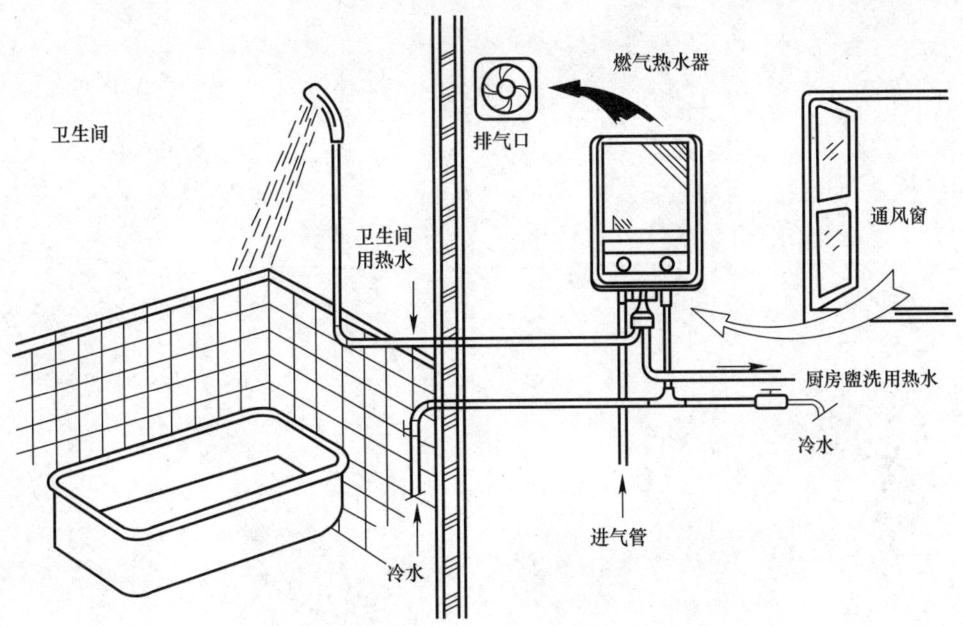

图 3-22 燃气热水器安装示意图

思 考 题

1. 自然循环采暖系统的组成、工作原理是什么?
2. 机械热水供暖系统有哪些形式?有何特点?
3. 热水供暖和蒸汽供暖有何不同?
4. 采暖系统的附属设施有哪些?有何作用?
5. 供暖系统的热源有哪几种?
6. 为何要对采暖管道进行保温和防腐处理?有哪些方法?
7. 采暖施工图包括哪些内容?
8. 城市燃气供应方式有哪几种?
9. 室内燃气系统是由哪几部分组成的?

4 空调系统

学习目标：了解通风的概念、分类和特点以及常用管材和设备；了解空气调节的分类、作用；熟悉夏季和冬季空调的作用原理和常见的空调系统；了解制冷的有关概念和主要设备。

4.1 室内通风

室内通风就是将室内被污染的空气直接或经过净化处理后排至室外，并把室外新鲜空气直接或适当处理后补充进来，以保持室内的卫生环境。

4.1.1 室内通风分类

室内通风按通风系统的空气动力不同分为自然通风和机械通风。按通风系统的作用范围不同分为全面通风和局部通风，见表4-1。

室内通风分类 表4-1

<table>
<tr><th colspan="3">室内通风</th><th>特点</th><th>使用</th></tr>
<tr><td colspan="3">自然通风</td><td>节省能源、降低工程造价、无噪声污染、人的感觉自然舒适</td><td>居室、办公室开窗通风；工业车间、厂房设置高窗或天窗通风；采用排风罩及风帽局部自然通风</td></tr>
<tr><td rowspan="6">机械通风</td><td rowspan="3">局部通风</td><td>排风</td><td>将有害物质排出</td><td>车间或厂房固定部位产生废气等有害物质，防止其扩散污染空气而设置</td></tr>
<tr><td>送风</td><td>稀释有害物质</td><td>在较大面积的车间或厂房，某些局部工艺产生高温等有害健康的操作时设置。如炼钢车间等</td></tr>
<tr><td>送排风</td><td>送入新风改善环境，同时排出有害物质</td><td>局部产生有害物质的部位，只采用排风不足以改善工作环境时使用。如烹调操作间</td></tr>
<tr><td rowspan="3">全面通风</td><td>排风</td><td>易造成室内负压状态，室外空气能从门窗进入室内</td><td>局部通风不能控制有害物质扩散时采用</td></tr>
<tr><td>送风</td><td>可形成正压状态，室内空气可从门窗自然排出</td><td>工艺要求稀释有害物质浓度或对进入室内空气进行处理时采用</td></tr>
<tr><td>送排风</td><td>全面送风和全面排风</td><td>室内既需要稀释空气，又需要全面排风时采用</td></tr>
</table>

4.1.2 管材与常用设备

（1）管材

通风管道一般做成圆形或矩形且有统一规格。常用材料有：

1）金属薄板：具有易加工、安装方便，能承受较高温度的特点，是制作风管和部件的主要材料，一般使用厚度为0.5～4.0mm。常用的有普通薄钢板、镀锌钢板、不锈钢板、铝板、塑料复合钢板等。

2）非金属材料：输送腐蚀性气体时，若采用涂刷防腐油漆的钢板仍不能满足要求时，可采用硬聚氯乙烯塑料板。

（2）常用设备

1）通风机：通风机是输送气体并能提高气体能量的一种流体机械。常见的有离心式风机、轴流式风机和贯流式风机等。

2）除尘器：除尘器是对空气中含尘或有害气体进行除尘净化处理的设备。

4.2 室内空气调节

室内空气调节是指通过空气处理的手段和方法，向房间送入净化的空气，并通过空气的过滤净化、加热、冷却、加湿、去湿等工艺过程满足生活及生产的需要，同时对温度和湿度能进行控制，提供足够的净化新鲜空气量，在建筑物封闭状态下完成。

4.2.1 分类

空调可分为一般性空调、工业空调和洁净式空调三种。

（1）一般性空调

满足人们对新鲜空气量、温度、湿度和气流速度的要求。

（2）工业空调

为保证产品质量而对空气温度、湿度和洁净度等方面的要求。

（3）洁净式空调

空气洁净度要求高的行业（如制药、食品加工、医院等），除对空调有一般性要求外，对空气含尘量、细菌数等也有严格的要求。

4.2.2 空气处理方式及空气处理设备

（1）空气加热处理

满足冬季室内温度要求，提高送风温度。常用设备有热水盘管加热器、电加热器等。

（2）空气冷却处理

属于夏季冷却空气处理。常用表面湿冷却器和喷水办法冷却。

（3）空气加湿与去湿处理

冬季空气含湿量降低时加湿；当空气含湿量过高，对湿度有要求的建筑物需去湿处理。常用加湿方法有喷水室喷水方法、喷蒸汽方法、电加湿法等。

（4）空气过滤处理

用过滤器去除或降低空气中有害微粒。

（5）消声处理

去除风机运转时产生的振动和噪声。常用设备有阻抗复合式消声器、管式消声器、微孔板消声器和消声管段、消声弯头等。

4.2.3 常见的空调系统

常见的空调系统有集中空调系统、新风-风机盘管系统和局部空调系统等，见图 4-1～图 4-3 和表 4-2。

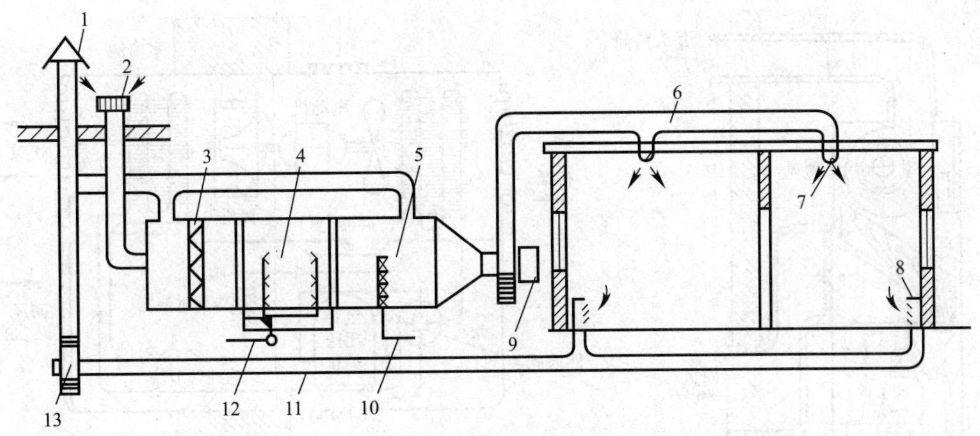

图 4-1 集中式空调示意图

1—排气口；2—采风口；3—过滤器；4—喷雾器；5—加热器；6—送风管；7—送风口；8—回风口；9—送风机；10—热水或蒸汽管；11—回风管；12—冷冻水管；13—回风机

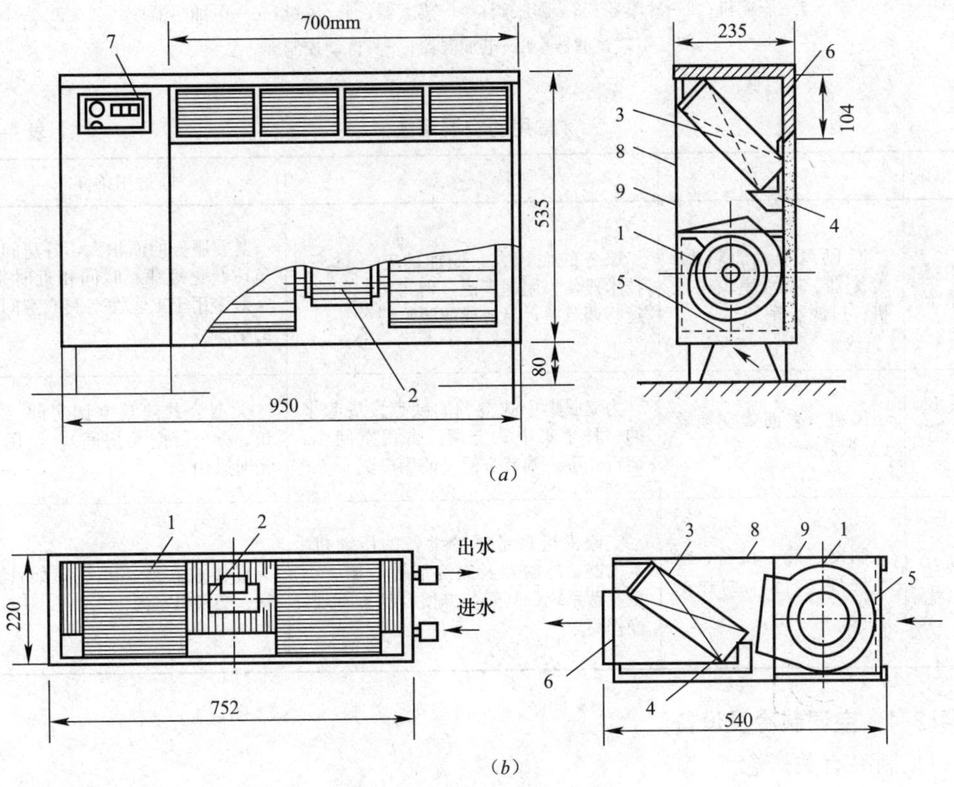

图 4-2 风机盘管构造示意图

(a) 立式；(b) 卧式

1—风机；2—电机；3—盘管；4—凝结水盘；5—循环风进口及过滤器；

6—出风格栅；7—控制器；8—吸声材料；9—箱体

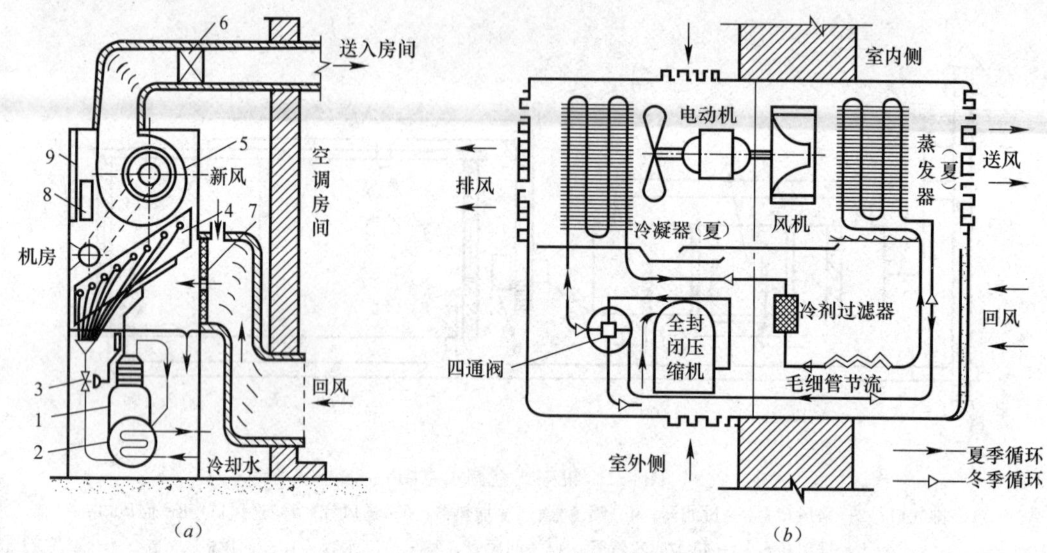

图 4-3 局部空调系统

(a) 水冷式空调机组（柜式）；(b) 风冷式空调机组（窗湿、热泵式）

1—压缩机；2—冷凝器；3—膨胀阀；4—蒸发器；5—风机；6—电加热器；7—空气过滤器；8—电加湿器；9—自动控制屏

常用的空调系统 表 4-2

空调系统	组　成	特　点	适用条件
集中空调系统	回风风机、加热器、表冷器、喷水室、送风机、过滤器等	服务的面积大、处理的空气量多，技术成熟、用途广泛。但占用空间多、运行调节差，易造成能源浪费	需要服务的面积大，各房间热湿负荷变化规律、时间相近时采用。一般多用于工业性空调或空间较大的场所
新风-风机盘管系统	风机、表面式交换器（盘管）	为克服集中式空调的缺点发展起来的一种半集中式空调，占用空间少，运行经济、调节方便。使用广泛	大型公共建筑空调房间（如宾馆、办公等空调房间），使用不均衡时采用
局部空调系统	制冷（热）设备、空气处理、动力、自控系统	空调机组自带制冷设备的压缩机、蒸发器、冷凝器及制冷剂等，是一小型空调系统。其安装方便、易于管理、操作简单	直接放在所需房间，如计算机室、交换机室内

4.2.4 空调制冷及设备

（1）制冷有关概念

1）制冷：在空调系统中，利用天然冷源或人工冷源使某个空间低于周围环境温度，并保持该温度，称为制冷。

2）制冷量：单位时间内摄取的热量称为制冷量。

3）制冷剂：在制冷设备中，起着热量传递并进行制冷循环的一种工作物质。

4）冷媒：在制冷过程中，先被制冷剂冷却，再冷却其他物质的介质称为冷媒。常用的有空气、水、盐水等。

(2) 主要设备

1) 压缩机：压缩机的作用是将低压气态制冷剂压缩成高温高压气态制冷剂。根据不同的工作原理分为容积式和压缩式两种。

2) 冷凝器：冷凝器的作用是将从压缩机排出的高温高压气态制冷剂予以冷却并冷凝液化放热，通过冷凝器的放热面，将热量传递给水或空气。

3) 节流膨胀阀：是使从冷凝器出来的高压液态制冷剂成为低压液态制冷剂。

4) 蒸发器：低压液态制冷剂进入蒸发器内蒸发吸热后成为低压气态。

(3) 夏季空调工作流程图

夏季空调工作流程图见图 4-4。

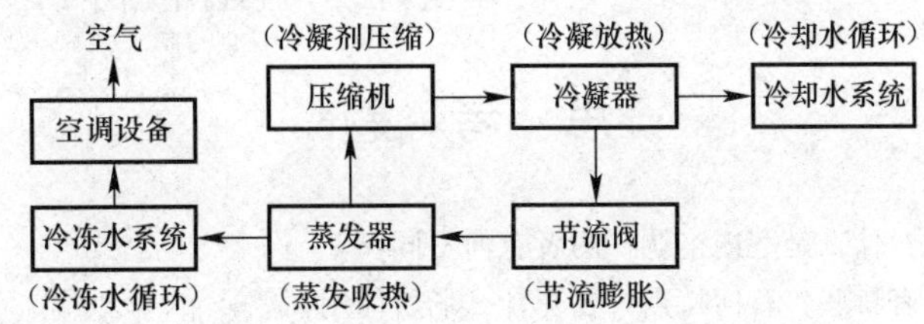

图 4-4　夏季空调工作流程图（制冷剂循环）

4.2.5　冷冻水（或冷水）机组

(1) 作用

在夏季，提供一定温度的空调冷冻水，对室外空气或室内循环空气进行冷却。

(2) 组成

制冷压缩机、冷凝器、节流阀、蒸发器和辅助设备等。

4.2.6　管道系统

(1) 冷冻水系统

1) 循环水泵：是冷冻水在空调系统中的循环动力。

2) 集水器、分水器：用于冷冻水量的再分配及调节各支路的负荷变化。

3) 膨胀水箱：设置在空调系统的最高点，容纳冷冻水供回水温差造成的水膨胀和收缩。

4) 除污过滤器：防止污物、泥沙等阻塞机组管束和盘管，造成不利于冷冻水的循环。

5) 连接管道：系统设备间的连接。

(2) 冷却水系统

为冷水机组的冷凝器提供一定温度的冷却水。

1) 冷却塔：空调系统中，由冷却水吸收冷凝剂在冷凝器中的放热量，通过冷却循环使用保证冷却水用量。

2) 水泵：冷却水循环动力。

3) 循环水池（箱）：贮存冷却水。

(3) 软化水系统

避免系统的补充水因结水垢而影响传热效率。

4.2.7 空调热力系统及设备

(1) 换热站

将一次热源通过换热变成空调所需用水。由热交换器和热水循环泵等组成。

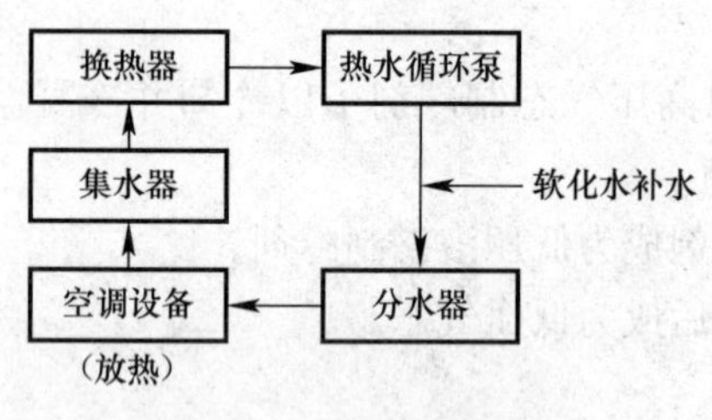

图 4-5 冬季空调工作流程图（空调水循环）

(2) 热交换器

常采用板式换热器。

(3) 热水循环泵

通过热交换器出来的空调热水送至空调水系统，经空调设备放热后，再回到热交换器内进行循环。热水循环泵作为空调水的循环动力。

(4) 冬季空调工作流程图

冬季空调工作流程图见图 4-5。

思 考 题

1. 什么是室内通风？什么是室内空调？两者有何不同？
2. 室内通风的分类有哪些？有何特点？各在什么场所使用？
3. 什么是全面通风？什么是局部通风？
4. 室内空调系统的分类有何要求？
5. 空气处理包括哪些方面？
6. 常见空调系统有哪些？有何特点？

5 建筑强电与弱电

学习目标：熟悉电工学基本知识，掌握有关概念；掌握建筑供配电过程和室内照明线路敷设；掌握低压供电线路接线方式和常用的电压；了解常见的高压电器设备和低压电器设备功能特点；掌握电气施工图的阅读方法；熟悉建筑强电和弱电的区别以及常见的建筑弱电种类；了解建筑防雷和接地的作用；了解电梯和扶梯的组成。

5.1 电工学基本知识

5.1.1 直流电路

（1）概念

1）电荷：组成物质的无数带电微粒称作电荷。

2）电场：带电体周围具有特殊性质的空间称为电场。

3）电路：电荷流动时经过的路径称为电路。它是由电源、负载、开关和导线组成的。

4）电压（U）：任何两个带电体间（或电场的某两点）所具有的电位差，称为该两带电体间（或电场的某两点间）的电压。

5）电流（I）：导体中电荷的定向移动形成电流。

6）电源：把化学能转换为电能的设备称为电源。

7）负载：将电能转换为其他形式能的装置称为负载。

8）电阻（R）：电流在物体中流动时遇到的阻力称为电阻。

9）电功（W）：电流所做得功，称为电功。

10）电功率（P）：用电设备在单位时间内所做的功称为电功率。

（2）直流电路常见连接方式和基本公式

直流电路常见连接方式和基本公式见表 5-1。

直流电路常见连接方式和基本公式　　表 5-1

项目		图示	公式
欧姆定律	无源支路欧姆定律	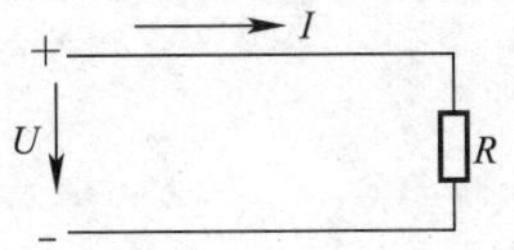 +, −, U, I, R	$I=U/R$ $U=IR$ U-电压 I-电流 R-电阻
	全电路欧姆定律	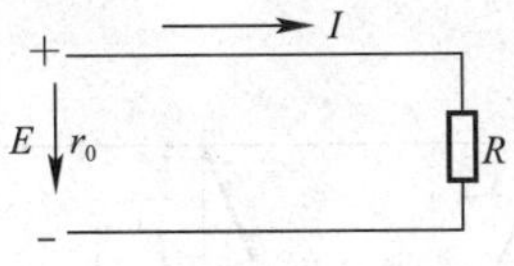 +, −, E, r_0, I, R	$I=E/(R+r_0)$ E-电动势 r_0-电动势内阻
	含源电路欧姆定律	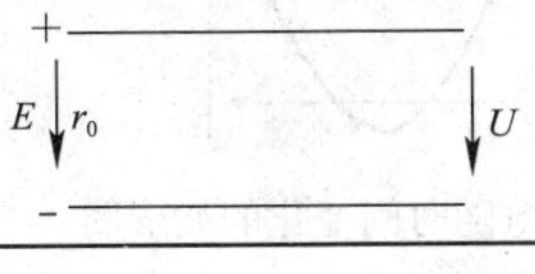 +, −, E, r_0, U	$I=(E-U)/r_0$

续表

项目		图示	公式
负载连接	串联		$R=R_1+R_2+R_3$ $I=I_1=I_2=I_3$ $U=U_1+U_2+U_3$ $P=P_1+P_2+P_3$
	并联		$1/R=1/R_1+1/R_2+1/R_3$ $I=I_1+I_2+I_3$ $U=U_1=U_2=U_3$ $P=P_1+P_2+P_3$
	混联		$I=I_1=I_2+I_3$ $R=R_1+R_2R_3/(R_2+R_3)$ $U=U_1+U_2=U_1+U_3$ $P=P_1+P_2+P_3$
电源连接	串联		$E=E_1+E_2+E_3$ $r=r_1+r_2+r_3$
	并联		$I=I_1+I_2+I_3$ $1/r=1/r_1+1/r+1/r_2+1/r_3$ 注意不能把不同电动势、不同内阻的电源并联使用

5.1.2 单相交流电

(1) 概念

1) 交流电：大小和方向随时间作周期性变化的电压或电流，统称交流电。

2) 交流电路：用交流电源供电的电路称为交流电路。

3) 正弦交流电：大小与方向都随时间按正弦规律变化的电动势、电压和电流的统称，见图 5-1。函数式为：

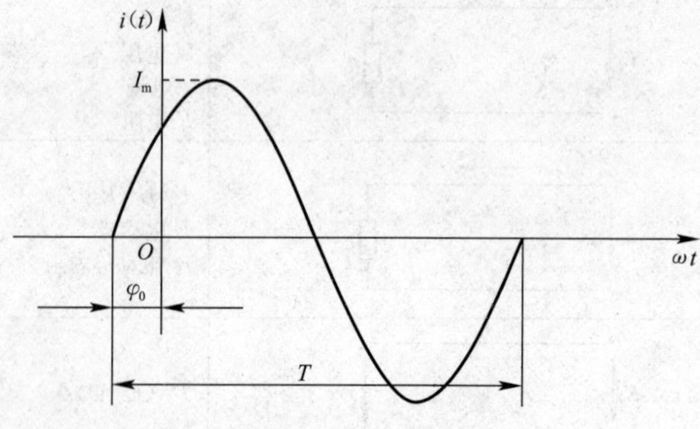

图 5-1 正弦交流电随时间变化的波形图

$$i(t) = I_m \sin(\omega t + \varphi_0)$$

式中 I_m——$i(t)$ 的最大值；

ω——角频率；

φ_0——初相位。

（2）正弦交流电的三要素和产生的效应

正弦交流电可以用正弦量变化快慢、正弦量大小、正弦量变化状态来表征，其中最大值、角频率和初相位统称为交流电的三要素，见表 5-2。

正弦交流电的三要素 表 5-2

正弦量表征	内容	符号	定 义	备 注
正弦量变化快慢	周期	T	正弦量变化一周所需的时间，单位秒（s）	
	频率	f	正弦量每秒钟变化的周期数，单位赫兹（Hz）	$f=1/T$
	角频率	ω	正弦量每秒钟所经历的弧度数，单位弧度/秒（rad/s）	$\omega=2\pi f=2\pi/T$
正弦量大小	瞬时值	i u e	交流电某一瞬间的数值，有电流、电压、电动势的瞬时值	
	最大值（幅值）	I_m U_m E_m	在一个周期中所出现的最大瞬时值，有电流、电压、电动势的最大值	
	有效值	I U E	交流电通过某一电阻时所产生的热量，如果与某一直流电在相同的时间内产生的热量相等，则直流电的数值为交流电的有效值，有电流、电压、电动势的有效值	$I=I_m/\sqrt{2}$ $U=U_m/\sqrt{2}$ $E=E_m/\sqrt{2}$
正弦量变化状态	相位	$\omega t+\varphi_0$	正弦交流电中的 $\omega t+\varphi$	
	初相位	φ_0	$t=0$ 时的相位	
	相位差	φ	两个同频正弦量的相位值差或初相位值差	$\varphi=\varphi_1-\varphi_2$

正弦交流电产生的效应：

1）热效应：交流电通过导线或负载（如白炽灯），使其发热产生的热量。

2）磁效应：交流电通过导线时，导线周围包括导线的截面内的磁通量发生变化，导线中始终有自感电动势产生（如日光灯镇流器等）。

3）化学效应：交流电必须经过整流变成直流电后才能产生化学效应（如电解和电镀等工艺）。

（3）常见的单向交流电路

常见的单向交流电路见表 5-3。

常见的单向交流电路 表 5-3

电 路	图 示	公 式	备 注
电阻负载电路	U_R i R	$I=U/R$ $P=UI\cos\varphi$	I—电流有效值 U—电压有效值 R—负载的电阻 P—交流电的有功功率 φ—电压与电流的相位差，$\varphi=0$ $\cos\varphi$—功率因数

续表

电　路	图　示	公　式	备　注
电感负载电路		$X_L=\omega L=2\pi fL$ $I=U/X_L$ $P=UI\cos\varphi$ $Q=UI\sin\varphi$	L—电感 X_L—电感的感抗 ω—角频率 f—频率 Q—交流电的无功功率 电压与电流的相位差 $\varphi=90°$
电容负载电路		$X_C=1/2\pi fC$ $I=U/X_C$ $P=UI\cos\varphi$ $Q=UI\sin\varphi$	C—电容 X_C—容抗 电压与电流的相位差 $\varphi=-90°$
电阻电感串联电路		$I=U/Z$ $P=UI\cos\varphi$ $Q=UI\sin\varphi$ $S=UI$	Z—交流电路阻抗 S—交流电的视在功率 $\cos\varphi$—由电阻及阻抗确定 $\cos\varphi=R/Z$（见图 5-2） 电压超前电流 φ 角 $I=U/Z$ 为交流电的欧姆定律

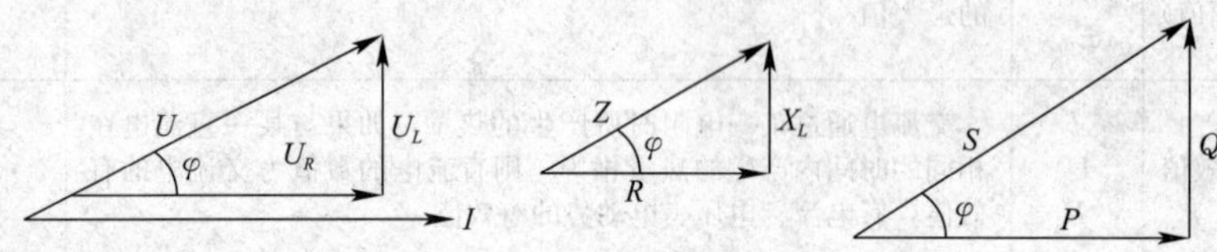

图 5-2　电压、阻抗、功率三角形

（4）电压、阻抗、功率三角形

功率因数 $\cos\varphi$ 是交流电路重要参数，提高电路的功率因数是节约用电的有力措施。一般电器设备的功率因数应在 0.9 以上。

5.1.3　三相交流电

（1）概念

1）三相交流电：是指三个频率相同，而相位互差 120°的三个交流电按照一定方式连接起来，同时作用在电路中，称为三相交流电。

2）三相对称电源：三个交流电源的电动势（或电压）的有效值相等，频率相同，相位上互差 120°，称为三相对称电源（或三相对称电动势或三相对称电压）。

3）三相四线制：由三相电源引出四条输电线供电的方式，称为三相四线制。常在低压输电中采用。见图 5-4。

4）三相三线制：由三相电源引出三条输电线供电的方式，称为三相三线制，常在高压输电中采用。见图 5-6。

5）三相平衡负载（三相对称负载）：三相负载功率彼此相同（功率因数相同），称为三相平衡负载（或三相对称负载）

6）三相不平衡负载：三相负载功率彼此不相同（功率因数不相同），称为三相不平衡负载（或三相不对称负载）。

(2) 三相电源与三相负载的连接

1) Y形连接（星形连接）

① 三相负载的Y形连接见图5-3。三相负载的每一相分别跨在火线和中线之间。负载不平衡时采用。

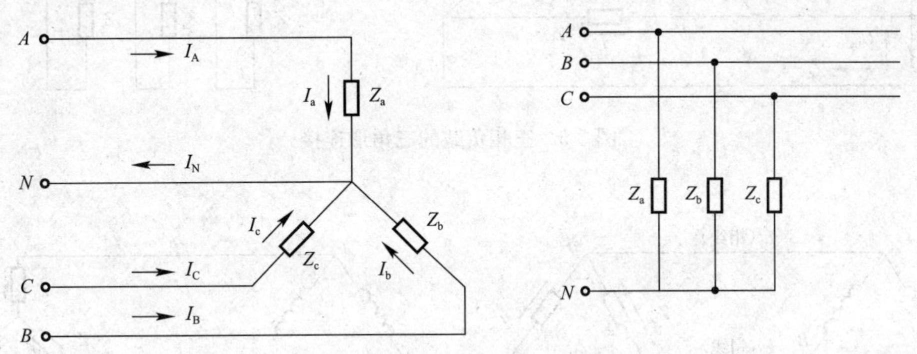

图5-3 三相负载的Y形连接

② 三相电源与三相负载Y形的连接：见图5-4。

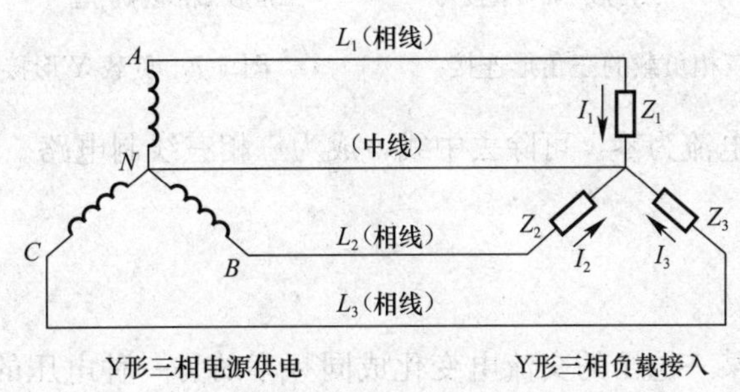

图5-4 三相电源与三相负载Y形的连接

从A、B、C分别引出的导线称为相线（或火线），由N引出的导线称为中线（或零线）。相线与中线之间的电压称为相电压。相线与相线之间的电压称为线电压。线电压是相电压的$\sqrt{3}$倍，即$U_{线}=\sqrt{3}U_{相}$。

Y形连接特点：①三相负载所承受的电压就是三相电源的相电压；②三条相线中的线电流就是三相负载的相电流；③负载平衡时，中线电流为零，中线不起作用；负载不平衡时，中线可保证负载相电压不变，因此，中线上绝不允许安装保险丝和刀闸开关。

2) 三角形连接

① 三相负载的三角形连接见图5-5。三相负载的每一相分别跨在火线和火线之间。

② 三相电源与三相负载的三角形连接见图5-6。

三角形连接特点：①无论负载是否平衡，相电压永远保持不变且等于电源线电压，即$U_{相}=U_{线}$；②各项负载与电源各自构成回路，互不干扰；③负载平衡时，$I_{线}=I_{相}/\sqrt{3}$；总功率$P=3P_{相}=3U_{相}\ I_{相}\ \cos\varphi$；④负载不平衡时，$I_{线}>I_{相}$；总功率$P$为各相功率之和。

3) 负载Y形接入三角形三相电源

负载Y形接入三角形三相电源见图5-7。当三相四线制电路中负载为Y形连接，且三

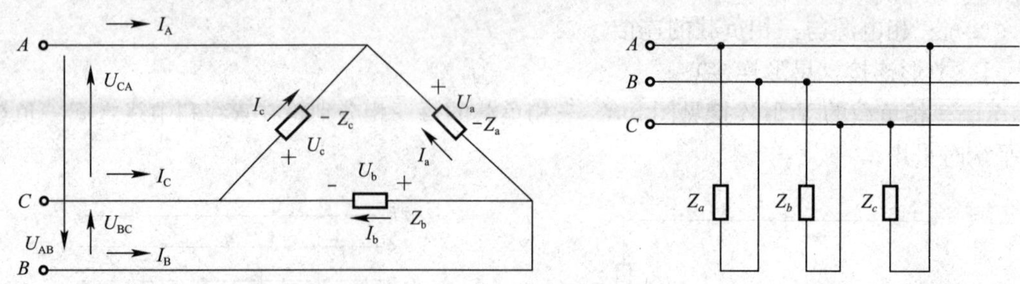

图 5-5　三相负载的三角形连接

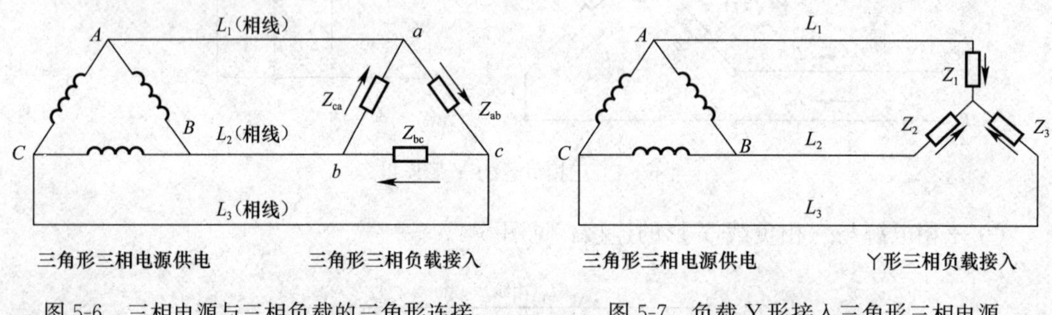

图 5-6　三相电源与三相负载的三角形连接　　图 5-7　负载 Y 形接入三角形三相电源

相负载平衡时，中线电流为零。可除去中线，成为三相三线制电路。其特点与三相四线制电路特点相同。

5.1.4 变压器

(1) 定义和作用

变压器是可以把某一电压的交流电变化成同频率的另一种电压的交流电的电气设备。它可以升压也可以降压，还可以用来变换阻抗、改变相位等。

(2) 工作原理

变压器工作原理示意图见图 5-8。当变压器原绕组接入电流时，原绕组中电流产生变化，使得铁芯中产生交变的主磁通，形成自感电动势；而副绕组产生了互感电动势，则副绕组与负载连接的回路中就产生了电流。

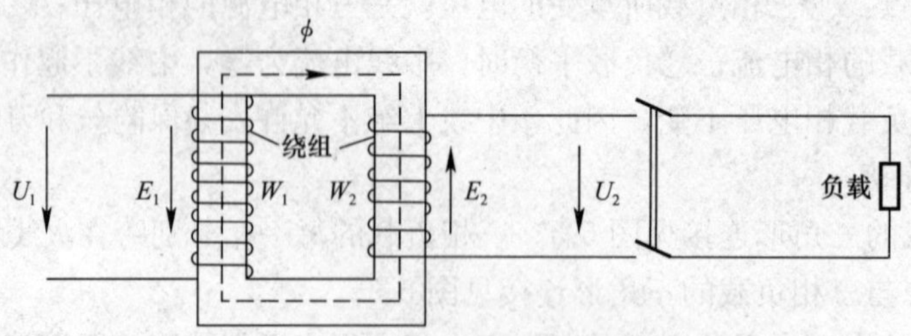

图 5-8　变压器工作原理示意图

根据电工原理得知：变压器原副绕组电压之比与它们的匝数成正比。变压器原副绕组电流之比与它们的匝数成反比。公式为：

$$U_1/U_2 = W_1/W_2 = K_u \quad I_1/I_2 = W_2/W_1 = K_i$$

式中 K_u——变压器的电压变比。

K_i——变压器的电流变比。

(3) 三相变压器

由于交流电的产生和输送采用的是三相制，其升压或降压也必须用三相变压器。

1) 基本构造图：三相变压器构造图见图 5-9，三相变压器的原副绕组应浸在变压器油中，端头经过装在变压器铁盖上的绝缘套管引到外面。

2) 基本连接方式。

① Y/Y_0 连接：原绕组星形连接，副绕组星形连接并引出一条中性线，见图 5-10 (*a*)。

② Y/△连接：原绕组星形连接，副绕组三角形连接，见图 5-10 (*b*)。

③ Y_0/△连接：原绕组星形连接并引出一条中性线，副绕组三角形连接，见图 5-10 (*c*)。

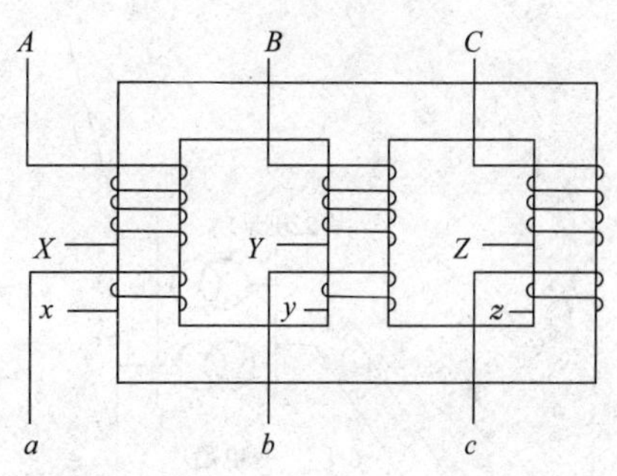

图 5-9 三相变压器构造图

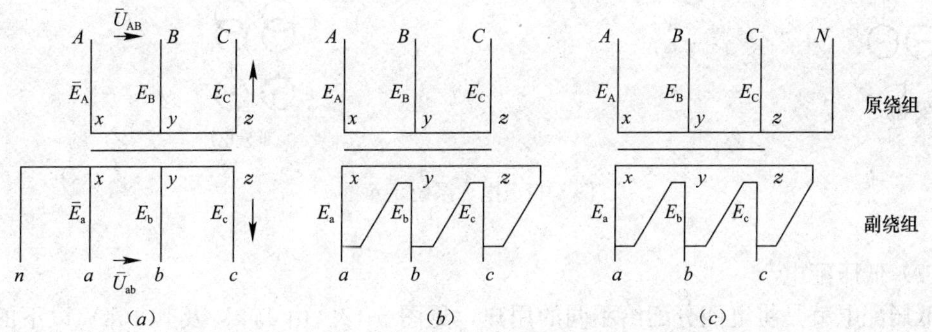

图 5-10 三相变压器基本连接方式

(*a*) Y/Y_0 连接；(*b*) Y/△连接；(*c*) Y_0/△连接

5.2 建筑供配电系统

5.2.1 电力系统

由各种电压等级的电力线路将一些发电厂、变电所和用户联系起来的发电、输电、变电、配电和用户的整体，称作电力系统（或称为供电系统），见图 5-11。

在供电系统中，由变电所和各种不同电压等级组成的电力线路的组合称为电力网。电力网是电力系统重要组成部分，它把发电厂的电能输送、变换和分配到电能用户。

5.2.2 输配电系统

(1) 高压输电

由于高压输电可减少线路的电能损失和电压损失，所以从发电厂发出的电能都需经过升压变电所升压后再传输到各个地区或直接传输到用户，见图 5-12。由 35kV 及其 35kV 以上输电线路和与其相连接的变电所组成的电力系统网络，称为输电网。

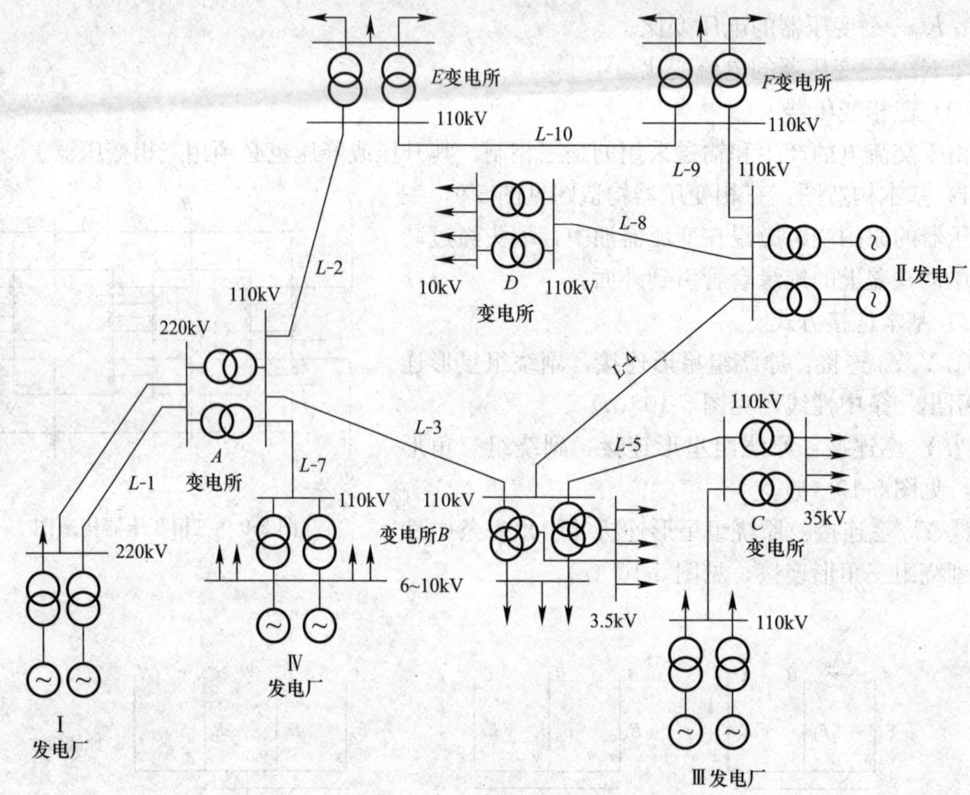

图 5-11 电力系统示意图

(2) 低压配电

低压配电就是将电能分配给不同的用户，见图 5-12。由 10kV 及其 10kV 以下的配电线路和配电变压器所组成的电力网络系统，称为配电网。

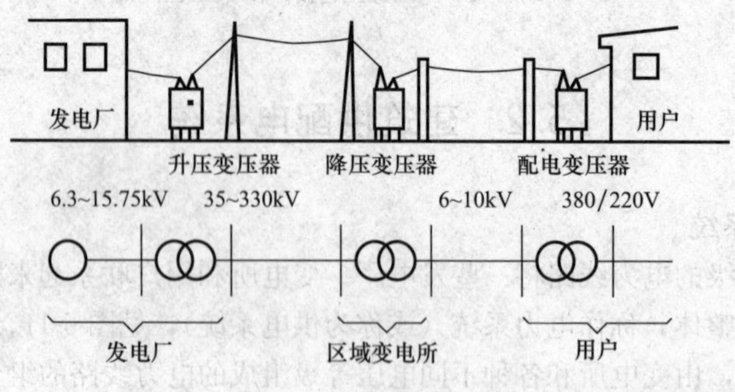

图 5-12 输配电过程

(3) 变、配电所

变电所是指变换电压和分配电能的场所，可升压变电也可降压变电。它是由电力变压器和配电装置组成的。对于仅仅装有受、配电设备而没有变压器的场所我们称之为配电所。

(4) 低压线路和高压线路

供电线路按电压的高低，一般将 1kV 及其以下的线路称为低压线路；1kV 以上的线路称为高压线路。三相四线制的低压供电系统中，380/220V 是最常采用的低压电源的电压。

(5) 低压供电线路的接线方式

低压供电线路的接线方式详见表 5-4。低压 380/220V 配电系统基本采用放射式和树干式两种接线方式，实际上多为两种形式的混合。

低压供电线路的接线方式 表 5-4

线方式	放射式	树干式	环　形
特点	引出线发生故障时，互不影响，供电可靠性强；但采用的开关设备、有色金属量较多	采用的开关设备、有色金属量较少；但干线发生故障时，影响范围大，供电可靠性差	供电可靠性较高，电能损耗和电压损耗减少；但保护装置和整定配合比较复杂，配合不当，会发生更大范围停电故障
使用情况	多用于用电设备容量大，或负荷性质重要，或有潮湿及腐蚀性环境的车间供电，特别适用于大型设备供电	适于供电容量较小且分布均匀的用电设备	适于用电要求较高的建筑
图示	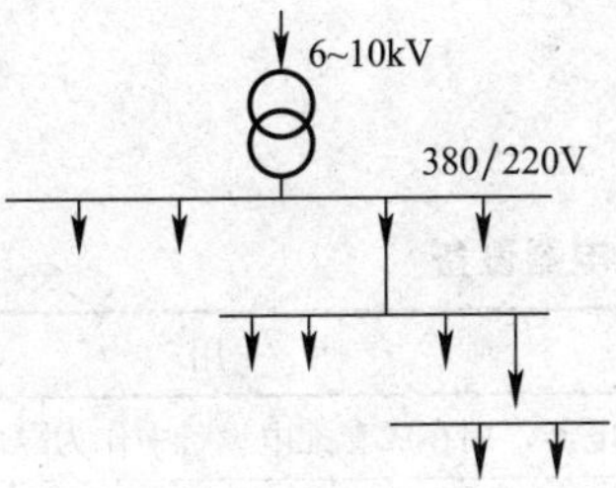 6~10kV 380/220V 放射式 6~10kV 380/220V 环形	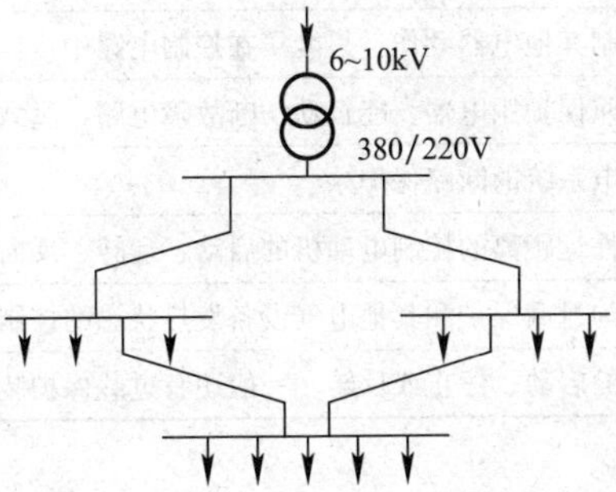 6~10kV 380/220V 树干式 380/220V 混合式	

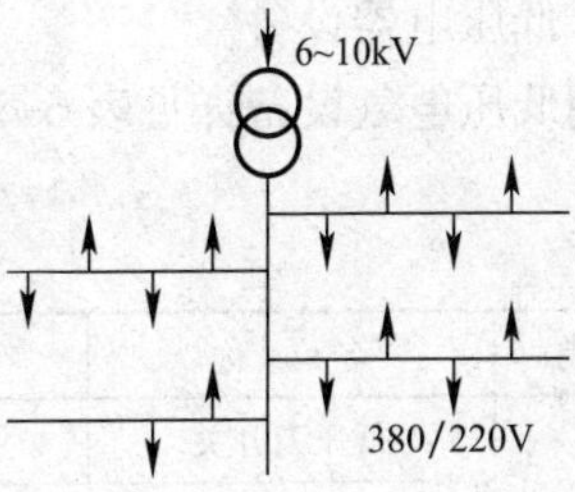

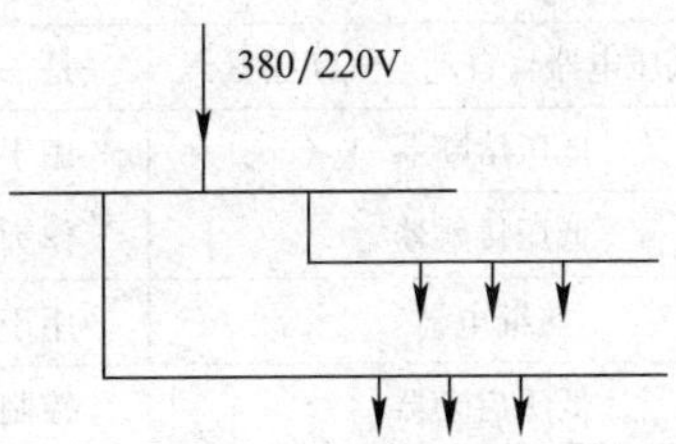

5.2.3 高压和低压电气设备

(1) 高压电气设备

常用高压电气设备详见表 5-5。

常用高压电气设备 表 5-5

高压电气设备	功能特点	要 求
高压隔离开关	开关断开后，有明显可见的断开间隙，能隔离高压电源，保证安全检修。开关分离后，接地刀闸将回路可能存在的残余电荷或杂散电流导入大地	隔离开关没有专门的灭弧装置，不能切断故障短路电流，不许带负荷操作
高压熔断器	用于小功率输配电线路和配电变压器的短路、过载保护	熔断器上限断流容量不小于短路电流的最大值，下限断流容量要小于短路电流的最小值
高压负荷开关	具有简单的灭弧装置，能通断一定的负荷电流和过负荷电流。开关断开后，有明显可见的断开间隙，具有隔离电源，保证安全检修的功能	不能断开短路电流，必须与高压熔断器串联使用
高压少油断路器	有较完善的灭弧装置，不仅能通断正常负荷电流，而且能接通和承受一定时间的短路电流，并能在保护装置作用下自动跳闸，切除短路故障	较安全，但其外壳带电，安装时必须保证足够的安全距离
高压开关柜	控制和保护发电机、变压器和高压线路，也可作为大型高压交流电动机的启动和保护	安全可靠

（2）低压电器设备

常用低压电气设备详见表 5-6。

常用低压电器设备 表 5-6

种 类	名 称	使 用
非自动低压设备	低压刀开关	是一种手动控制电器，用在成套配电设备中作为隔离电源使用
	万能转换开关	其触头容量小，常用来控制接触器，有时可直接控制小型电动机
	凸轮控制器	触头数量较多。常用来控制小型电动机的启动、制动、调速和反转
	按钮	发布命令控制其他电器动作，只能接在控制电路中
自动低压电器（自动空气断路器）		是一种控制兼保护用电器，能自动切断故障电路，过载和失压时自动跳闸
低压熔断器		用于低压配电系统的断路保护
低压接触器		作为执行元件远距离的控制电动机的启动、运转、反向和停止
热继电器		用于电动机的过载保护和其他电气设备发热状态的控制
低压启动器		控制电动机的启动、停止或反转。一般还有过载保护装置

5.3 电气照明

5.3.1 照明光源及照明器

（1）照明光源

常用照明光源可分为两大类，一类是热辐射光源（如白炽灯、卤钨灯等），另一类是气体放电光源（如荧光灯、高压汞灯、高压钠灯等）。

常用照明光源见表 5-7。

常用照明光源　　表 5-7

分类	热辐射光源		气体放电光源		
发光原理	利用物体加热时辐射发光的原理做成的光源		利用气体放电时发光的原理做成的光源		
电光源	白炽灯	卤钨灯	荧光灯（日光灯）	高压汞灯（高压水银荧光灯）	高压钠灯
组成	玻璃壳、灯丝、灯头	电极、灯丝、石英灯管	电极、惰性气体、灯管以及启辉器、镇流器和电容器	电极、限流电阻、金属支架、内外玻壳	陶瓷放电管、玻璃外壳
要求	灯泡的工作电压必须与线路的电压一致	水平安装；不能人工冷却和接近自燃物；不能用于有振动场所和作移动式局部照明用	需要启辉器预热灯丝。不要频繁开关	必须与相应功率的镇流器串联使用。使用时注意灯具散热，不要频繁开关	必须与相应功率的镇流器串联使用
特点	结构简单、使用方便、价格低、显色性好；但发光效率低，使用寿命短	由白炽灯改进，体积小、光通量稳定、光效高、光色好、寿命长	用电最经济，发光效率和使用寿命都比白炽灯高。显色性好，光通分布均匀	荧光灯的改良产品。光效高、耐震耐热，寿命长；但启动时间长，显色性差	光效、寿命比高压汞灯长，但显色性差，启动时间长
应用	广泛应用于各种建筑	多用于较大空间、要求高照度场所	广泛应用于颜色识别高、精细工作、停留时间长的场所	应用于照度要求高，对光色无要求的大型厂房、仓库、露天堆场和一般道路等	广泛用于照度要求高的高大厂房、道路、广场、港口等

(2) 照明器

照明器是能够透光、分配和改变光源分布的器具，达到合理利用光源避免眩光的目的。照明器即灯具，是由光源和控制器（灯罩）组成的。

常用照明器分类、特点和图示等见表 5-8～表 5-11。

按光通量在上下半球空间分配比例分类　　表 5-8

类型	上半球 / 下半球	特点	图示
直接型	0～10 / 100～90	光线集中，工作面上可获得充分照度	特深照型　深照型　配照型　广照型　嵌入式荧光灯　暗灯

续表

类型 上半球	类型 下半球	特点	图示
半直接型	10～40 / 90～60	光线能集中在工作面上，也可获得适当照度，比直接型眩光小	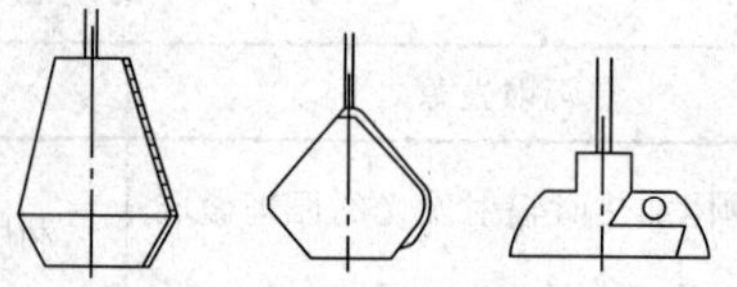
漫射型	40～60 / 60～40	空间各个方向光强基本一致，可达到无眩光	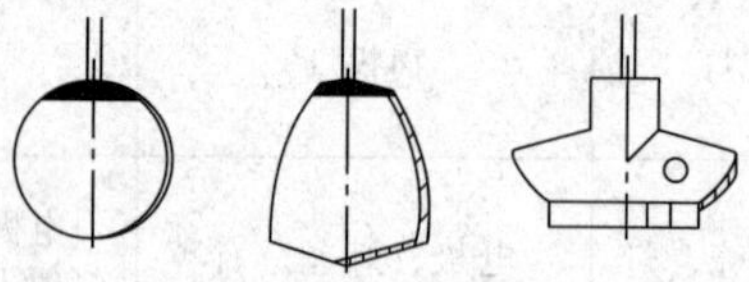
半间接型	60～90 / 40～10	增加了反射作用，使光线比较均匀柔和	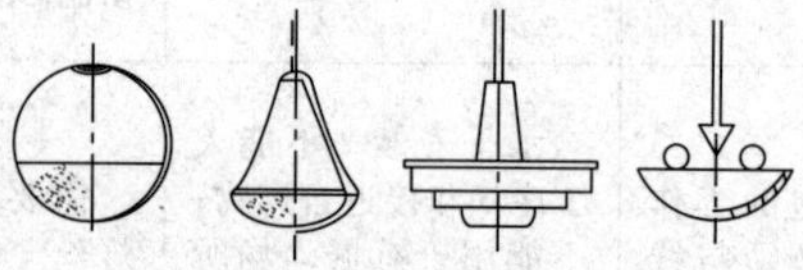
间接型	90～100 / 10～0	扩散性好，光线均匀柔和。避免了眩光，但光的利用率低	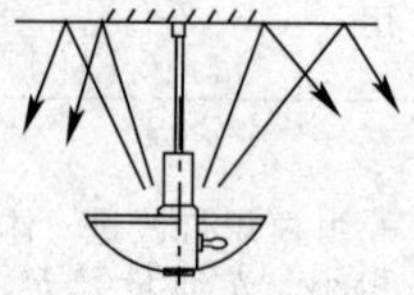

按照明器结构分类　　表 5-9

形式	特点	图示
开启式	光源与外界直接相通	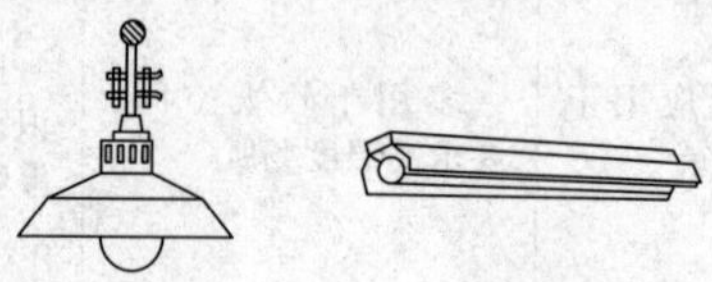
保护式	具有闭合的透光罩	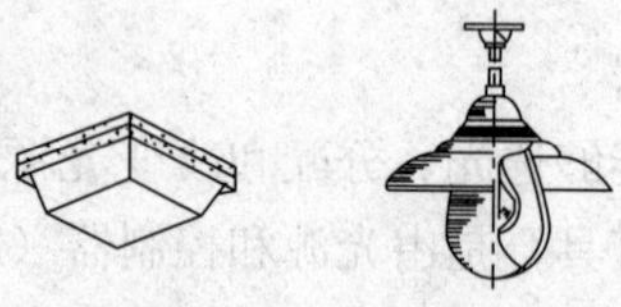
密封式	透光罩将照明器内外隔绝	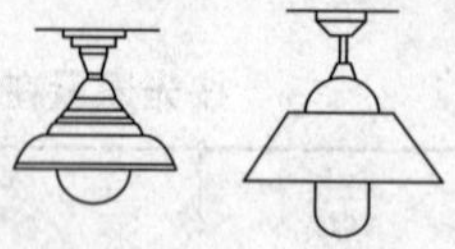
防爆式	在任何情况下都不会因为照明器引起爆炸	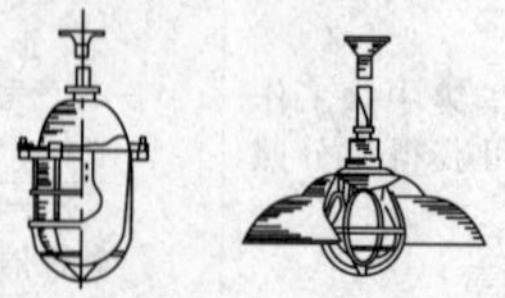

按照明器用途分类 表5-10

类型	用途举例	特　点	图　示
功能为主	如商店的荧光灯、路灯、室外用投光灯和陈列用聚光灯等	符合高效率和低眩光要求，光亮度高	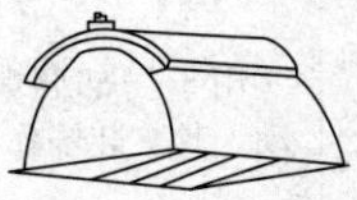
装饰为主	从普通吊灯到豪华的大型枝型吊灯各种形式都有	符合装饰效果。由装饰性零件围绕光源组合	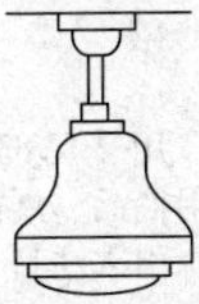

按固定方式分类 表5-11

方式	固定位置	特　点	图　示
吸顶灯	直接固定于顶棚	多用于整体照明。办公室、会议室、走廊等处经常使用	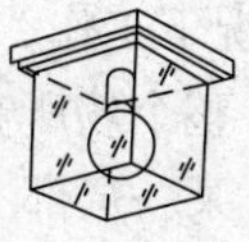
镶嵌灯	灯嵌入顶棚	使顶棚简捷大方，减少低顶棚的压抑感	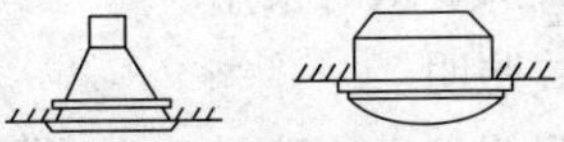
吊灯	利用导线或钢管（链），将照明器从顶棚吊下来	一般用于整体照明，对室内气氛有影响。用于门厅、餐厅、会议厅等	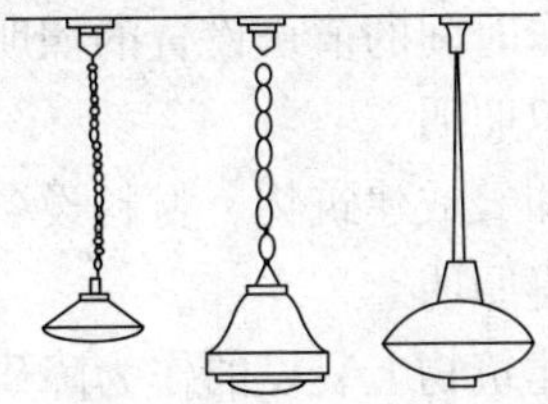
壁灯	装设在墙上	光线柔和、造型精致、有很强的装饰性。常用于大门、门厅、卧室、浴室、走廊等	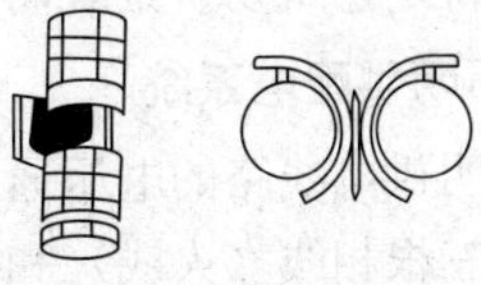
台灯	书桌、床头柜、茶几上等	用于局部照明。有装饰和美化室内环境作用	

续表

方式	固定位置	特点	图示
落地灯	摆设在茶几附近。作为待客、休息和阅览区域照明	用于局部照明。便于移动，具有装饰作用	
轨道灯	照明器安装在轨道上，可沿轨道移动	用于局部照明。重点照射商品、展品、工艺品等，以引人注目	

5.3.2 照明方式

（1）工作照明

在保证正常情况下工作。包括：

1）一般照明：整个场所需要的照明。

2）局部照明：某一局部工作地点的照明。

3）混合照明：一般照明和局部照明的混合使用。对工作位置需要有较高照明度，对照射方向有特殊要求时采用。

（2）事故照明

当工作照明发生故障时，为确保工作人员疏散或不能间断工作的工作地点的照明。

（3）值班照明

为非工作时间的值班设置的照明。

（4）警卫照明

为保卫和警戒建筑物、材料设备、人员等而采用的照明。

（5）障碍照明

在某些建筑物上装设的作为障碍标志的照明。

（6）景观照明

用于室外特定建筑物、景观而设置的带艺术装饰性的照明。

5.3.3 照明供配电系统

建筑内照明供电线路的电压通常采用 380/220V 三相四线制供电，由用户配电变压器的低压侧引出三根相线（火线）和一根零线。线电压 380V 供动力负载用电，相电压 220V 供照明负载用电。

照明供电系统图见图 5-13。从图中看到进户线是从配电变压器引出的四根电压为 380/220V 低压架空线上接线的。进户线将电引到总配电箱，从总配电箱引出干线，干线通过计量箱再接至用户配电箱，由用户配电箱引出若干组支线，负载接在支线上，形成回路即可。

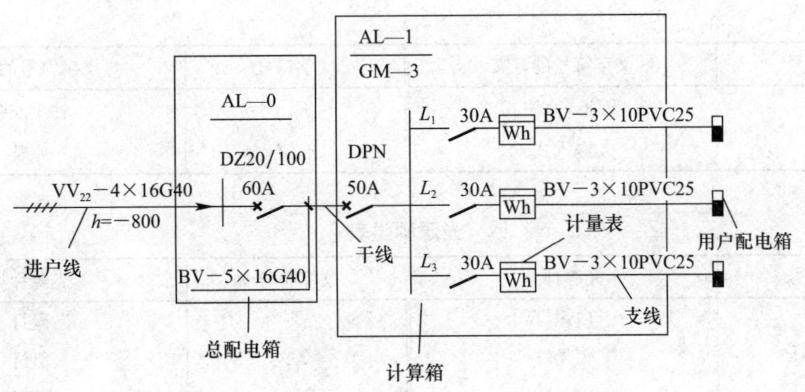

图 5-13　照明供电系统图

系统中的配电箱是用来接收和分配电能的装置，装有空气开关、熔断器、电源指示灯和计量表等。

5.3.4　电气照明施工图

室内电气施工图是表达建筑物室内的照明灯具、电源插座、电视、电话、消防控制及动力装置路线的图纸。包括说明、平面图和系统图。

电气施工图是采用简图（图例符号）及文字绘制的。

（1）照明灯具标注形式

$$a-b\frac{c\times d\times L}{e}f$$

式中　a——灯具数量；

b——型号；

c——每盏灯的灯泡或灯管的数量；

d——灯泡容量；

e——安装高度；

f——安装方式；

L——光源种类。

灯具安装方式、光源种类见表 5-12 和表 5-13。

灯具安装方式的文字符号表　　表 5-12

文字符号	文字符号的意义	文字符号	文字符号的意义
CP	线吊式	CP_1	固定线吊式
CP	自在器线吊式	CP_2	防水线吊式
CP_3	吊线器式	CR	顶棚内装式
Ch	链吊式	WR	墙壁内安装
P	管吊式	T	台上安装
W	壁装式	SP	支架上安装

续表

文字符号	文字符号的意义	文字符号	文字符号的意义
S	吸顶或直附式	CL	柱上安装
R	嵌入式	HM	座装

光源种类表 表 5-13

文字符号	光源种类	文字符号	光源种类
IN	白炽灯	I	碘灯
FL	荧光灯	Xe	氙灯
Hg	汞灯	Ne	氖灯
Na	钠灯		

（2）导线标注

$$a-b(c\times d)e-f$$

式中 a——回路编号；

b——导线的型号；

c——导线的根数；

d——导线的截面；

e——导线的敷设方式及穿管管径；

f——敷设部位。

导线型号、导线敷设方式文字符号和导线敷设部位文字符号见表 5-14～表 5-16。

导线型号表 表 5-14

导线型号	导线名称	导线型号	导线名称
RVS	铜芯聚氯乙烯绝缘绞型软线	BXF	铜芯氯丁橡皮绝缘电线
RFS	铜芯丁腈聚氯乙烯复合物绝缘软线	BLXF	铝芯氯丁橡皮绝缘电线
BV	铜芯聚氯乙烯绝缘电线	JKLY	辐照交联聚乙烯绝缘架空电缆
BLV	铝芯聚氯乙烯绝缘电线	LKLYJ	辐照交联聚乙烯绝缘架空电缆
BX	铜芯橡皮绝缘电线	LJ	铝芯绞线
BLX	铝芯橡皮绝缘电线	LGJ	铜芯铝绞线

导线敷设方式文字符号表 表 5-15

文字符号	文字符号的意义	文字符号	文字符号的意义
K	用瓷瓶或瓷柱敷设	PPC	穿聚氯乙烯半硬质管敷设
PR	用塑料线槽敷设	KPC	穿聚氯乙烯塑料波纹电线管敷设
SR	用钢线槽敷设	CT	用电缆桥架敷设
RC	穿水煤气管敷设	PL	用瓷夹敷设
SC	穿焊接钢管敷设	PCL	用塑料夹敷设
TC	穿电线管敷设	CP	穿金属软管敷设
PC	穿聚氯乙烯硬质管敷设		

导线敷设部位文字符号表　　表 5-16

文字符号	文字符号的意义	文字符号	文字符号的意义
SR	沿钢索敷设	BC	暗敷设在梁内
BE	沿屋架或跨屋架敷设	CLC	暗敷设在柱内
CLE	沿柱或跨柱敷设	WC	暗敷设在墙内
WE	沿墙面敷设	FC	暗敷设在地面内
CE	沿顶棚面或顶板面敷设	CC	暗敷设在顶板内
ACE	在能进入的吊顶内敷设	ACC	暗敷设在不能进人的吊顶内

（3）电气施工图常用图例符号

电气施工图常用图例符号见表 5-17。

电气施工图常用图例符号　　表 5-17

图例	名称	图例	名称	图例	名称
	电力配电箱（盘）		暗装单相插座		吊式电风扇
	照明配电箱（盘）		暗装单相带接地插座		轴流风扇
	多用配电箱（盘）		暗装三相带接地插座		风扇电阻开关
	各种灯具一般符号		明装单相插座		电铃
	花灯		明装单相带接地插座		明装单极开关（单相二线）
	单管荧光灯		明装三相带接地插座		暗装单极开关（单相二线）
	双管荧光灯		防水拉线开关（单相二线）		明装双控开关（单相三线）
	向上配线		拉线开关（单相二线）		暗装双控开关（单相三线）
	向下配线		拉线双控开关（单相三线）		顶棚灯座（裸灯头）
	垂直通过配线		吊线灯附装拉线开关		墙上灯座（裸灯头）

以某医院三层住院楼为例。

(1) 设计说明

1) 电源由建设单位自理，电源为三相四线制～380/220V，进线处零线重复接地，要求工频接地电阻不大于10Ω。重复接地体一律为镀锌防腐，埋深0.8m，连接采用焊接并且焊接处涂抹沥青防腐。

2) 除图中注明外，照明回路导线为BV-500V2.5mm²，铜芯聚氯乙烯绝缘电线，一律穿PVC20阻燃管保护，沿墙或棚暗敷设。插座回路导线为BV-500V2.5mm²，一律穿PVC20阻燃管保护，沿墙或地暗敷。

3) 插座为250V、10A单相三级和二级暗插座，距地0.3m安装。

4) 灯控开关为250V、10A暗式跷板开关，距地1.4m安装。

5) 除AP为下口距地1.2m暗装，AP1～AP3为下口距地1.4m明装外，其他配电箱体一律为下口距地1.4m墙上暗装。电表箱为配电箱正上方，下口距地1.8m墙上暗装。施工应与土建密切配合预留洞，图示尺寸为（长×宽×高）。电表箱留洞尺寸仅作参考，具体尺寸待订货后由生产厂提供（除图注明外）。

(2) 电气照明平面图

首层照明平面图见图5-14。从首层平面图可以看到，进户线为三相四线制～380/220V，线路采用WP-VV22-0.66/1kV（4×35）SC50-FC，穿焊接钢管（管径50mm）沿地面暗敷设；进线处的零线采用40×4扁钢无接地极的重复接地。电源入室后，先进入总配电箱AW，其下口距地1.4m墙上暗装，预留孔洞为长×宽×高＝300mm×550mm×140mm。然后分4路进入AP配电箱，配电箱距地1.2m墙上暗敷设，预留孔洞为长×宽×高＝500mm×700mm×120mm。旁边带有黑圆点的箭头表示向上引通干线。干线由AP配电箱引出，其中WL1～WL3沿楼板引至一层、二层和三层3个楼层照明配电箱（AW1～AW3），另有一条备用。照明配电箱又引出9条支线通过AL1～AL3配电箱分别接各用电设备、AP1～AP3配电箱（再接W7荷载）、其中备用两条。该层楼门洞入口各有1盏顶棚灯（X05A8 $\frac{60}{-}$），走廊6盏顶棚灯（6-X05A8 $\frac{60}{-}$），西侧卫生间有4盏顶棚灯（4-X05A8 $\frac{60}{-}$），东侧大厅有4盏荧光灯，每盏2支灯管（4Y01-2 $\frac{2\times40}{2.8}$-CS）和4个插座以及1个配电箱AP1接W7荷载（W7-0.5kV（5×25）PC25-WC穿聚氯乙烯硬质管，墙上暗敷设），在8个住院病房内各有1盏灯（8-Y01-2 $\frac{2\times40}{2.8}$）和2个插座。

二、三层照明平面图见图5-15和图5-16。从二、三层平面图可以看到，除楼梯休息平台各多设置了1盏灯，没有进户线以外，其他内容和一层基本相同。

(3) 电气照明系统图

电气照明系统图表示建筑物内配电系统的组成和连接。包括总配电箱、分配电箱、相线分配、电表和控制开关等。

电气照明系统图见图5-17。从下方左侧读图，WP线路上箭头表明由进户线引进电源，进户线进入总配电箱，AW虚框是总配电箱，总配电箱中的总开关采用DZ20G-100/330080A，计量表（kWh）。然后分4条干线进入分配电箱AW1、AW2、AW3，分户开关采用S253S-C40，计量表（kWh），控制W7开关用DS254-C16/0.03。

图中WL1供一层电气照明，WL2供二层电气照明，WL3供三层电气照明。

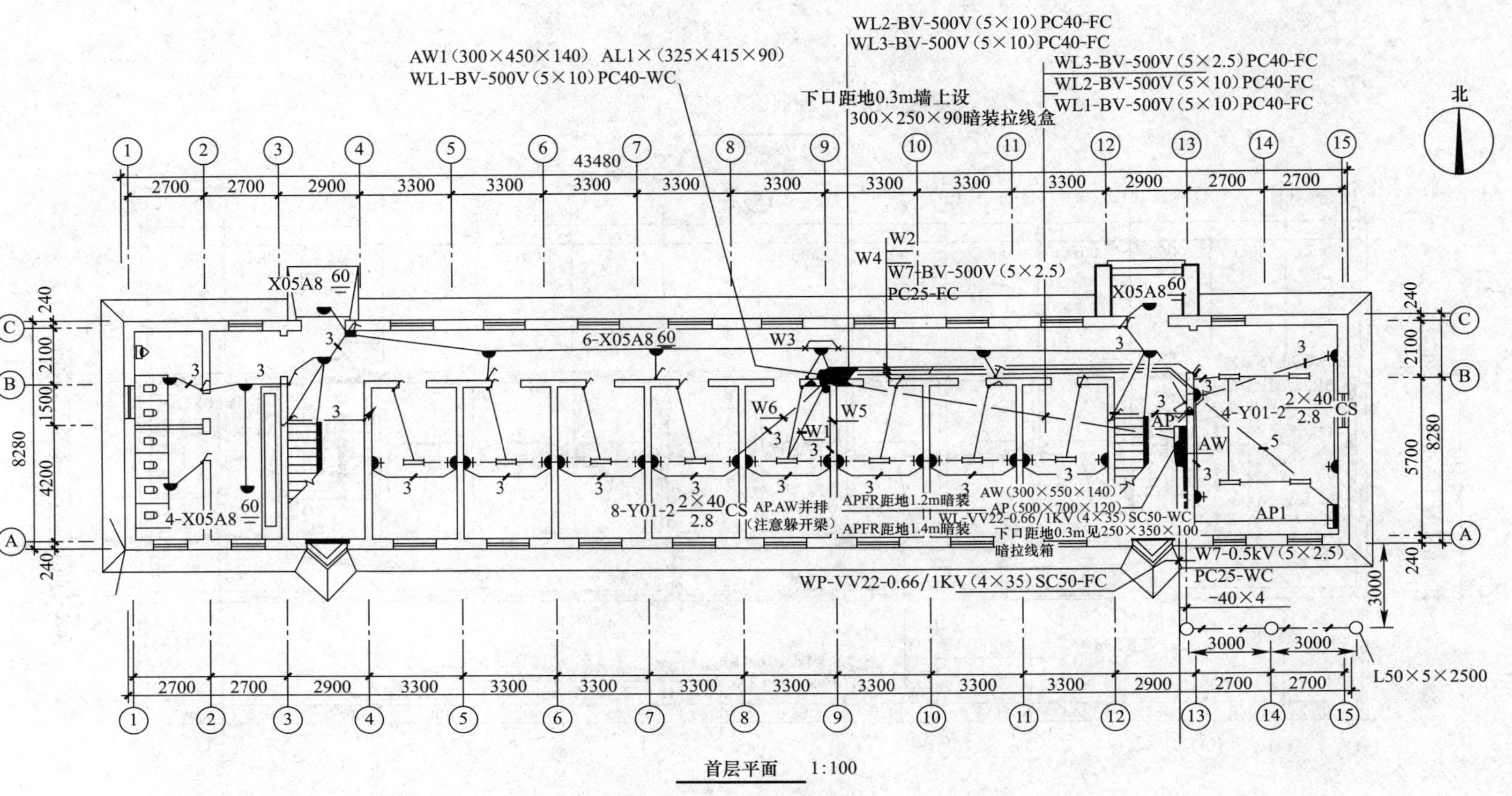

图 5-14 首层照明平面图

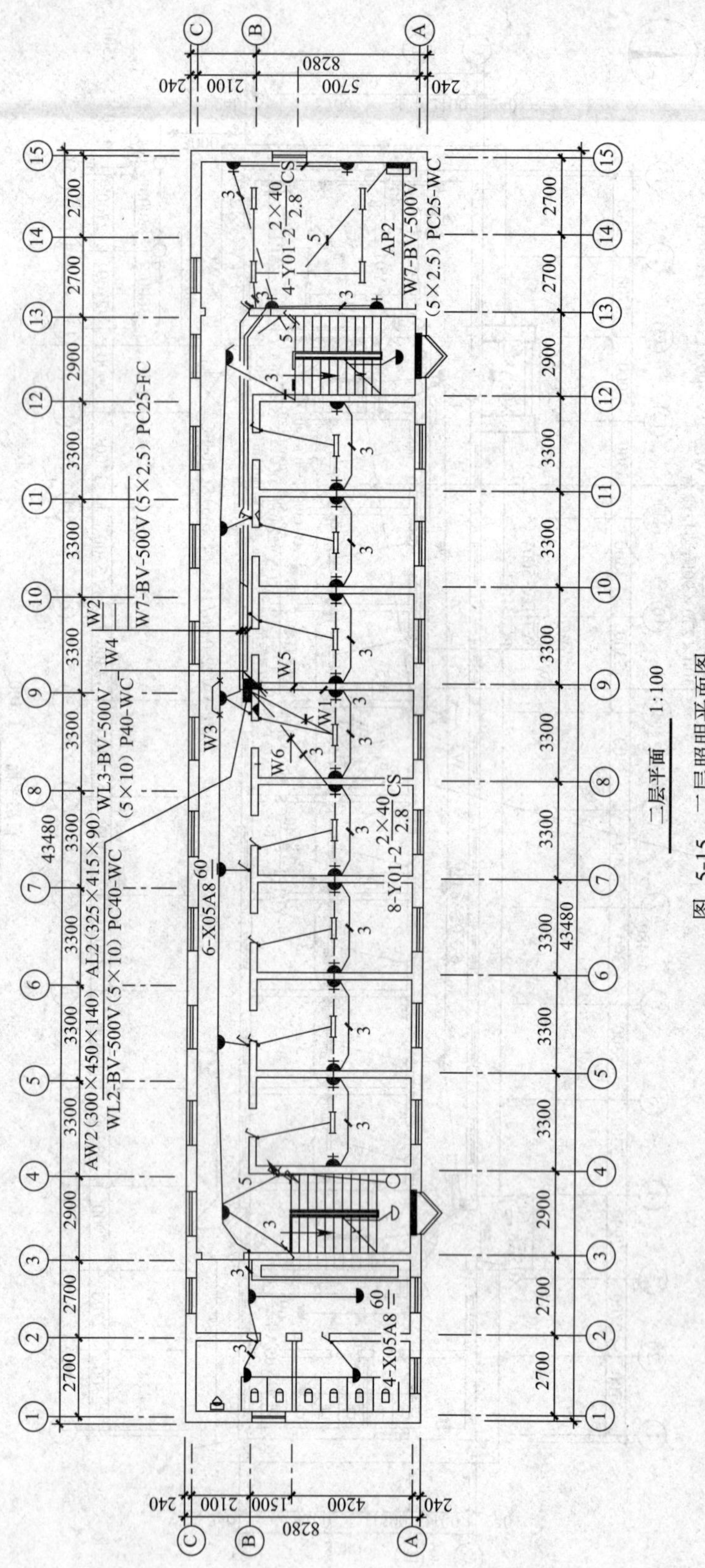

图 5-15 二层照明平面图

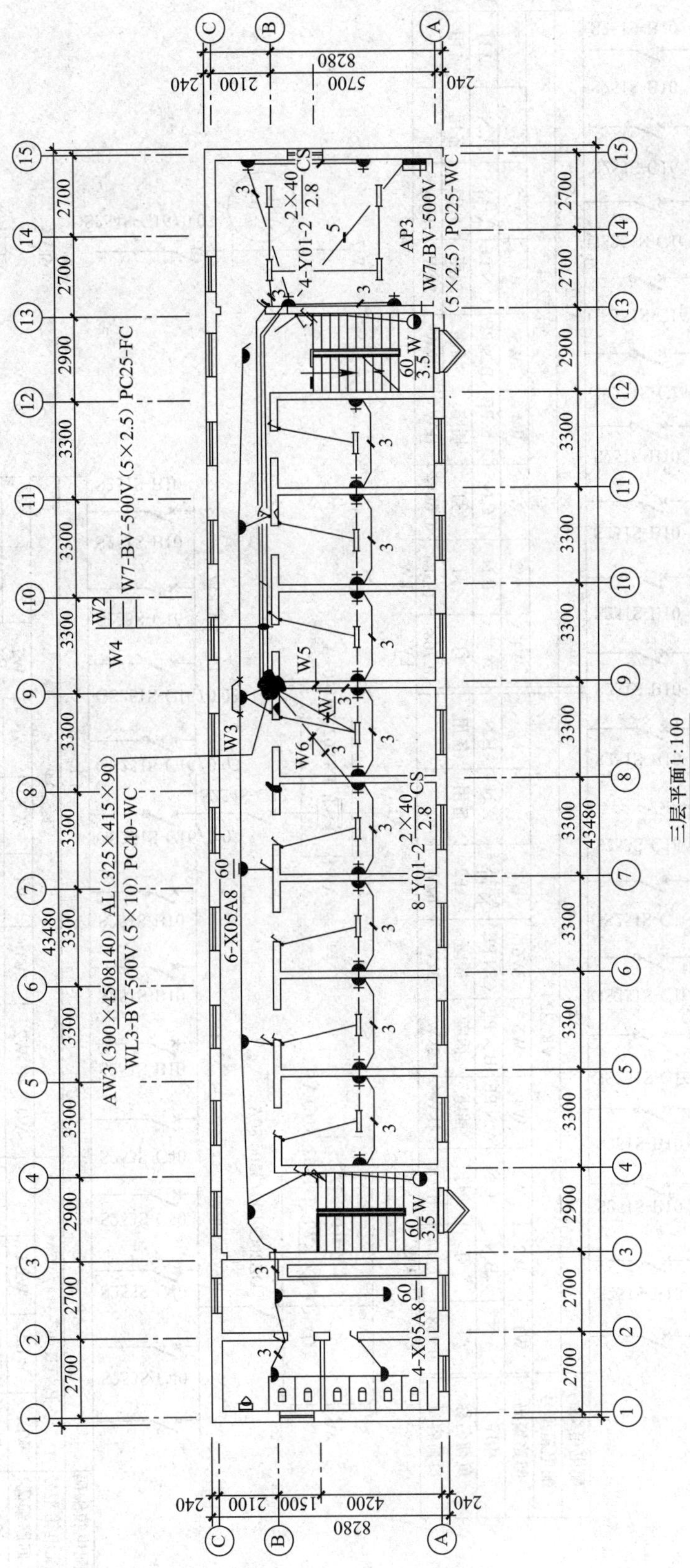

三层平面1:100

图 5-16 三层照明平面图

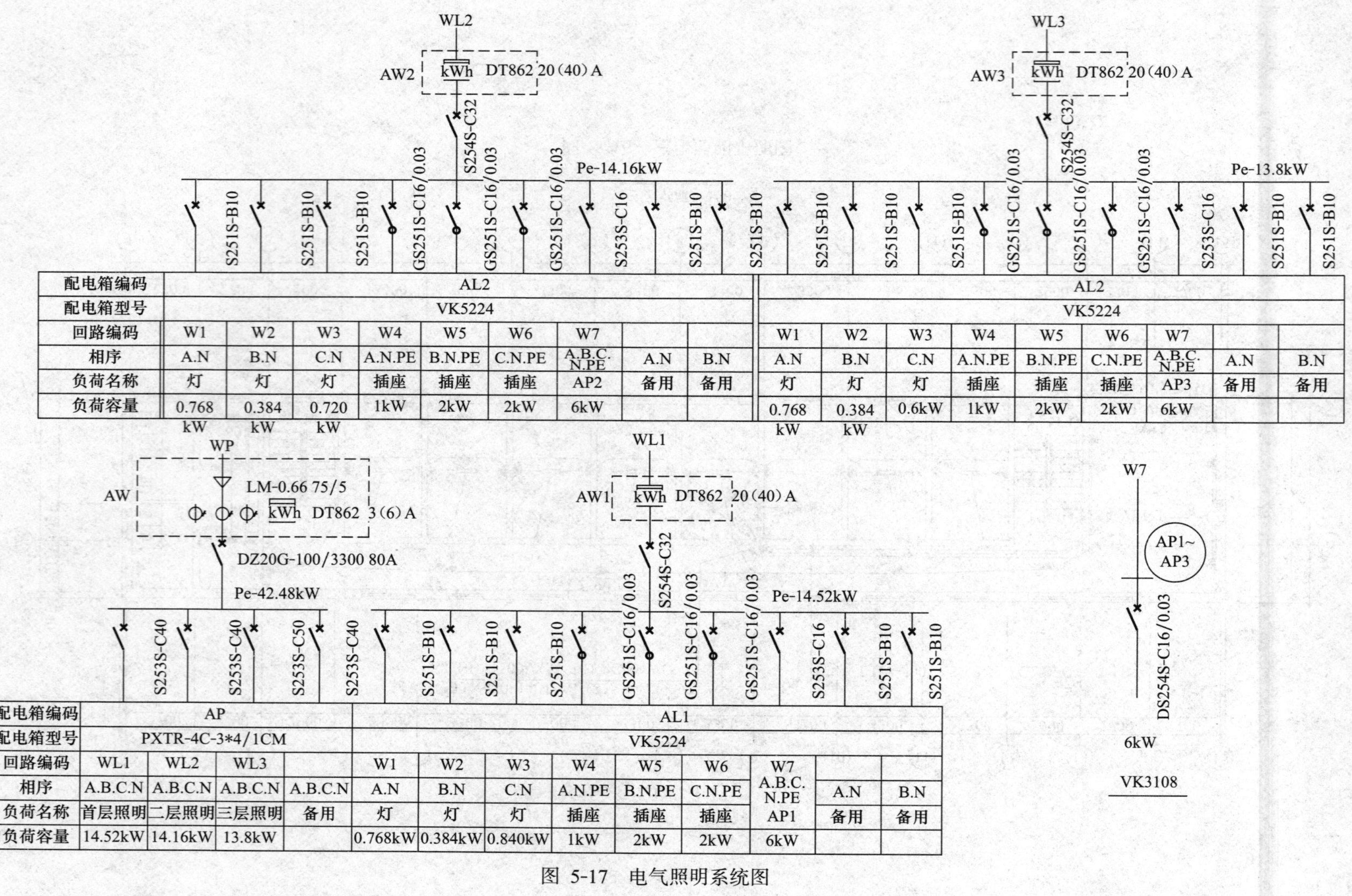

图 5-17 电气照明系统图

5.4 建筑弱电

弱电系统主要针对的是建筑物，包括大厦、小区、机场、码头、铁路、高速公路等。弱电是相对于强电而言的，强电和弱电的主要区别是用途不同。强电是用作一种动力能源，弱电是用于信息传递。它们主要区别是①交流频率不同：强电的频率一般是 50Hz（赫），称“工频”，意即工业用电的频率；弱电的频率往往是高频或特高频，以 kHz（千赫）、MHz（兆赫）计。②传输方式不同：强电以输电线路传输，弱电分为有线与无线的传输。无线电则以电磁波传输。③功率、电压及电流大小不同：强电功率以 kW（千瓦）、MW（兆瓦）计、电压以 V（伏）、kV（千伏）计，电流以 A（安）、kA（千安）计；弱电功率以 W（瓦）、mW（毫瓦）计，电压以 V（伏）、mV（毫伏）计，电流以 mA（毫安）、uA（微安）计，因而其电路可以用印刷电路或集成电路构成。强电中也有高频（数百 KHz）与中频设备，但电压较高，电流也较大。由于现代技术的发展，弱电已渗透到强电领域，如电力电子器件、无线遥控等，但这些只能算作强电中的弱电控制部分，它与被控的强电是不同的。

建筑中的弱电主要有两类，一类是国家规定的安全电压等级及控制电压等低电压电能，有交流与直流之分，交流电压在 36V 以下，直流电压在 24V 以下。常见的弱电系统工作电压包括：24VAC、16.5VAC、12VDC，有的时候 220VAC 也算弱电系统，比如有的摄像机的工作电压是 220VAC，就不把它们归入强电系统。如 24V 直流控制电源，或应急照明灯备用电源。另一类是载有语音、图像、数据等信息的信息源，如电话、电视、计算机的信息。

建筑弱电是建筑电气工程的重要组成部分，随着现代弱电高新技术的迅速发展，智能建筑中的弱电技术应用越来越广泛。建筑弱电主要包括：

（1）建筑设备自动化系统

楼宇自控系统包括空调系统、给排水自动化系统、供配电、照明及电梯系统自动化等。通过与现场控制器相连的各种检测和执行器件，对大楼内外的各种环境参数以及楼内各种设备（如空调、给排水、照明、供配电、电梯等设备）的工作状态进行检测、监视和控制，并通过计算机网络连接各现场控制器，对楼内的资源和设备进行合理分配和管理，达到舒适、便捷、节省、可靠的目的。

（2）消防系统

火灾报警及消防联动系统通过设置在楼内各处的火灾探测器、手动报警装置等对现场情况进行监测，当有报警信号时，根据接收到的信号，按照事先设定的程序，联动相应的设备，以控制火势蔓延，其信号传输采用多路总线结构，但对于重要消防设备（如消防泵、喷淋泵、正压风机、排烟风机等）的联动控制信号的传输，有时采用星形结构，信号的传输使用铜芯绝缘缆线（有的产品要求使用双绞线）。火警对讲电话系统用于指挥现场消防人员进行灭火工作，采用星形和总线形两种结构，信号传输使用屏蔽线。

（3）安全防范系统

安防系统包含出入口控制系统、访客与紧急呼救系统、电视监控系统、保安巡更系统、停车库（场）管理系统、入侵报警防盗系统以及智能住宅报警系统等。通过安装在现场的摄像机、防盗探测器等设备，对建筑物的各出入口和一些重要场所进行监视和异常情况报警等；视频信号的传输采用星形结构，使用视频同轴电缆；控制信号的传输采用总线形结构，使用铜芯绝缘缆线。

(4) 综合布线系统

综合布线系统是实现办公自动化及各种数据传输的网络基础；星形拓扑结构；使用五类（或以上）非屏蔽双绞线，传输数字信号，传输速率可达100Mb/s以上。

(5) 其他系统

如：通信网络系统、信息网络系统和办公自动化系统等。

不同功能的建筑物需要设置的弱电系统各不相同。

5.5 建筑防雷与接地

5.5.1 建筑防雷

雷电对建筑物或设备会产生严重破坏，造成房屋倒塌、损坏或引起火灾、爆炸，造成人畜触电、伤亡等。雷电的破坏作用一般是由于直击雷、雷电感应和雷电波侵入造成的。

建筑物防雷措施应根据建筑物防雷等级来确定，并不需要所有建筑物都采取防雷措施。一、二类民用建筑应有防直击雷和防雷电波侵入的措施；三类民用建筑应有防止雷电波沿低压架空线侵入措施。具体措施见表5-18。

建筑物防雷措施 表5-18

	防直击雷	防雷电感应	防雷电波侵入
设置	采用避雷装置（闪接器、引下线、接地装置）。可引导雷云与避雷装置之间放电，使雷电流迅速导入到大地，从而保护建筑物免受雷击	将建筑物内部设备、管道、构架、钢窗等金属物，均通过接地装置与大地做可靠连接。对平行辐射的金属管道、构架和电缆外皮等，当距离较近，应按规范要求，每隔一段均利用金属线跨接起来	利用避雷起火保护间隙将电流在室外引入大地。避雷器装设在被保护物的引入端。上端接线路，下端接地
闪接器基本形式及设置	避雷针：避雷针上部为针尖形状，针尖一般用镀锌圆钢或镀锌钢管制成。下部用木杆、水泥杆或钢架支撑。装在建筑物易受雷击的顶端，通常装在建筑物尖顶上、建筑物顶部两端或顶部四周的女儿墙上	避雷带：避雷带是用小圆钢做成的条形长带，装在建筑物易受雷击部位，可对建筑物进行重点保护。避雷带有明装和暗装两种。明装适用于低层混合结构，暗装适用于钢筋混凝土框架建筑中	避雷网与避雷笼网：避雷网是将纵横交错的避雷带叠加在一起构成的。它是接近全保护的一种方法；避雷笼网是笼罩着整个建筑物的金属笼，利用建筑结构配筋所形成的笼做闪接器，对雷电起到均压和屏蔽作用

5.5.2 接地与接零

为了使设备正常、安全的运行，从建筑物和人身的安全考虑，我们把各种设备的金属外壳与大地的电气连接，称为接地。

在中性点接地的系统中，将电气设备在正常情况下不带电的金属部分与电网的零线连接起来，称为保护接零。

(1) 保护接地

由于电气设备的绝缘破坏时，其金属外壳就会带电。当人体触及这些漏电的电气设备外壳时，会发生触电事故。为了防止这些不带电金属部分发生过大的对地电压危及人身安全而设置的接地，称为保护接地。

人体触电时，是否有保护接地对人体产生危险的大小有很大不同，见图 5-18 和图 5-19。

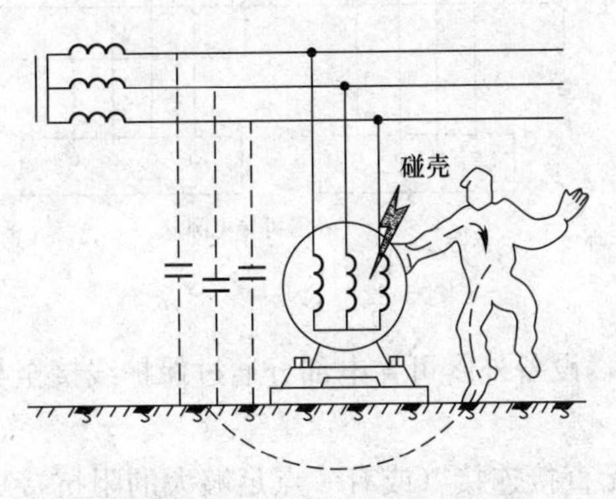

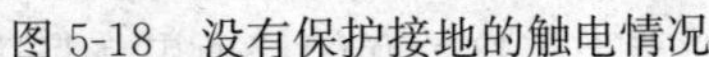
图 5-18 没有保护接地的触电情况

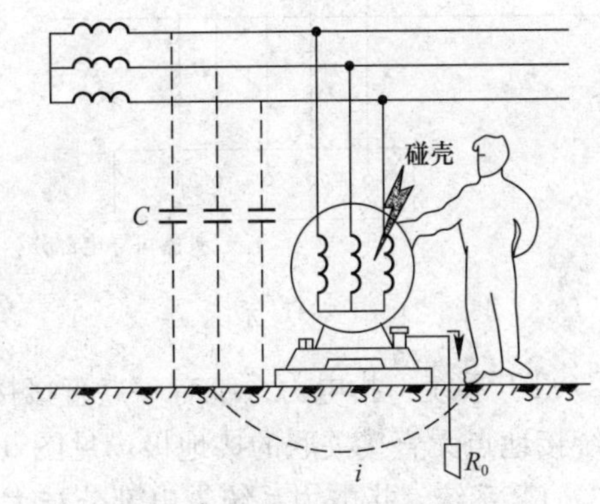

图 5-19 装有保护接地触电情况

没有保护接地发生触电时，所有电流都通过人体，有可能发生危险。装有保护接地发生触电时，人体相当于接地电阻的一条并联支路，由于人体电阻大于接地电阻，所以通过人体电流很小，可避免危险事故发生。

（2）系统接地

在电力系统中将某一适当的点与大地连接，称为系统接地或工作接地。如变压器中性点接地、零线重复接地等。

民用建筑低压配电系统接地形式有以下三种：

1）TN 系统：指电力系统有一点直接接地，设备外露可导电部分通过保护线与接地点连接。按照中性线与保护线组合情况又可分为三种：

① TN—S 系统：整个系统中性线（N）与保护线（PE）是分开的，见图 5-20。

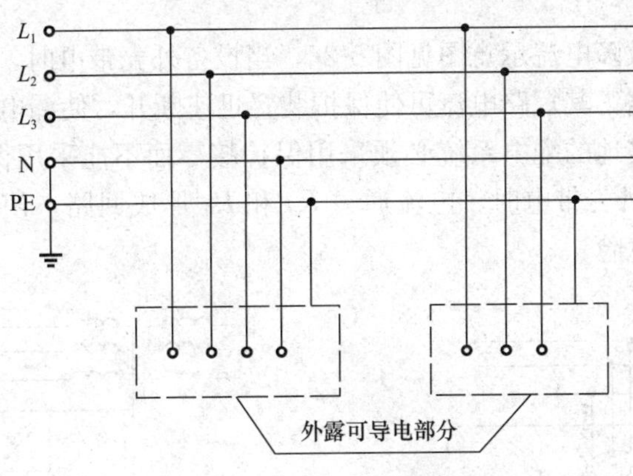

图 5-20 TN—S 系统

② TN—C 系统：整个系统中性线（N）与保护线（PE）是合一的，见图 5-21。

③ TN—C—S 系统：系统中前一部分线路的中性线（N）与保护线（PE）是合一的，见图 5-22。

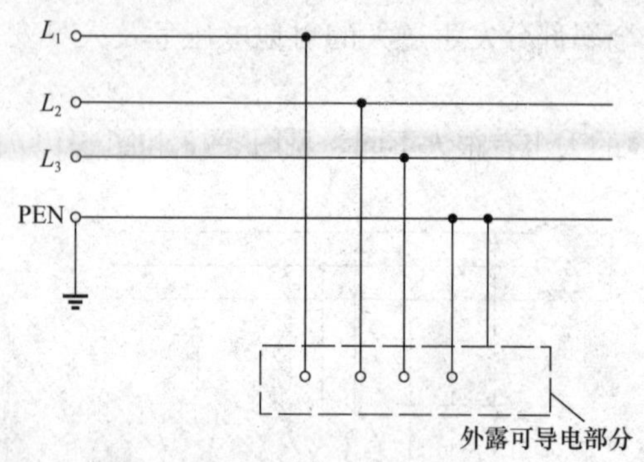

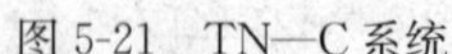

图 5-21 TN—C 系统

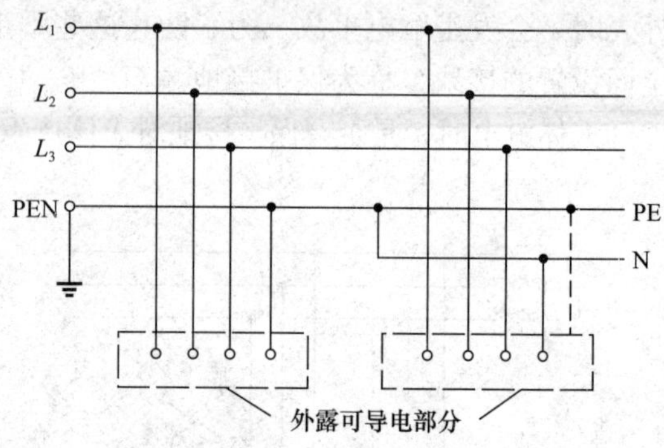

图 5-22 TN—C—S 系统

2）TT 系统：指电力系统有一点直接接地，设备外露可导电部分通过保护线接至与电力系统接地点无直接关联的接地极，见图 5-23。

3）IT 系统：指电力系统带电部分与大地无直接连接（或有一点足够大的阻抗接地），设备外露可导电部分通过保护线接至与电力系统接地点无直接关联的接地极，见图 5-24。

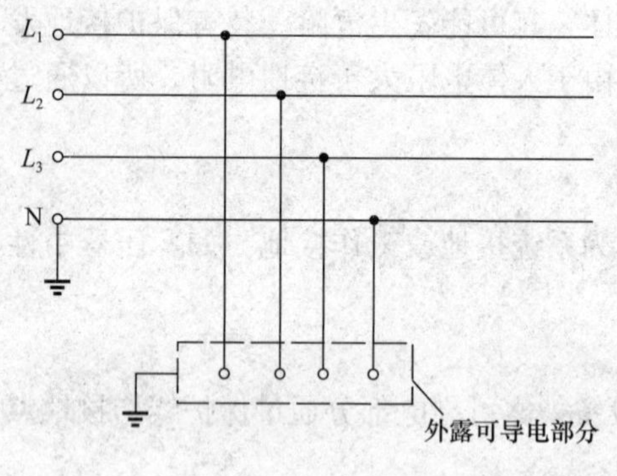

图 5-23 TT 系统

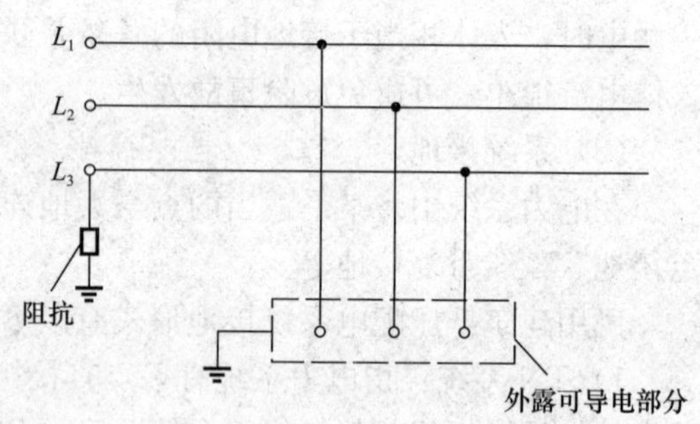

图 5-24 IT 系统

（3）保护接零

采用保护接零时故障电流示意图见图 5-25，当设备外壳带电时，因采取了保护接零措施相线和零线构成回路，其短路电流可使保护装置迅速断开，使漏电设备与电源断开。

电源中性点直接接地的配电系统必须采用保护接零而不能采用保护接地的防护措施。如图 5-26 所示，设备外壳带电时，电流通过 R_d 和 R_0 形成回路，使得接触任何接零设备外壳的人都有触电的危险。

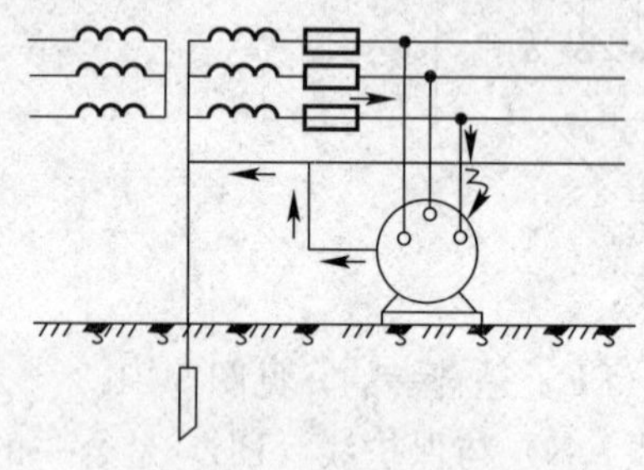

图 5-25 采用保护接零时故障电流示意图

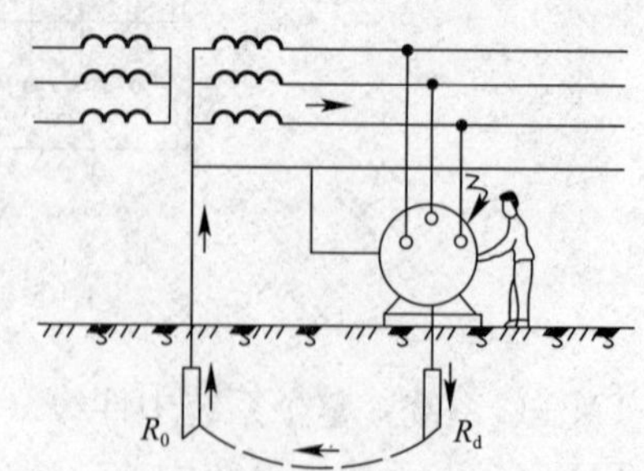

图 5-26 电源中性点接地系统中触电事故分析图

5.5.3 安全用电

(1) 电流对人体危害

电流对人体伤害主要是电击和电伤两类，见表 5-19。

电流对人体危害 表 5-19

种类		特点	图示
电击	单相触电	是指当人体站在地面上，触及电源的一根相线或漏电设备的外壳而触电。由于通过人体电流路径不同，所受危害也不同。一般发生中性点接地的供电系统中单相触电最多	 接地极 中性点接地的单相触电  中性点不接地的单相触电 单相触电
	两相触电	当人体的两处（如手和脚），同时触及电源的两根相线发生触电的现象。人体受到380V电压作用，且电流大部分通过心脏，此时最危险	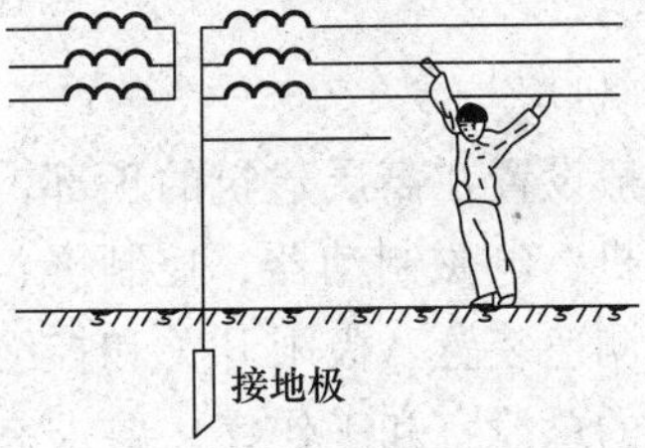 接地极 两相触电
	接触电压	人站在发生接地短路的设备旁边，当人体接触到接地装置的引出线以及与引出线连接的电气设备外壳时，则作用于人的手与脚之间的电压为接触电压 U_j	U_j U_k 0.8m 接触电压与跨步电压
	跨步电压	人在接地装置附近行走时，由于两足之间承受的电压不同，形成电压差，此时人体所承受的电压差为跨步电压 U_k	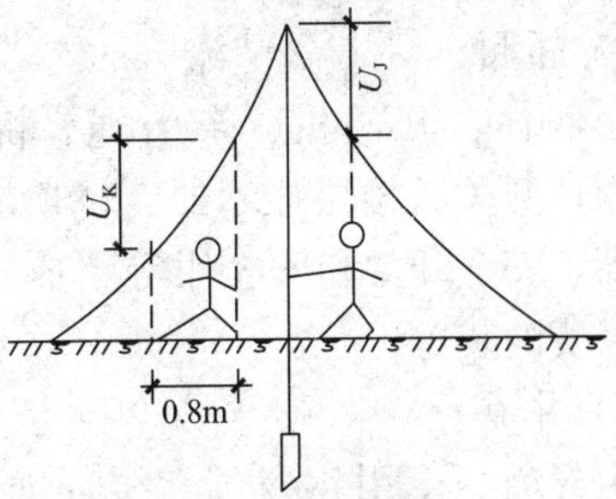
电伤		由于电弧、熔化和蒸发的金属微粒对人体外表的伤害，称为电伤	

(2) 安全用电

加在人体上电压的大小，主要决定于人体的电阻大小与皮肤表面的干、湿状态以及接触电压有关。随着接触电压的升高，人体电阻随之下降。

1) 我国规定正常环境下安全电压不超过 36V，常用的有 36V、24V、12V 等。

2）在潮湿或有导电地面场所，灯具安装在 2m 以下、易接触又无防范措施时，供电电压不应超过 36V。

3）一般手提灯供电电压不超过 36V；若工作地点潮湿、狭窄，且工作者接触有良好接地大块金属时，则手提灯供电电压不超过 12V。

5.6 电梯与扶梯

5.6.1 电梯

电梯是高层建筑中常见的垂直运输工具。

（1）电梯分类

按电梯用途分为乘客电梯、载物电梯、住宅电梯、客货电梯、自动扶梯和特种电梯等。按电梯运行速度可分为一般电梯（$v<1m/s$）、快速电梯（$1m/s<v<2m/s$）和高速电梯（$v>2m/s$）。按电梯驱动方式有交流电梯、直流电梯和液压电梯。按电梯控制方式可分为手柄操纵电梯、按钮电梯、信号电梯和集选控制电梯等。

（2）电梯组成与要求

电梯按其结构形式划分由以下 4 部分组成，见图 5-27。

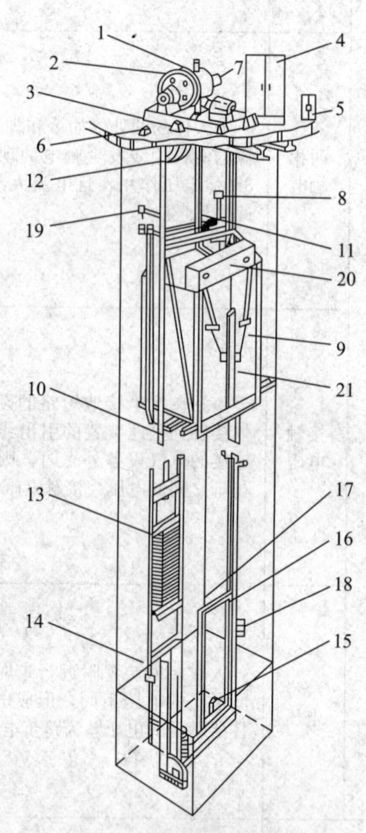

图 5-27 电梯构造简图

1—电梯曳引机；2—电磁制动器；3—限速器；4—控制柜；5—控制屏；6—极限开关；7—测速装置；8—平层器；9—厢体；10—导轨；11—牵引绳；12—导向轮；13—平衡器；14—平衡重导轨；15—缓冲器；16—厅门；17—厅门楼层指示器；18—厅门呼梯按钮；19—限位开关；20—开门机；21—桥架

1）机房

一般设置在高层建筑的顶部，装有电梯牵引电动机、电磁制动器、控制屏、控制柜、限速器、测速装置、极限开关和控绳轮等。机房是电梯的总控室和工作室。要求有良好的通风并保持温度在 40℃以下。

2）轿厢

由厢体、开门机、牵引绳、桥架、平层器、限位开关、楼层显示器、轿顶吊轮、呼梯显示器、安全开关和安全钳等组成，是用于载客或载货的装置。

3）井道

由导轨、牵引钢丝绳、缓冲绳、平衡器、平衡重导轨、控制电缆和极限开关等组成，它是电梯上下运行的导轨。井道要设置排烟通风口，同时保证空气的流动性。

4）厅站

由厅门、厅门楼层显示器、厅门呼梯按钮、电梯运行方向指示器、厅门门锁和运行控制盘构成，是每楼层的梯井门口。

电梯按照功能系统划分，主要由曳引系统、导向系统、轿厢系统、门系统、重量平衡系统、电力拖动系统、电气控制系统和安全保护系统等组成。

5.6.2 扶梯

在机场、火车站、展览馆、商场等大型公共建筑中，为加快人流疏导，一般设有正逆方向均可运行的自动扶梯。

自动扶梯倾斜角一般为 30°，可提升 3～8m 高度。根据输送能力，可分为单人和双人扶梯，见图 5-28。

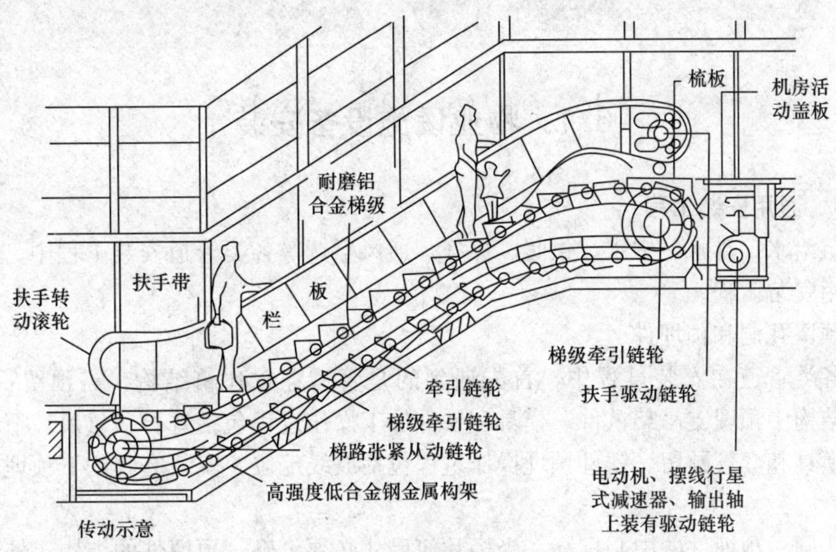

图 5-28 扶梯构造简图

思 考 题

1. 简述直流电路的有关基本概念。
2. 简述单相交流电、三项交流电有关的基本概念及特点。
3. 简述变压器作用和工作原理。
4. 低压供电线路接线方式和常用的电压是什么？
5. 常见的高压电器设备和低压电器设备功能特点有哪些？
6. 照明方式种类有哪些？
7. 如何进行电气施工图的阅读？常见的符号和图例有哪些？
8. 什么是建筑强电和弱电？有何区别？
9. 常见建筑弱电有哪些？
10. 建筑防雷的措施有哪些？
11. 什么是保护接地、接零？
12. 民用建筑低压配电系统接地形式有哪些？

6 物业设施设备安装与承接查验

学习目标：了解通用安装工程主要内容以及标准；熟悉室内给水系统、室内采暖管道系统、室内消防系统、室内排水管道系统和室内供暖系统安装的质量检验与验收标准；熟悉卫生安装器具安装的质量检验与验收标准；掌握室内给水管道水压试验步骤；掌握熟悉室内排水管道通球、通水与灌水试验步骤；掌握室内供暖系统管道试压、冲洗和通热步骤。

6.1 物业设施设备安装

6.1.1 通用安装工程

在建筑给水、排水、中水、供暖、煤气、通风空调等各类管道安装工程中，都会涉及以下的通用安装工程。

(1) 预留孔洞和预埋件

室内各类管道在安装过程中，首先遇到的是管道穿越建筑结构，需预留一些孔洞、槽，并在结构中预埋支吊架铁件。模具和铁件加工操作过程包括选材、量尺、下料、成形和防腐；模具和套管预留、铁件预埋操作过程包括放线定位、安装磨具、下预埋件和复核检查。

预留孔洞、预埋件的中心标高、坐标几何尺寸必须正确；预埋件的结构、外形尺寸必须满足管道与设备安装要求；预埋件材质必须符合设计要求，预留孔洞、预下埋件的数量必须满足设计要求和规定。其允许偏差见表 6-1。

预留孔、洞、管及预埋件的允许偏差及检验方法 **表 6-1**

序号	项目	允许偏差（mm）				检测方法
		中心线位移	截面尺寸	标高	平整度	
1	预留孔、预留管	3	1.0～0	符合设计规定		用尺量检查
2	预留洞	10				
3	预埋铁件	±3			3	
4	预埋螺栓或吊杆	3		+10 −0		在根部及顶端用水准仪或平尺拉线尺量
5	预埋角铁法兰	5			2	水平埋设检查同上 垂直埋设用经纬仪及拉线尺量

(2) 套管制作与安装

套管可分为三类：①管道穿越基础时必须预埋的套管；穿越厨房、卫生间、备餐间等所设的套管以及穿过建筑物隔墙安装的普通套管；②管道穿过建筑物屋面、地下室外墙和钢筋混凝土贮水池墙壁的刚性防水套管或柔性防水套管；③塑料管（U PVC）管道穿越防火区隔墙及高层建筑中，管径不小于 110mm 的立管穿过楼板部位，支管接入管道并连接立管处的防火套管。

套管制作与安装操作包括选定套管形式及材质、套管制作和套管安装。

套管安装要求过楼板套管顶部应高出地面不少于 20mm，卫生间、厨房、厕所、浴室等容易积水地面必须高出 50mm，底部与顶棚抹灰面平齐。采用 PVC-U 排水管时，管道穿越楼板处为非固定支承时，套管应一律高出地面不得小于 50mm。套管在建筑物里固定应牢固，管口应平齐，环缝须均匀。过隔墙的套管两端与装饰面层平齐；过基础的套管包括预留孔洞后安装的套管和预埋套管，其套管的两端伸出基础 30mm，其管顶上部应留足净空余量，防止因建筑物的自然沉降压坏管道。

（3）管子调直

管子调直是指碳素钢管、镀锌钢管、钢管、不锈钢管、铝管、铅管等材质管子的除弯调直。

管子调直操作步骤包括检查管子弯曲程度及部位和调直。管子或管段公称直径 50mm 以下，且弯曲程度不大时用冷调；管子或管段弯曲程度较大或公称直径大于 50mm、小于 1000mm 时用热调。

管子调直，必须达到管道安装后，其垂直度和水平度的偏差在允许范围内。经调直、整圆的管子表面不得有明显的痕迹。碳素管纵横方向的允许弯曲度见表 6-2。

碳素管纵横方向允许弯曲度 **表 6-2**

项目名称			允许偏差（mm）	检验方法
纵横方向弯曲度	每米长度（mm）	管径≤100	0.55	用水平尺拉线、吊线坠和尺量检查
		管径>100	1	
	25m 以上长度（mm）	管径≤100	13	

（4）测绘下料

管道安装要求横平竖直，法兰孔眼和法兰面口对正。管道测绘下料操作过程包括选择基准线（面）、量尺和下料。

（5）管子切断

管子切断有手工切断、气割切断和机械切断三种方式，要根据具体条件和要求选用。管子切断操作过程包括选择机具、固定管子、划线、切断和整理清洁断口。

管子切断要求切口必须与管子中心线垂直，切口表面应平整，不允许有重皮、裂纹。切口出现的毛刺、凹凸、熔渣、氧化铁、铁屑都必须清除干净。手工锯管时，管口不得变形。割管器断管后，应将缩小的管口校正。允许偏差：钢管切口平面偏差不超过管径的 1%，不超过 3mm。

（6）弯管加工

管道安装工程有大量不同角度的弯管，如 45°、60°、90°、乙字形弯管、方形或圆形伸缩器等。弯管加工一般采用冷弯和热煨，可根据管子材质、管径、管壁厚度、弯曲半径和弯曲角度以及施工现场所具备的机具设备选择不同的加工和操作方式。

弯管加工操作过程包括选择方法、确定料长、计算下的样板和煨管（人工或电动）煨弯（冷弯和热煨）。弯管加工后，其规格、尺寸应符合设计要求和施工规范的规定。弯管不得有裂缝、裂纹、离层、局部凹凸和过烧等缺陷。弯管或伸缩器等加工后，两臂应平直，不得扭曲，外圆弧和内圆弧应圆滑、均匀。其标准见表 6-3 和表 6-4。

弯管的椭圆率允许偏差 表 6-3

管子类别	$(D_m-D_n)/D_m$（%）	备 注
钢管	8	D_m——弯管最大外径 D_n——弯管最小外径
铜管、铝管	9	
铜合金、铝合金	8	
铅管	10	

褶皱不平度的允许偏差 表 6-4

管径（mm）	允许偏差
DN≤125	≤3mm
DN150～200	≤4mm

（7）管道支架制作与安装

管道各类固定支架的位置与构造必须正确，安装应平整牢固可靠，固定支架与管子接触应紧密，并符合设计要求、标准图中和施工规范规定。各类支架的受力部分，如横梁、吊杆、螺栓规格以及室外管架的规格、固定方式应符合设计要求或标准图中规定。支架焊缝不得有任何缺陷。各类支、吊、托架上的焊缝和建筑物的连接处焊缝均不得漏焊，焊缝强度必须符合设计要求或标准图中规定。

无热伸长的管道其吊架、吊杆应垂直安装；有热伸长的管道其吊架、吊杆应向热膨胀的反方向偏移。

管道各类支、托、吊架的位置与构造应正确，应安装牢固、可靠平整、排列整齐，与管子接触紧密且受力一致。滑动支架应灵活不得阻挡管子轴向伸缩，U 形卡及吊架圆环应光滑，圆弧度应正确。滑托与滑槽两侧间应留有 3～5mm 间隙，纵向移动量应符合设计要求。导向支架或滑动支架的滑动面应平整、清洁、不得歪扭和卡阻。

热力管道上支架、吊架的安装坡度，正负偏差不超过设计要求坡度值的 1/3，支吊架的安装偏差见表 6-5。

支吊架的安装允许偏差 表 6-5

序号	项目名称			允许偏差（mm）	检验方法
1	坐标	室内	架空	10	检查测量记录或用经纬仪、钢尺、拉线检查
			地沟	15	
		室外	架空	15	
			地沟	15	
2	标高	室内	架空	10	检查测量记录或用水平仪（或水平尺）、钢尺、拉线测定
			地沟	5	
		室外	架空	15	
			地沟	15	
3	成排支吊架	在同一平面上		5	用水平仪或水平尺、钢尺、拉线测量检查
		间距		5	

(8) 管道螺纹连接

螺纹连接是室内各类管道工程的基本连接方式，可分为“柱接柱”、“锥接柱”和“锥接锥”三种形式。圆柱形管螺纹与圆柱管件内螺纹连接，就是“柱接柱”；圆锥形管螺纹与圆柱管件内螺纹连接，就是“锥接柱”；圆锥形管螺纹与圆锥形管件内螺纹连接，就是“锥接锥”。

管道螺纹加工主要是加工管子的圆锥形外螺纹，要根据钢管、铜管、塑料管等各种管材材质和性能，严格操作程序，保证螺纹加工质量达到相关标准。

管螺纹连接接口在试压过程中必须保证不渗、不漏。管螺纹加工精度应符合国家标准规定，加工后表面应清洁、规整，螺纹丝扣不得超过10%的断丝和缺扣。螺纹连接应牢固，管螺纹根部有外露螺纹两扣，螺纹接口处无外露的麻丝或生料带。镀锌碳素钢管和管件的镀锌层在螺纹加工后，应无破损，螺纹露出部分的防腐蚀层良好。

(9) 法兰连接

法兰连接就是把两个管道、管件或器材，先各自固定在一个法兰盘上，两个法兰盘之间，加上法兰垫，用螺栓紧固在一起，完成了连接。有的管件和器材已经自带法兰盘，也是属于法兰连接。这种连接主要用于铸铁管、衬胶管、非铁金属管和法兰阀门等的连接，工艺设备与法兰的连接也都采用法兰连接。法兰连接是管道施工的重要连接方式。在工业管道中，法兰连接的使用十分广泛。

法兰分螺纹连接（丝接）法兰和焊接法兰。低压小直径有丝接法兰，高压和低压大直径都是使用焊接法兰，不同压力的法兰盘的厚度和连接螺栓直径和数量是不同的。

根据压力的不同等级，法兰垫也有不同材料，从低压石棉垫、高压石棉垫到金属垫都有。法兰连接拆卸方便、强度高、密封性能好。安装法兰时要求两个法兰保持平行、法兰的密封面不能碰伤，并且要清理干净。法兰所用的垫片，要根据设计规定选用。

(10) 塑料管粘结

用胶粘剂胶粘接口只适用于硬聚氯乙烯塑料管板的粘结。塑料管粘结操作步骤包括管子切割、去毛刺、清理油污和尘埃、涂布胶粘剂、连接管道和清理胶粘剂。

胶粘接口经过水压试验或灌水试验应符合设计和施工规范规定，接口不渗不漏。承插接口中，必须保证下料尺寸准确，插入深度值准确。胶粘接口应干净、整洁、牢固和严实。无外淌的胶粘剂痕迹。连接件之间应紧密、牢固、不得有孔隙。

6.1.2 室内给水系统安装

(1) 一般规定

1) 适用于工作压力不大于1.0MPa的室内给水和消火栓系统管道安装工程的质量检验与验收。

2) 给水管道必须采用与管材相适应的管件。生活给水系统所涉及的材料必须达到饮用水卫生标准。

3) 管径小于或等于100mm的镀锌钢管应采用螺纹连接，套丝扣时破坏的镀锌层表面及外露螺纹部分应做防腐处理；管径大于100mm的镀锌钢管应采用法兰或卡套式专用管件连接，镀锌钢管与法兰的焊接处应二次镀锌。

4) 给水塑料管和复合管可以采用橡胶圈接口、粘结接口、热熔连接、专用管件连接及法兰连接等形式。塑料管和复合管与金属管件、阀门等的连接应使用专用管件连接，不得在塑料管上套丝。

5）给水铸铁管管道应采用水泥捻口或橡胶圈接口方式进行连接。

6）铜管连接可采用专用接头或焊接，当管径小于22mm时宜采用承插或套管焊接，承口应迎介质流向安装；当管径大于或等于22mm时宜采用对口焊接。

7）给水立管和装有3个或3个以上配水点的支管始端，均应安装可拆卸的连接件。

8）冷、热水管道同时安装应符合下列规定：①上、下平行安装时热水管应在冷水管上方。②垂直平行安装时热水管应在冷水管左侧。

（2）给水管道及配件安装

主控项目

1）室内给水管道的水压试验必须符合设计要求。当设计未注明时，各种材质的给水管道系统试验压力均为工作压力的1.5倍，但不得小于0.6MPa。

检验方法：金属及复合管给水管道系统在试验压力下观测10min，压力降不应大于0.02MPa，然后降到工作压力进行检查，应不渗不漏；塑料管给水系统应在试验压力下稳压1h，压力降不得超过0.05MPa，然后在工作压力的1.15倍状态下稳压2h，压力降不得超过0.03MPa，同时检查各连接处不得渗漏。

2）给水系统交付使用前必须进行通水试验并做好记录。

检验方法：观察和开启阀门、水嘴等放水。

3）生活给水系统管道在交付使用前必须冲洗和消毒，并经有关部门取样检验，符合国家《生活饮用水标准》方可使用。

检验方法：检查有关部门提供的检测报告。

4）室内直埋给水管道（塑料管道和复合管道除外）应做防腐处理。埋地管道防腐层材质和结构应符合设计要求。

检验方法：观察或局部解剖检查。

一般项目

5）给水引入管与排水排出管的水平净距不得小于1.0m。室内给水与排水管道平行敷设时，两管间的最小水平净距不得小于0.5mm；交叉铺设时，垂直净距不得小于0.15m。给水管应铺在排水管上面，若给水管必须铺在排水管的下面时，给水管应加套管，其长度不得小于排水管管径的3倍。

检验方法：尺量检查。

6）管道及管件焊接的焊缝表面质量应符合下列要求：①焊缝外形尺寸应符合图纸和工艺文件的规定，焊缝高度不得低于母材表面，焊缝与母材应圆滑过渡；②焊缝及热影响区表面应无裂纹、未熔合、未焊透、夹渣、弧坑和气孔等缺陷。

检验方法：观察检查。

7）给水水平管道应有2‰～5‰的坡度坡向泄水装置。

检验方法：水平尺和尺量检查。

8）给水管道和阀门安装的允许偏差应符合表6-6的规定。

9）管道的支、吊架安装应平整牢固，其间距应符合表6-7～表6-9的规定。

检验方法：观察、尺量及手扳检查。

管道和阀门安装的允许偏差和检验方法 表6-6

项次	项目			允许偏差（mm）	检验方法
1	水平管道纵横方向弯曲	钢管	每米全长 25m 以上	≤25，1	用水平尺、直尺、拉线和尺量检查
		塑料管、复合管	每米全长 25m 以上	≤25，1.5	
		铸铁管	每米全长 25m 以上	≤25，2	
2	立管垂直度	钢管	每米 5m 以上	≤8，3	吊线和尺量检查
		塑料管、复合管	每米 5m 以上	≤8，2	
		铸铁管	每米 5m 以上	≤10，3	
3	成排管段和成排阀门		在同一平面上间距	3	尺量检查

钢管管道支架的最大间距 表6-7

公称直径（mm）		15	20	25	32	40	50	70	80	100	125	150	200	250	300
支架的最大间距（m）	保温管	2	2.5	2.5	2.5	3	3	4	4	4.5	6	7	7	8	8.5
	不保温管	2.5	3	3.5	4	4.5	5	6	6	6.5	7	8	9.5	11	12

塑料管及复合管管道支架的最大间距 表6-8

管径（mm）			12	14	16	18	20	25	32	40	50	63	75	90	110
最大间距（m）	立管		0.5	0.6	0.7	0.8	0.9	1.0	1.1	1.3	1.6	1.8	2.0	2.2	2.4
	水平管	冷水管	0.4	0.4	0.5	0.5	0.6	0.7	0.8	0.9	1.0	1.1	1.2	1.35	1.55
		热水管	0.2	0.2	0.25	0.3	0.3	0.35	0.4	0.5	0.6	0.7	0.8		

铜管管道支架的最大间距 表6-9

公称直径（mm）		15	20	25	32	40	50	65	80	100	150	200
支架的最大间距（m）	垂直管	1.8	2.4	2.4	3.0	3.0	3.0	3.5	3.5	3.5	4.0	4.0
	水平管	1.2	1.8	1.8	2.4	2.4	2.4	3.3	3.0	3.0	3.5	3.5

10）水表应安装在便于检修、不受暴晒、污染和冻结的地方。安装螺翼式水表，表前与阀门应有不小于8倍水表接口直径的直线管段。表外壳距墙表面净距为10～30mm；水表进水口中心标高按设计要求，允许偏差为±10mm。

检验方法：观察和尺量检查。

（3）室内消火栓系统安装

主控项目

1）室内消火栓系统安装完成后应取屋顶层（或水箱间内）试验消火栓和首层取二处消火栓做试射试验，达到设计要求为合格。

检验方法：实地试射检查。

一般项目

2）安装消火栓水龙带，水龙带与水枪和快速接头绑扎好后，应根据箱内构造将水龙带挂放在箱内的挂钉、托盘或支架上。

检验方法：观察检查。

3）箱式消火栓的安装应符合下列规定：①栓口应朝外，并不应安装在门轴侧；②栓口中心距地面为 1.1m，允许偏差±20mm；③阀门中心距箱侧面为 140mm，距箱后内表面为 100mm，允许偏差±5mm；④消火栓箱体安装的垂直度允许偏差为 3mm。

检验方法：观察和尺量检查。

（4）给水设备安装

主控项目

1）水泵就位前的基础混凝土强度、坐标、标高、尺寸和螺栓孔位置必须符合设计规定。

检验方法：对照图纸用仪器和尺量检查。

2）水泵试运转的轴承温升必须符合设备说明书的规定。

检验方法：温度计实测检查。

3）敞口水箱的满水试验和密闭水箱（罐）的水压试验必须符合设计与规范的规定。

检验方法：满水试验静置 24h 观察，不渗不漏；水压试验在试验压力下 10min 压力不降，不渗不漏。

一般项目

4）水箱支架或底座安装，其尺寸及位置应符合设计规定，埋设平整牢固。

检验方法：对照图纸，尺量检查。

5）水箱溢流管和泄放管应设置在排水地点附近但不得与排水管直接连接。

检验方法：观察检查。

6）立式水泵的减振装置不应采用弹簧减振器。

检验方法：观察检查。

7）室内给水设备安装的允许偏差应符合表 6-10 的规定。

室内给水设备安装的允许偏差和检验方法　　表 6-10

<table>
<tr><th>项次</th><th colspan="3">项　目</th><th>允许偏差（mm）</th><th>检验方法</th></tr>
<tr><td rowspan="3">1</td><td rowspan="3">静置设备</td><td colspan="2">坐标</td><td>15</td><td>经纬仪或拉线、尺量</td></tr>
<tr><td colspan="2">标高</td><td>±5</td><td>用水准仪、拉线和尺量检查</td></tr>
<tr><td colspan="2">垂直度（每米）</td><td>5</td><td>吊线和尺量检查</td></tr>
<tr><td rowspan="4">2</td><td rowspan="4">离心式水泵</td><td colspan="2">立式泵体垂直度（每米）</td><td>0.1</td><td>水平尺和塞尺检查</td></tr>
<tr><td colspan="2">卧式泵体水平度（每米）</td><td>0.1</td><td>水平尺和塞尺检查</td></tr>
<tr><td rowspan="2">联轴器同心度</td><td>轴向倾斜（每米）</td><td>0.8</td><td rowspan="2">在联轴器互相垂直的四个位置上用水准仪、百分表或测微螺钉和塞尺检查</td></tr>
<tr><td>径向位移</td><td>0.1</td></tr>
</table>

8）管道及设备保温层的厚度和平整度的允许偏差应符合表 6-11 的规定。

管道及设备保温的允许偏差和检验方法　　表 6-11

<table>
<tr><th>项　次</th><th colspan="2">项　目</th><th>允许偏差（mm）</th><th>检验方法</th></tr>
<tr><td>1</td><td colspan="2">厚度</td><td>$+0.1\delta$
-0.05δ</td><td>用钢针刺入</td></tr>
<tr><td rowspan="2">2</td><td rowspan="2">表面平整度</td><td>卷材</td><td>5</td><td rowspan="2">用 2m 靠尺和楔形塞尺检查</td></tr>
<tr><td>涂抹</td><td>10</td></tr>
</table>

注：δ 为保温层厚度。

6.1.3　室内排水系统安装

（1）一般规定

1）适用于室内排水管道、雨水管道安装工程的质量检验与验收。

2）生活污水管道应使用塑料管、铸铁管或混凝土管（由成组洗脸盆或饮用喷水器到共用水封之间的排水管和连接卫生器具的排水短管，可使用钢管）。

雨水管道宜使用塑料管、铸铁管、镀锌和非镀锌钢管或混凝土管等。

悬吊式雨水管道应选用钢管、铸铁管或塑料管。易受振动的雨水管道（如锻造车间等）应使用钢管。

（2）排水管道及配件安装

主控项目

1）隐蔽或埋地的排水管道在隐蔽前必须做灌水试验，其灌水高度应不低于底层卫生器具的上边缘或底层地面高度。

检验方法：满水 15min 水面下降后，再灌满观察 5min，液面不降，管道及接口无渗漏为合格。

2）生活污水铸铁管道的坡度必须符合设计或表 6-12 的规定。

生活污水铸铁管道的坡度　　表 6-12

项　次	管径（mm）	标准坡度（‰）	最小坡度（‰）
1	50	35	25
2	75	25	15
3	100	20	12
4	125	15	10
5	150	10	7
6	200	8	5

检验方法：水平尺、拉线尺量检查。

3）生活污水塑料管道的坡度必须符合设计或表 6-13 的规定。

生活污水塑料管道的坡度　　表 6-13

项　次	管径（mm）	标准坡度（‰）	最小坡度（‰）
1	50	25	12
2	75	15	8
3	110	12	6
4	125	10	5
5	160	7	4

检验方法：水平尺、拉线尺量检查。

4）排水塑料管必须按设计要求及位置装设伸缩节。如设计无要求时，伸缩节间距不得大于 4m。

高层建筑中明设排水塑料管道应按设计要求设置阻火圈或防火套管。

检验方法：观察检查。

5）排水主立管及水平干管管道均应做通球试验，通球球径不小于排水管道管径的2/3，通球率必须达到100%。

检查方法：通球检查。

一般项目

6）在生活污水管道上设置的检查口或清扫口，当设计无要求时应符合下列规定：①在立管上应每隔一层设置一个检查口，但在最底层和有卫生器具的最高层必须设置。如为两层建筑时，可仅在底层设置立管检查口；如有乙字弯管时，则在该层乙字弯管的上部设置检查口。检查口中心高度距操作地面一般为1m，允许偏差±20mm；检查口的朝向应便于检修。暗装立管，在检查口处应安装检修门。②在连接2个及2个以上大便器或3个及3个以上卫生器具的污水横管上应设置清扫口。当污水管在楼板下悬吊敷设时，可将清扫口设在上一层楼地面上，污水管起点的清扫口与管道相垂直的墙面距离不得小于200mm；若污水管起点设置堵头代替清扫口时，与墙面距离不得小于400mm。③在转角小于135°的污水横管上，应设置检查口或清扫口。④污水横管的直线管段，应按设计要求的距离设置检查口或清扫口。

检验方法：观察和尺量检查。

7）埋在地下或地板下的排水管道的检查口，应设在检查井内。井底表面标高与检查口的法兰相平，井底表面应有5%坡度，坡向检查口。

检验方法：尺量检查。

8）金属排水管道上的吊钩或卡箍应固定在承重结构上。固定件间距：横管不大于2m；立管不大于3m。楼层高度小于或等于4m，立管可安装1个固定件。立管底部的弯管处应设支墩或采取固定措施。

检验方法：观察和尺量检查。

9）排水塑料管道支、吊架间距应符合表6-14的规定。

排水塑料管道支吊架最大间距（单位：m） **表6-14**

管径（mm）	50	75	110	125	160
立管	1.2	1.5	2.0	2.0	2.0
横管	0.5	0.75	1.10	1.30	1.6

检验方法：尺量检查。

10）排水通气管不得与风道或烟道连接，且应符合下列规定：①气管应高出屋面300mm，但必须大于最大积雪厚度。②在通气管出口4m以内有门、窗时，通气管应高出门、窗顶600mm或引向无门、窗一侧。③在经常有人停留的平屋顶上，通气管应高出屋面2m，并应根据防雷要求设置防雷装置。④屋顶有隔热层应从隔热层板面算起。

检验方法：观察和尺量检查。

11）安装未经消毒处理的医院含菌污水管道，不得与其他排水管道直接连接。

检验方法：观察检查。

12）饮食业工艺设备引出的排水管及饮用水水箱的溢流管，不得与污水管道直接连接，并应留出不小于100mm的隔断空间。

检验方法：观察和尺量检查。

13）通向室外的排水管，穿过墙壁或基础必须下返时，应采用 45°三通和 45°弯头连接，并应在垂直管段顶部设置清扫口。

检验方法：观察和尺量检查。

14）由室内通向室外排水检查井的排水管，井内引入管应高于排出管或两管顶相平，并有不小于 90°的水流转角，如跌落差大于 300mm 可不受角度限制。

检验方法：观察和尺量检查。

15）用于室内排水的水平管道与水平管道、水平管道与立管的连接，应采用 45°三通或 45°四通和 90°斜三通或 90°斜四通。立管与排出管端部的连接，应采用两个 45°弯头或曲率半径不小于 4 倍管径的 90°弯头。

检验方法：观察和尺量检查。

16）室内排水管道安装的允许偏差应符合表 6-15 的相关规定。

室内排水和雨水管道安装的允许偏差和检验方法　　表 6-15

<table>
<tr><th>项　次</th><th colspan="4">项　目</th><th>允许偏差（mm）</th><th>检验方法</th></tr>
<tr><td>1</td><td colspan="4">坐标</td><td>15</td><td rowspan="12">用水准仪、水平尺、直尺、拉线和尺量检查</td></tr>
<tr><td>2</td><td colspan="4">标高</td><td>±15</td></tr>
<tr><td rowspan="10">3</td><td rowspan="10">横管纵横方向弯曲</td><td rowspan="2">铸铁管</td><td colspan="2">每 1m</td><td>≤1</td></tr>
<tr><td colspan="2">全长（25m 以上）</td><td>≤25</td></tr>
<tr><td rowspan="4">钢管</td><td rowspan="2">每 1m</td><td>管径小于或等于 100mm</td><td>1</td></tr>
<tr><td>管径大于 100mm</td><td>1.5</td></tr>
<tr><td rowspan="2">全长（25m 以上）</td><td>管径小于或等于 100mm</td><td>≤25</td></tr>
<tr><td>管径大于 100mm</td><td>≤38</td></tr>
<tr><td rowspan="2">塑料管</td><td colspan="2">每 1m</td><td>1.5</td></tr>
<tr><td colspan="2">全长（25m 以上）</td><td>≤38</td></tr>
<tr><td rowspan="2">钢筋混凝土管、混凝土管</td><td colspan="2">每 1m</td><td>3</td></tr>
<tr><td colspan="2">全长（25m 以上）</td><td>≤75</td></tr>
<tr><td rowspan="6">4</td><td rowspan="6">立管垂直度</td><td rowspan="2">铸铁管</td><td colspan="2">每 1m</td><td>3</td><td rowspan="6">吊线和尺量检查</td></tr>
<tr><td colspan="2">全长（5m 以上）</td><td>≤15</td></tr>
<tr><td rowspan="2">钢管</td><td colspan="2">每 1m</td><td>3</td></tr>
<tr><td colspan="2">全长（5m 以上）</td><td>≤10</td></tr>
<tr><td rowspan="2">塑料管</td><td colspan="2">每 1m</td><td>3</td></tr>
<tr><td colspan="2">全长（5m 以上）</td><td>≤15</td></tr>
</table>

（3）雨水管道及配件安装

主控项目

1）安装在室内的雨水管道安装后应做灌水试验，灌水高度必须到每根立管上部的雨水斗。

检验方法：灌水试验持续 1h，不渗不漏。

2）雨水管道如采用塑料管，其伸缩节安装应符合设计要求。

检验方法：对照图纸检查。

3）悬吊式雨水管道的敷设坡度不得小于 5‰；埋地雨水管道的最小坡度，应符合表 6-16 的规定。

地下埋设雨水排水管道的最小坡度 表 6-16

项 次	管径（mm）	最小坡度（‰）
1	50	20
2	75	15
3	100	8
4	125	6
5	150	5
6	200～400	4

检验方法：水平尺、拉线尺量检查。

一般项目

4）雨水管道不得与生活污水管道相连接。

检验方法：观察检查。

5）雨水斗管的连接应固定在屋面承重结构上。雨水斗边缘与屋面相连处应严密不漏。连接管管径当设计无要求时，不得小于 100mm。

检验方法：观察和尺量检查。

6）悬吊式雨水管道的检查口或带法兰堵口的三通间距不得大于表 6-17 的规定。

悬吊管检查口间距 表 6-17

项 次	悬吊管直径（mm）	检查口间距
1	≤150	≤15
2	≥200	≤20

检验方法：拉线、尺量检查。

7）雨水管道安装的允许偏差应符合表 6-15 的规定。

8）雨水钢管管道焊接的焊口允许偏差应符合表 6-18 的规定。

雨水钢管管道焊接的焊口允许偏差 表 6-18

<table>
<tr><th>项 次</th><th colspan="3">项 目</th><th>允许偏差</th><th>检验方法</th></tr>
<tr><td>1</td><td>焊口平直度</td><td colspan="2">管壁厚 10mm 以内</td><td>管壁厚 1/4</td><td rowspan="2">焊接检验尺和游标卡尺检查</td></tr>
<tr><td>2</td><td>焊缝加强面</td><td colspan="2">高度、宽度</td><td>+1mm</td></tr>
<tr><td rowspan="3">3</td><td rowspan="3">咬边</td><td colspan="2">深度</td><td>小于 0.5mm</td><td rowspan="3">直尺检查</td></tr>
<tr><td rowspan="2">长度</td><td>连续长度</td><td>25mm</td></tr>
<tr><td>总长度（两侧）</td><td>小于焊缝长度的 10%</td></tr>
</table>

6.1.4 卫生器具安装

（1）一般规定

1）适用于室内污水盆、洗涤盆、洗脸（手）盆、盥洗槽、浴盆、淋浴器、大便器、小便器、小便槽、大便冲洗槽、妇女卫生槽、妇女卫生盆、化验盆、排水栓、地漏、加热器、煮沸消毒器和饮水器等卫生器具安装的质量检验及验收。

2）卫生器具的安装应采用预埋螺栓或膨胀螺栓安装固定。

3）卫生器具安装高度如设计无要求时，应符合表 6-19 的规定。

卫生器具的安装高度　　表 6-19

项次	卫生器具名称			卫生器具安装高度（mm）		备注
				居住和公共建筑	幼儿园	
1	污水盆（池）	架空式		800	800	自地面至器具上边缘
		落地式		500	500	
2	洗涤盆（池）			800	800	
3	洗脸盆、洗手盆（有塞、无塞）			800	500	
4	盥洗槽			800	500	
5	浴盆			≤520		
6	蹲式大便器	高水箱		1800	1800	自台阶面至高水箱底
		低水箱		900	900	自台阶面至低水箱底
7	坐式大便器	高水箱		1800	1800	自地面至高水箱底
		低水箱	外露排水管式	510	370	自地面至低水箱底
			虹吸喷射式	70		
8	小便器	挂式		600	450	自地面至下边缘
9	小便槽			200	150	自地面至台阶面
10	大便槽冲洗水箱			≥2000		自台阶面至水箱底
11	妇女卫生盆			360		自地面至器具上边缘
12	化验盆			800		自地面至器具上边缘

4）卫生器具给水配件的安装高度，如设计无要求时应符合表 6-20 的规定。

卫生器具给水配件的安装高度　　表 6-20

项次	给水配件名称		配件中心距地面高度（mm）	冷热水龙头距离（mm）
1	架空式污水盆（池）水龙头		1000	150
2	落地式污水盆（池）水龙头		800	
3	洗涤盆（池）水龙头		1000	
4	住宅集中给水龙头		1000	
5	洗手盆水龙头		1000	
6	洗脸盆	水龙头（上配水）	1000	150
		水龙头（下配水）	800	150
		角阀（下配水）	450	
7	盥洗槽	水龙头	1000	150
		冷热水管上下并行，其中热水龙头	1100	150
8	浴盆	水龙头（上配水）	670	150
9	淋浴器	截止阀	1150	95
		混合阀	1150	
		淋浴喷头下沿	2100	
10	蹲式大便器（台阶面算起）	高水箱角阀及截止阀	2040	
		低水箱角阀	250	
		手动式自闭冲洗阀	600	
		脚踏式自闭冲洗阀	150	
		拉管式冲洗阀（从地面算起）	1600	
		带防污助冲器阀门（从地面算起）	900	

续表

项次	给水配件名称		配件中心距地面高度（mm）	冷热水龙头距离（mm）
11	坐式大便器	高水箱角阀及截止阀 低水箱角阀	2040	
12	大便槽冲洗水箱截止阀（从台阶面算起）		≥2400	
13	立式小便器角阀		1130	
14	挂式小便器角阀及截止阀		1050	
15	小便槽多孔冲洗管		1100	
16	实验室化验水龙头		1000	
17	妇女卫生盆混合阀		360	

注：装设在幼儿园内的洗手盆、洗脸盆和盥洗槽水嘴中心离地面安装高度应为700mm，其他卫生器具给水配件的安装高度，应按卫生器具实际尺寸相应减少。

（2）卫生器具安装

主控项目

1）排水栓和地漏的安装应平正、牢固，低于排水表面，周边无泄漏。地漏水封高度不得小于50mm。

检验方法：试水观察检查。

2）卫生器具交工前应做满水和通水试验。

检验方法：满水后各连接件不渗不漏；通水试验给、排水畅通。

一般项目

3）卫生器具安装的允许偏差应符合表6-21的规定。

卫生器具安装的允许偏差和检验方法 **表6-21**

项次	项目		允许偏差（mm）	检验方法
1	坐标	单独器具	10	拉线、吊线和尺量检查
		成排器具	5	
2	标高	单独器具	±15	
		成排器具	±10	
3	器具水平度		2	用水平尺和尺量检查
4	器具垂直度		3	吊线和尺量检查

4）有饰面的浴盆，应留有通向浴盆排水口的检修门。

检查方法：观察检查。

5）小便槽冲洗管，应采用镀锌钢管或硬质塑料管。冲洗孔应斜向下安装，冲洗水流同墙面成45°角。镀锌钢管钻孔后应进行二次镀锌。

检验方法：观察检查。

6）器具的支、托架必须防腐良好，安装平整、牢固，与器具接触紧密、平稳。

检验方法：观察和手扳检查。

（3）卫生器具给水配件安装

主控项目

1）卫生器具给水配件应完好无损，接口严密，启闭部分灵活。

检验方法：观察及手扳检查。

一般项目

2）卫生器具给水配件安装标高的允许偏差应符合表6-22的规定。

卫生器具给水配件安装标高的允许偏差和检验方法　表6-22

项次	项目	允许偏差（mm）	检验方法
1	大便器高、低水箱角阀及截止阀	±10	尺量检查
2	水嘴	±10	
3	淋浴器喷头下沿	±15	
4	浴盆软管淋浴器挂钩	±20	

3）浴盆软管淋浴器挂钩的高度，如设计无要求，应距地面1.8m。

检验方法：尺量检查。

（4）卫生器具排水管道安装

主控项目

1）与排水横管连接的各卫生器具的受水口和立管均应采取妥善可靠的固定措施；管道与楼板的接合部位应采取牢固可靠的防渗、防漏措施。

检验方法：观察和手扳检查。

2）连接卫生器具的排水管道接口应紧密不漏，其固定支架、管卡等支撑位置应正确、牢固，与管道的接触应平整。

检验方法：观察及通水检查。

一般项目

3）卫生器具排水管道安装的允许偏差应符合表6-23的规定。

卫生器具排水管道安装的允许偏差及检验方法　表6-23

项次	检查项目		允许偏差（mm）	检验方法
1	横管弯曲度	每1m长	2	用水平尺量检查
		横管长度≤10m，全长	<8	
		横管长度>10m，全长	10	
2	卫生器具的排水管口及横支管的纵横坐标	单独器具	10	用尺量检查
		成排器具	5	
3	卫生器具的接口标高	单排器具	±10	用水平尺和尺量检查
		成排器具	±5	

4）连接卫生器具的排水管管径和最小坡度，如无设计要求，应符合表6-24的规定。

连接卫生器具的排水管管径和最小坡度　表6-24

项次	卫生器具名称	排水管管径（mm）	管道的最小坡度（‰）
1	污水盆（池）	50	25
2	单、双格洗涤盆（池）	50	25
3	洗手盆、洗脸盆	32～50	20
4	浴盆	50	20
5	淋浴器	50	20

续表

项次	卫生器具名称		排水管管径（mm）	管道的最小坡度（‰）
6	大便器	高、低水箱	100	12
		自闭式冲洗阀	100	12
		拉管式冲洗阀	100	12
7	小便器	手动、自闭式冲洗阀	40～50	20
		自动冲洗水箱	40～50	20
8	化验盆（无塞）		40～50	25
9	净身器		40～50	20
10	饮水器		20～50	10～20
11	家用洗衣机		50 （软管为30）	

检验方法：用水平尺和尺量检查。

6.1.5 室内热水供应系统安装

（1）一般规定

1）适用于工作压力不大于1.0MPa，热水温度不超过75℃的室内热水供应管道安装工程的质量检验与验收。

2）热水供应系统的管道应采用塑料管、复合管、镀锌钢管和铜管。

3）热水供应系统管道及配件安装应按6.1.2室内给水系统安装中（2）给水管道及配件安装的相关规定执行。

（2）管道及配件安装

主控项目

1）热水供应系统安装完毕，管道保温之前应进行水压试验。试验压力应符合设计要求。当设计未注明时，热水供应系统水压试验压力应为系统顶点的工作压力加0.1MPa，同时在系统顶点的试验压力不小于0.3MPa。

检验方法：钢管或复合管道系统试验压力下10min内压力降不大于0.02MPa，然后降至工作压力检查，压力应不降，且不渗不漏；塑料管道系统在试验压力下稳压1h，压力降不得超过0.05MPa，然后在工作压力1.15倍状态下稳压2h，压力降不得超过0.03MPa，连接处不得渗漏。

2）热水供应管道应尽量利用自然弯补偿热伸缩，直线段过长则应设置补偿器。补偿器形式、规格、位置应符合设计要求，并按有关规定进行预拉伸。

检验方法：对照设计图纸检查。

3）热水供应系统竣工后必须进行冲洗。

检验方法：现场观察检查。

一般项目

4）管道安装坡度应符合设计规定。

检验方法：水平尺、拉线尺量检查。

5）温度控制器及阀门应安装在便于观察和维护的位置。

检验方法：观察检查。

6）热水供应管道和阀门安装的允许偏差应符合表6-6的规定。

7）热水供应系统管道应保温（浴室内明装管道除外），保温材料、厚度、保护壳等应符合设计规定。保温层厚度和平整度的允许偏差应符合表6-11的规定。

6.1.6 室内采暖系统安装

（1）一般规定

1）适用于饱和蒸汽压力不大于0.7MPa，热水温度不超过130℃的室内采暖系统安装工程的质量检验与验收。

2）焊接钢管的连接，管径小于或等于32mm，应采用螺纹连接；管径大于32mm，采用焊接。镀锌钢管的连接见6.1.2室内给水系统安装（1）中3）的规定。

（2）管道及配件安装

主控项目

1）管道安装坡度，当设计未注明时，应符合下列规定：①汽、水同向流动的热水采暖管道和汽、水同向流动的蒸汽管道及凝结水管道，坡度应为3‰，不得小于2‰；②汽、水逆向流动的热水采暖管道和汽、水逆向流动的蒸汽管道，坡度不应小于5‰；③散热器支管的坡度应为1%，坡向应利于排气和泄水。

检验方法：观察，水平尺、拉线、尺量检查。

2）补偿器的型号、安装位置及预拉伸和固定支架的构造及安装位置应符合设计要求。

检验方法：对照图纸，现场观察，并查验预拉伸记录。

3）平衡阀及调节阀型号、规格、公称压力及安装位置应符合设计要求。安装完后应根据系统平衡要求进行调试并作出标志。

检验方法：对照图纸查验产品合格证，并现场查看。

4）蒸汽减压阀和管道及设备上安全阀的型号、规格、公称压力及安装位置应符合设计要求。安装完毕后应根据系统工作压力进行调试，并做出标志。

检验方法：对照图纸查验产品合格证及调试结果证明书。

5）方形补偿器制作时，应用整根无缝钢管煨制，如需要接口，其接口应设在垂直臂的中间位置，且接口必须焊接。

检验方法：观察检查。

6）方形补偿器应水平安装，并与管道的坡度一致；如其臂长方向垂直安装必须设排气及泄水装置。

检验方法：观察检查。

一般项目

7）热量表、疏水器、除污器、过滤器及阀门的型号、规格、公称压力及安装位置应符合设计要求。

检验方法：对照图纸查验产品合格证。

8）钢管管道焊口尺寸的允许偏差应符合表6-18的规定。

9）采暖系统入口装置及分户热计量系统入户装置，应符合设计要求。安装位置应便于检修、维护和观察。

检验方法：现场观察。

10）散热器支管长度超过1.5m时，应在支管上安装管卡。

检验方法：尺量和观察检查。

11）上供下回式系统的热水干管变径应顶平偏心连接，蒸汽干管变径应底平偏心连接。

检验方法：观察检查。

12）在管道干管上焊接垂直或水平分支管道时，干管开孔所产生的钢渣及管壁等废弃物不得残留管内，且分支管道在焊接时不得插入干管内。

检验方法：观察检查。

13）膨胀水箱的膨胀管及循环管上不得安装阀门。

检查方法：观察检查。

14）当采暖热媒为110～130℃的高温水时，管道可拆卸件应使用法兰，不得使用长丝和活接头。法兰垫料应使用耐热橡胶板。

检验方法：观察和查验进料单。

15）焊接钢管管径大于32mm的管道转弯，在作为自然补时应使用煨弯。塑料管及复合管除必须使用直角弯头的场合外应使用管道直接弯曲转弯。

检验方法：观察检查。

16）管道、金属支架和设备的防腐和涂漆应附着良好，无脱皮、起泡、流淌和漏涂缺陷。

检验方法：现场观察检查。

17）管道和设备保温的允许偏差应符合本规范表6-11的规定。

18）采暖管道安装的允许偏差应符合表6-25。

采暖管道安装的允许偏差和检验方法 表6-25

项次	项目			允许偏差	检验方法
1	横管道纵、横方向弯曲（mm）	每1m	管径≤100mm	1	用水平尺、直尺、拉线和尺量检查
			管径>100mm	1.5	
		全长（25m以上）	管径≤100mm	≤13	
			管径>100mm	≤5	
2	立管垂直度（mm）	每1m		2	吊线和尺量检查
		全长（5m以上）		≤10	
3	弯管	椭圆率	管径≤100mm	10%	用外卡钳和尺量检查
			管径>100mm	8%	
		折皱不平度（mm）	管径≤100mm	4	
			管径>100mm	5	

（3）辅助设备及散热器安装

主控项目

1）散热器组对后，以及整组出厂的散热器在安装之前应作水压试验。试验压力如设计无要求时应为工作压力的1.5倍，但不小于0.6MPa。

检验方法：试验时间为2～3min，压力不降且不渗不漏。

2）水泵、水箱等辅助设备安装的质量检验与验收应按6.1.2室内给水系统安装（4）给水设备安装的相关规定执行。

一般项目

3）散热器组对应平直紧密，组对后的平直度应符合表6-26规定。

组对后的散热器平直度允许偏差　　表 6-26

项　次	散热器类型	片　数	允许偏差（mm）
1	长翼形	2～4	4
		5～7	6
2	铸铁片式	3～15	4
	钢制片式	16～25	6

检验方法：拉线和尺量。

4）组对散热器的垫片应符合下列规定：①组对散热器垫片应使用成品，组对后垫片外露不应大于 1mm；②散热器垫片材质当设计无要求时，应采用耐热橡胶。

检验方法：观察和尺量检查。

5）散热器支架、托架安装，位置应准确，埋设牢固。散热器支架、托架数量，应符合设计或产品说明书要求。如设计未注时，则应符合表 6-27 的规定。

散热器支架、托架数量　　表 6-27

项　次	散热器形式	安装方式	每组片数	上部托钩或卡架数	下部托钩或卡架数	合　计
1	长翼形	挂墙	2～4	1	2	3
			5	2	2	4
			6	2	3	5
			7	2	4	6
2	柱形 柱翼形	挂墙	3～8	1	2	3
			9～12	1	3	4
			13～16	2	4	6
			17～20	7	5	7
			21～25	2	6	8
3	柱形 柱翼形	带足落地	3～8	1	—	1
			8～12	1	—	1
			13～16	7	—	2
			17～20	2	—	2
			21～25		—	2

检验方法：现场清点检查。

6）散热器背面与装饰后的墙内表面安装距离，应符合设计或产品说明书要求。如设计未注明，应为 30mm。

检验方法：尺量检查。

7）散热器安装允许偏差应符合表 6-28 的规定。

散热器安装允许偏差和检验方法　　表 6-28

项　次	项　目	允许偏差（mm）	检验方法
1	散热器背面与墙内表面距离	3	尺量
2	与窗中心线或设计定位尺寸	20	
3	散热器垂直度	3	吊线和尺量

8）铸铁或钢制散热器表面的防腐及面漆应附着均匀，无脱落、起泡、流淌和漏涂缺陷。

检验方法：现场观察。

6.2 物业设施设备的承接查验

物业的承接查验是一项技术难度高、专业性强、对日后的管理有较大影响的专业技术性工作。在物业竣工验收合格后，物业管理企业于业主入住之前，对物业进行承接查验。在条件具备或物业管理企业早期介入充分、准备充足时，物业的承接查验也可以和建设工程竣工验收同步进行。物业管理企业对物业进行查验之后将发现的问题提交建设单位处理，然后同建设单位进行物业移交并办理移交手续。

承接查验不同于工程项目建设的竣工验收，是在物业建设单位竣工验收的基础上，对建设单位移交的物业资料，有关单项验收报告，以及对物业共用部位、共用设施设备、园林绿化工程和其他公共配套设施的相关合格证明材料，对物业公共部位配套功能设施是否按规划设计要求建设完成等进行核对查验。承接查验还应对设施设备进行调试和试运行，还应督促建设单位及时解决发现的问题。

查验的相关资料由建设单位提供，物业管理企业主要是进行必要的复核。物业管理企业应督促建设单位尽快安排验收。建设单位无法提供相关合格证明材料，物业存在严重安全隐患和重大工程缺陷，影响物业正常使用的，物业管理企业可以拒绝承接物业。物业管理的承接查验主要以核对的方式进行，在现场检查设备等情况下还可采用观感查验、使用查验、检测查验和试验查验等具体方法进行检查。重点查验物业共用部位、共用设施设备的配置标准、外观质量和使用功能。观感查验是对查验对象外观的检查，一般采取目视、触摸等方法进行。使用查验是通过启用设施或设备来直接检验被检查对象的安装质量和使用功能，直观地了解其符合性、舒适性和安全性等。检测查验是通过运用仪器、仪表、工具等对检测对象进行测量，以检测其是否符合质量要求。试验查验是通过必要的试验方法（如通水、闭水试验）测试相关设施设备的性能。

物业的共用设施设备种类繁多，各种物业配置的设备不尽相同，建房［2010］165号（关于印发《物业承接查验办法》的通知）中规定，共用设施设备承接查验的主要内容有低压配电设施，柴油发电机组，电气照明，插座装置，防雷与接地，给水排水，电梯，消防水系统，通信网络系统，火灾报警及消防联运系统，排烟送风系统，安全防范系统，采暖和空调等。同时规定，建设单位应当依法移交有关单位的供水、供电、供气、供热、通信和有线电视等共用设施设备，不作为物业服务企业现场检查和验收的内容。

6.2.1 室内给水管道系统水压试验

《建筑给水排水及采暖工程施工质量验收规范》GB 50242—2002 中 4.2.1 规定："室内给水管道的水压试验必须符合设计要求。当设计没有注明时，各种材质的给水管道系统试验压力均为工作压力的 1.5 倍，但不得小于 0.6MPa。"

（1）试验要求

室内给水管道系统安装完毕，支架管卡已固定牢靠。管道坐标、标高经检验合格。各接口处未作防腐、防露和保温，能够检查。安装过程中临时用的夹板、堵板、盲板及旋塞已拆除。各种卫生设备均未安装水嘴、阀门。集中排气系统已在顶部安装临时排气管和排气阀，试验环境空气温度在5℃以上。选用压力表的测试压力范围大于试验压力的1.5～2倍。

(2) 检验方法

给水管道安装完成后，应首先在各出水口安装水阀或堵头，并打开进户总水阀，将管道注满水，然后检查各连接处，没有渗漏，开始进行水压试验。

金属及复合管给水管道系统在试验压力下观测10min，压力降不应大于0.02MPa，然后降到工作压力进行检查，应不渗不漏；塑料管给水管道系统应在试验压力下稳压力1h，压力降不得超过0.05MPa，然后在工作压力的1.15倍状态下稳压2h，压力降不得超过0.05MPa，同时检查各连接处不得渗漏。

该方法适用高层、多层建筑的室内生活用水、消防用水、生活（产）与消防合用管道系统的水压试验。

(3) 水压试验操作步骤

1）连接试压泵：试压泵通过连接软管从室内给水管道较低的管道出水口接入室内给水管道系统。

2）向管道注水：打开进户总水阀向室内给水管系统注水，同时打开试压泵卸压开关，待管道内注满水并通过试压泵水箱注满水后，立即关闭进户总水阀和试压泵卸压开关。

3）向管道加压：按动试压泵手柄向室内给水管系统加压，至试压泵压力表的指示压力达到试验压力0.6MPa时停止加压。

4）排出管道空气：缓慢拧松各出水口堵头，待听到空气排出或有水喷出时立即拧紧堵头。

5）继续向管道加压：再次按动试压泵手柄向室内给水管系统加压，至试压泵压力表指示压力达到试验压力0.6MPa时停止加压。然后按《建筑给水排水及采暖工程施工质量验收规范》GB 50242—2002中4.2.1规定的检验方法完成室内给水管系统压力试验。试验完成后，打开试压泵卸压开关卸去管道内压力。

6.2.2 室内给水管道系统吹洗

水压试验完毕后，给水管道在交付使用之前，需用合格的饮用水对管道系统进行加压冲洗，称之为吹洗。主要目的是确保给水管道通畅，清除滞留或掉入管道的杂质和污物，避免管道堵塞。必要时还要进行管道消毒。

(1) 吹洗要求和方法

冲洗水压应大于系统供水工作压力，出水口处管径不得小于被冲洗管径的3/5（即出水口应比被冲洗管口小1号），出水口处排水流速不小于1.5m/s。观察各冲洗环路出水口处水质，无杂质、无沉淀、无沉积物与入水口水质相比无异样为合格。

(2) 吹洗操作步骤

先吹洗底部干管，由入户管控制阀前面，接上临时水源，向系统供水。启动增压水泵，关闭其他立管控制阀门，只开启干管末端最底层的阀门，由底层放水并引至排水系统。底层主干管吹洗合格后，再依工艺流程吹洗其他各干管、立管、支管，直至全系统管路吹洗完毕为止。填写记录，将仪表及器具件复位，拆下的部件等复位，检查系统与设计图一致，验收签字。

6.2.3 室内消防系统通水调试和验收

（1）水源查验

1）按设计要求核实消防水箱的容积、设置高度及消防贮水不作他用的技术措施。

2）按设计要求核实消防水泵接合器的数量和供水能力，并通过移动式消防水泵做供水试验进行验证。

（2）消防泵运行试验

1）分别用消火栓按钮启停泵、在消防泵控制柜启停泵、在消防控制室启停泵，让工作泵、备用泵转换运行。

2）启动消防泵应在60s内投入正常运行，远距离启停消防泵应灵敏且运行正常。

3）主电源停止，备用电源应在60s自动投入运行。

4）主泵故障停止运行，备用泵能自动切换运行，主备泵运行均在消防联动控制设备有信号显示。

（3）稳压泵运行试验

模拟设计启动条件启动稳压泵，稳压泵应能立即启动，当系统达到设计压力后，稳压泵应能自动停止运行，泵的运行和停止均应在消防联动控制设备有信号显示。

（4）报警阀组调试

1）湿式报警阀调试时，在试水装置处放水，当湿式报警阀进口水压大于0.14MPa、放水流量大于1.0L/s时，报警阀应及时启动；带延迟器的水力警铃应在15～90s内发出报警铃声，不带延迟器的水力警铃应在15s内发出报警铃声；压力开关应及时启动，并反馈信号。

2）干式报警阀调试时，开启系统试验阀，报警阀的启动时间、启动点压力、水流到试验装置出口所需时间，均应符合设计要求。

3）干湿式报警阀调试时，当差动型报警阀上室和管网的空气压力降至供水压力的1/8以下时，试水装置应能连续出水，水力警铃应发出报警信号。

4）雨淋阀调试是利用检测、试验管路进行。用设计的自动或手动方式启动雨淋阀，启动装置动作后，雨淋阀应在15s之内启动，试验管路应输出设计要求的水流；公称直径大于200mm的雨淋阀调试时应在60s之内启动。雨淋阀调试时，当报警水压为0.05MPa水力警铃应发出报警铃声。

5）自动喷水灭火系统（湿式系统）联动试验：启动一只喷头或在末端试水装置处放水，用试水测试仪测试，其流量应在0.94～1.5L/s以内，水流指示器动作后应输出报警信号，同时水力警铃应连续报警，压力开关应在消防控制设备显示报警信号并启动消防泵。报警阀启动时间、启点压力、水流到试验装置时间应符合设计要求。自动喷水灭火系统联动试验时，消防泵应启动正常，主、备泵切换正常，消防控制室有信号显示。

6.2.4 室内排水管道通球、通水与灌水试验

建筑排水管道施工一般是按先地下后地上、由下而上的顺序。当埋地管道铺设完毕后，为了保证其不被损坏和不影响土建及其他工序的施工，必须将开挖的管沟及时回填。为了保证排水，管道一旦隐蔽就很难发现其渗漏及施工质量的好坏。《建筑给水排水及采暖工程施工质量验收规范》GB 50242—2002中第5.2.1条规定：“隐蔽或埋地的排水管道在隐蔽前必须做灌水试验，其灌水高度应不低于底层卫生器具上边缘或底层地面高度。”

对于多层、高层如酒店等综合性建筑，排水系统很复杂，不仅要对埋地排水管道作灌水试验，而且要对管道井中及吊顶内的排水管进行检查，因这些部位的管道隐蔽后，如果渗漏水，不仅修理困难影响使用，而且污染室内环境损失很大。

合格的排水系统应该是严密不漏和畅通不堵。要达到这一要求，就要在施工过程中，必须要对系统进行一系列的检查、试验措施。采用灌水及通水的方法检查管道的严密性，验证是否渗漏。用通球和通水的方法检查管道的通畅性，验证是否堵塞。

（1）通球试验

对于多层及高层建筑，排水系统较为复杂、工期长，在排水立管施工安装完工后，很难避免较大的异物（如断砖、砂浆块、木块）进入管内，可能造成立管及出户管弯头被堵而导致出水不畅通。对此，交付使用前可用通球的办法进行检查。方法是将一直径不小于2/3立管直径的橡胶球或木球，用线贯穿并系牢（线长略大于立管总高度）然后将球从伸出屋面的通气口向下投入，看球能否顺利地通过主管并从出户弯头处溜出，如能顺利通过，说明主管无堵塞。如果通球受阻，可拉出通球，测量线的放出长度，则可判断受阻部位，然后进行疏通处理，反复作通球试验，直至管道通畅为止，如果出户管弯头后的横向管段较长，通球不易滚出，可灌些水帮助通球流出。

（2）通水试验

对于一般建筑物，室内排水系统较简单，可在交工前作通水试验，模拟排水系统的正常使用情况，检查其有无渗漏及堵塞。方法为：当给排水系统及卫生器具安装完，并与室外供水管接通后，将全部卫生设施同时打开1/3以上，此时排水管道的流量大概相当于高峰用水的流量。然后，对每根管道和接头检查有无渗漏，各卫生器具的排水是否通畅。对于有地漏的房间，可在地面放水，观察地面水是否能汇集到地漏顺利排走，同时到下面一层观察地漏与楼板结合处是否漏水。如果限于条件，不能全系统同时通水，也可采用分层通水试验，分层检查横支管是否渗漏堵塞。分层通水试验时应将本层的卫生设施全部打开(也可用本层的消火栓用水代替做通水试验)。

（3）灌水试验

该方法特别适用于排水系统分层横管及分段立管的严密性试验，也适用于卫生洁具及地漏的严密性试验。试验时应采用特制的胶囊充气装置，胶囊的规格应与被试验的管道配套。灌水试验应分区段（层）进行，试验结果应作出记录。埋地管道的灌水试验方法基本同下面操作程序。

1）先将胶囊充气装置的配件进行组合，作工具试漏检查。将胶囊置于盛满水的水桶中并按住，用气筒向胶囊充气，检查胶囊、胶管及接口是否漏气，压力表有无指示。

2）用卷尺测量由立管检查口至楼层下方最低横支管的垂直距离并加长500mm（长约2m)，记住此长度并将此长度标示在胶囊与胶囊连接的胶管上，做出记号，以控制胶囊插入立管的深度。

3）打开立管检查口，将胶囊从此口慢慢向下送入至所需长度，然后胶囊充气，观察压力表值，指针上升至0.08～0.1MPa为宜，使胶囊与管内壁紧密接触屯水不漏为度。若检查口设计为隔一层装一个，则立管未设检查口的楼层管道灌水试验，应将胶囊从下层立管的检查口向上送入约0.5m，操作人员在下层充气，上层灌水。注意，胶囊要避免放在立管管件接头处，因为该处内壁有接缝，影响堵水严密性。对于铸铁排水管，要求清砂干净，内壁平整，不允许有毛刺，否则会影响堵水密封性，甚至刺破胶囊。

4）在楼面的灌水口（也可以在检查口）灌水至楼面高度，然后对灌水管道及管件接口逐一检查，如发现有漏点，做出记号，排水后进行修复处理；如为橡胶圈柔性接口，可在渗漏接口带水紧螺栓修复。如灌水管道检查无一渗漏点，则水位可稳住，灌水时间延续15min，保持5min灌水液面不下降为合格。

5）将胶囊放气，然后徐徐抽出胶囊，注意不要使胶囊受损。取出胶囊后，水应能很快排走，如果下降很慢，说明灌水管段内有杂物堵塞，应及时清理。

6）检查蹲式大便器渗漏方法：将胶囊置于蹲式大便器排水口并充气，然后在蹲式大便器内灌水（水位平便器上沿），如果水位下降，说明冲洗进水接口处有渗漏，或者蹲式大便器下水接口封闭不严，或者蹲式大便器本身有渗漏，应针对排除。

6.2.5 室内供暖系统管道的试压、冲洗和通热

室内采暖系统按质量标准和监控要求，均检查合格后，必须进行系统水压试验和冲洗。

（1）采暖系统试压

1）试压准备工作：根据水源的位置和试压系统的情况和要求，按事先制定的施工方案中的试压程序、技术措施，进行试压工作。试压采用的机具、设备，必须严格检查，其性能、技术标准均应保证试压的要求。系统加压选择位置应在进户入口供热管的甩头处，连接加压泵和管路。试压管路的加压泵端和系统的末端，均应安装带有回弯的压力表。冬季试压时应按冬期施工技术措施规定执行，要求具有相应防冻技术保护措施。

2）注水前的检查工作：检查全系统管路、设备、阀件、固定支架和套管等，必须安装无误且各连接处均无遗漏。根据全系统试压或分系统试压的实际情况，检查系统上各类阀门的开关达到正常状态。试压管道阀门全打开，试验管段与非试验管段连接处应予隔断。检查试压用的压力表灵敏度，其误差应限制在规定范围内。水压试验系统中阀门都处于全关闭状态，待试压中需要开启时再打开。

3）水压试验工艺及标准：打开水压试验管路中的阀门，向采暖系统注水。开启系统上各高处的排气阀，将管道及采暖设备等全系统的空气排尽。待水注满后，关闭排气阀和进水阀，停止向系统注水。打开连接加压泵的阀门，用电动打压泵或手动打压泵通过管路向系统加压，同时拧开压力表上的旋塞阀，观察压力逐渐升高的情况，一般分2～3次升至试验压力。在此过程中，每加压至一定数值时，应停泵对管道进行全面检查，无异常现象，方可再继续加压。

如系统低点压力大于散热器所能承受的最大试验压力时，则应分层进行水压试验；

试压过程中，用试验压力对管道进行预先试压，其延续时间应不少于10min。然后将压力降至工作压力，进行外观全面检查，在检查中，对漏水或渗水的接口做上记号，以备返修，在5min内压力降≤0.02MPa为合格；

系统试压达到合格验收标准后，放出管道内的全部存水（不合格时应待补修后，再次按前述方法二次试压）；拆除试压连接管路，将入口处供水管用盲板临时堵严；

管道试压合格后，应与单位工程负责人办理系统移交手续，严防土建工程进行收尾施工时损坏管道接口。

（2）室内供暖管道的冲洗

《建筑给水排水及采暖工程施工质量验收规范》GB 50242—2002规定：采暖系统在使

用前，应用水冲洗，直到将污浊物冲净为止。以防止室内供暖系统内残存铁锈、杂物，影响管子的有效截面和供暖热水或蒸汽的流量，甚至造成堵塞等缺陷。室内供水管道冲洗步骤如下：

1）水平供水干管及总供水立管冲洗：先将自来水管接到供水水平干管的末端，再将供水总立管进户处接往下水道或排水沟。打开排水口的阀门，再开启自来水进口阀门进行反复冲洗。按上述顺序，对系统的各个分路供水水平干管分别进行冲洗。冲洗结束后，先关闭自来水进口阀，后关闭排水口控制阀门。

2）系统上立管及回水水平导管冲洗：自来水管连通进口可不动，将排水出口连通管改接至回水管总出口处，关上供水总立管上各个分环路的阀门。先打开排水口的总阀门，再打开靠近供水总立管边的第一个立支管上的全部阀门，最后打开自来水入口处阀门进行第一分立支管的冲洗。冲洗结束时，先关闭进水口阀门，再关闭第一分支管上的阀门。按此顺序分别对第二、三……立管以及各环路上各根立支管及水平回路的导管进行冲洗。

冲洗中，当排入下水道的冲洗水为洁净水时可认为合格。全部冲洗后，再以流速 1～1.5m/s 的速度进行全系统循环，延续 20h 以上，循环水色透明为合格；全系统循环正常后，将系统回路按设计要求的位置恢复连接。

（3）室内采暖系统的通热

1）准备好通热试调的工具、温度计和通信联系设备，以备在试调过程中发生问题时，便于及时处理。通热试调前进一步检查系统中的管道和支、吊架及阀门等配件的安装质量，符合设计或施工规范的规定才能进行通热。

2）充水前应接好热源，使各系统中的泄水阀门关闭，供水或供气的干、立、支管上的阀门均应开启，向系统内充水（最好充软化水），同时先打开系统最高点的放风门，派专人看管。慢慢打开系统回水干管的阀门，待最高点的放风门见水后立即关闭。然后开启总进水口供水管的阀门，最高点的放风阀须反复开闭数次，直至系统中冷风排净为止。

3）在巡视检查中如发现隐患时，应尽量关闭小范围内的供水阀门，待问题及时处理、修好后随即开启阀门。

4）在全系统运行中如有不热处要先查明原因，如需检修应先关闭供、回水阀，泄水后再先后打开供、回阀门，反复按上述程序通暖运行。若发现温度不均，应调整各个分路的立管、支管上的阀门，使其基本达到平衡后，直到运行正常为止。

5）冬季通暖时，必须采取临时供暖措施，室温应保持 5℃以上，并连续 24h 后方可进行正常运行。

采暖系统管道在通热与调试过程及运行中，要求各个环路热力平衡，按设计供暖温度相差不超过 2～1℃为合格。系统在通热与试调达到正常运行的合格标准后，应邀请各有关单位检查验收，并办理验收手续。有关通热试调的施工记录和验收签证等文件资料，应妥善保管，将作为交工档案的必备材料。

思 考 题

1. 通用安装工程主要内容有哪些？应达到的标准有哪些？
2. 室内给水系统安装的质量检验与验收标准有哪些？

3. 室内排水系统安装的质量检验与验收标准有哪些？

4. 卫生安装器具安装的质量检验与验收标准有哪些？

5. 室内采暖管道系统安装的质量检验与验收标准有哪些？

6. 水压试验操作步骤有哪些？

7. 室内消防系统通水调试和验收有哪些内容？

8. 室内排水管道通球、通水与灌水试验步骤有哪些？

9. 室内供暖系统管道试压、冲洗和通热步骤有哪些？

下篇　建筑智能化

7　概　　述

学习目标： 熟悉智能建筑概念、等级和建筑智能化各系统的基本功能；了解智能建筑的发展。

7.1　智能建筑概念、等级和发展

7.1.1　智能建筑的概念

智能化建筑是通过对建筑的四个基本要素，即结构、系统、服务和管理以及它们之间内在关联的最优化考虑，来提供一个投资合理的但又拥有高效率的舒适、温馨、便利的环境，并帮助建筑物业主、物业管理人员和租用人实现在费用、舒适、便利和安全等方面的目标，并且考虑长远的系统灵活性及市场能力。

建筑物安装有建筑智能化系统，能提供安全、高效、舒适、便利快捷的综合服务环境，且投资合理，因此被称为智能建筑。建筑智能化系统是安装在智能建筑中，由多个子系统组成的，利用现代技术实现的，完整的服务、管理系统。多数情况下没有严格区分“智能建筑”与“建筑智能化系统”的概念，常常用“智能建筑”代替“建筑智能化系统”。

通常智能建筑被认为应具备“三 A”功能：即办公自动化 OAS、建筑自动化 BAS 和通信自动化 CAS。办公自动化系统由电话、传真、PC 机及声像存储等多种终端设备构成，具有图文处理、文档管理及决策支持等基本功能；建筑自动化系统要求将配电、空调、给排水、照明及消防等设备纳入其管理范围；通信自动化系统应具备话音、数据、视频通信及控制信号传输的能力，并提供 E-mail 和远程电视电话会议等功能。这三个系统有机的结合，由中央监控系统的计算机进行最佳决策，使建筑各项设施的运转机制达到最有效、最合理的程度，并具备高效率的结构、系统、服务及管理的智能化。随着科学技术的迅猛发展，智能建筑的概念不断赋予新的含义，其功能也越来越多，有的把消防自动化系统 FAS 和安防自动化系统 SAS 等各自动化系统也纳入智能建筑功能中，称之为 4A、5A 建筑，甚至多至 7A 建筑。但至今尚未有统一的规定。

国际智能工程协会将“智能建筑”定义为，在一座建筑中设计了可能提供响应的功能以及适应用户对建筑物用途、信息及要求变动时的灵活性。智能建筑应该是安全、舒适、系统综合、有效利用投资、节能和具备很强的使用功能，以满足用户实现高生产率的需要。

美国智能协会定义“智能建筑”为：将结构、系统、服务、运营及其相关联系全面总和，达到最佳组合，获得高效率、高功能与高舒适性的建筑。

日本智能协会定义“智能建筑”为：智能建筑应提供包括商业支持功能、通信支持功能等在内的高度通信服务，并能通过高度自动化的大楼管理体系保证舒适的环境和安全，以提高工作效率。其功能是：①利用信息和通信设备方便有效；②采用楼宇自动控制技术，使其具有高度的综合管理能力。

欧洲智能建筑智能集团定义“智能建筑”为：智能建筑实施时期用户发挥最高效率，同时又以最低的保养成本、最有效的本身资源的建筑，能够提供一个反应快、效率高和有支持力的环境以使用户达到其业务目的。

新加坡对“智能建筑”的规定，智能建筑应具备以下三个条件：①具有先进的自动化控制系统，可自动调节建筑内的各种设施，包括室温、湿度、灯光、保安、消防等；②具有良好的通信网络设施，使数据能够在建筑内或层与层之间进行流通；③能够提供足够的对外通信设施与能力。

我国在2000年10月1日实施的《智能建筑设计标准》GB/T 50314—2000将其定义为：“它是以建筑为平台，兼备建筑设备、办公自动化及通信网络系统，及结构、系统、服务、管理及它们之间的优化组合，向人们提供一个高效、舒适、便利、安全的建筑环境。”

7.1.2 智能建筑等级

智能建筑按智能程度可分为：

(1) 初级、较低级

有电话共享系统、楼宇自动化系统、防灾防盗系统等。

(2) 中级、一般级

除了初级具备的功能之外，还有个人计算机共享配套程序，可用于通信服务。

(3) 高级、共享级

除了中级具备的功能之外，还有计算机系统的一切共享服务。

我国在2000年10月1日实施的《智能建筑设计标准》GB/T50314-2000总则提出：“智能建筑各智能化系统应根据使用功能、管理功能要求和建设投资等划分为甲、乙、丙三级（住宅除外），且各级均有可扩性、开放性和灵活性。智能建筑的等级按有关评定标准确定”。

7.1.3 智能建筑的起源与发展

(1) 智能建筑起源

智能建筑起源于20世纪80年代初期的美国，1984年1月美国康涅狄格州的哈特福特市（Hartford）建立了世界第一幢智能大厦，大厦通过计算机系统将语言通信、文字处理、电子邮件、市场行情信息、科学计算和情报资料检索等服务进行自动化综合管理，对大楼内的空调、电梯、供水、防盗、防火及供配电系统等都进行了有效的控制。智能建筑的出现是建筑史上一个重要的里程碑。

继美国诞生智能建筑后，日本通过详尽考察，制定了智能设备、智能家庭到智能建筑、智能城市的发展计划，成立了“建设省国家智能建筑专家委员会”和“日本智能建筑研究会”。1985年8月在东京青山建成了日本第一座智能大厦“本田青山大厦”。

与此同时，西欧在1986～1989年间，伦敦的中心商务区进行了第二次世界大战之后最大规模的改造。英国是大西洋两岸的交汇点，因此，大批金融企业特别是保险业纷纷在伦敦设立机构，带动了智能化办公楼的需求，法、德等国相继在20世纪80年代末和20世纪90年代初建成各有特色的智能建筑。智能化办公楼工作效率的提高，加剧了当时处于经济衰退中的西欧的失业状况，进而导致对智能楼宇需求的下降。到1992年，伦敦就有110万m^2的办公楼空置。

20世纪80年代到20世纪90年代，亚太地区经济的活跃，在新加坡、中国台北、中国香港、汉城（今称首尔）、雅加达、吉隆坡和曼谷等大城市里，陆续建起一批高标准的智能化大楼。泰国的智能化大楼普及率领先世界，20世纪80年代泰国新建的大楼60%为智能化大楼。印度于1995年下半年起在加尔各答附近的盐湖建立一个方圆40英亩的亚洲第一智能城。

（2）建筑智能化程度发展

1）智能大楼：将OA、BA、CA三个子系统纳入单个办公类大楼，建成综合性智能化大楼。

2）智能大厦群：将智能化大楼相对集中形成建筑群体，建立智能建筑集成管理系统IBMS，能对智能广场中所有楼宇进行全面综合的管理。

3）智能化住宅：智能化住宅经历了家庭电子化、住宅自动化和住宅智能化三个发展阶段，住宅智能化越来越先进，功能越来越齐全。

4）智能化小区：智能化小区已达到居家生活信息化、小区物业管理智能化、IC卡通用化的智能程度。

5）智能化城市：智能化城市是以信息化为特征、达到城际网络化标准的城市。

6）智能化国家：智能化国家是指在智能城市基础上将各城际网络互联成广域网，在全国范围内实现远程作业、远程会议、远程办公。也可通过Internet或其他通信手段与世界沟通，进入信息化社会。

7.2 建筑智能化系统的组成

随着高新科技的迅速发展，现代物业建设中引入了很多科技含量很高的智能化设备，使物业建设智能化已经是大势所趋。物业基础设施的智能化属于建筑自动化范畴。建筑自动化功能是建筑物本身应具备的自动化控制功能，要保证对空调、供热、制冷、通风、电梯、保安系统、消防系统、配电及照明等提供有效的安全的物业管理，达到最大限度的节能和对各类报警信号的快速响应。

智能化物业管理系统是建筑自动化系统的集中控制和协调的体现。在完成消防、安防、楼宇设备自控三大系统后，初步实现建筑自动化系统，在此基础上进行功能集成，最终构造出建筑物管理系统。这不仅将提高建筑自动化系统的综合服务功能，也将增强物业管理效益，成为智能建筑管理系统集成最根本的基础。智能化管理将提供方便、快捷、安全、高性能技术和服务。

（1）消防报警系统

消防报警系统是人们为了及早发现和通报火灾，并及时采取有效措施控制和扑灭火灾，设置在建筑物中或其他场所的一种自动消防设施。它保证了楼宇的存在和可用性。

(2) 安全防范系统

安全防范系统是根据建筑物使用功能、建设标准及安全防范管理的需要，综合运用电子信息技术、计算机网络技术、安全防范技术等，构成先进、可靠、经济、配套的安全技术方法体系。它保证了楼宇使用的安全性。

(3) 楼宇设备自控系统（建筑自动化系统）

设备监控系统是指能够对建筑内各类设备监视、控制、测量的系统，以达到运行安全、可靠、节省能源和节省人力的目的。保证了楼宇的可使用性。

(4) 综合布线系统

综合布线系统满足了建筑物或建筑群内信息通信网络的布线要求，以及支持语音、数据、图像等业务信息传输，并使楼宇的布局随时可改变，适应新的要求。

(5) 通信网络系统

通信网络系统是能为建筑物或建筑群的拥有者（管理者）及建筑物内的各个使用者提供有效的信息服务，它能对来自建筑物或建筑群内外的各种信息予以接收、存储、处理、交换、传输并提供决策支持地能力。极大地方便了楼宇内外的联络。

(6) 办公自动化系统

办公自动化系统为建筑物的拥有者（管理者）及建筑物的使用者，创造良好的信息环境并提供快捷有效的办公信息服务。它能对来自建筑内外的信息予以收集、处理、存储、检索等综合服务，并提供人们进行办公事务决策和支持的功能。方便了应用业务。

(7) 大楼物业管理系统

在上述各系统完备条件下，构成大楼物业管理系统，使大楼管理具备自动化功能。达到智能建筑管理的理想状态。

思 考 题

1. 什么是智能建筑?
2. 智能建筑等级如何划分的?
3. 简述建筑智能化程度的发展。
4. 建筑智能化系统的组成有哪些?

8 建筑设备自动化系统

学习目标：掌握建筑设备自动化系统的定义和监控管理目的；了解各系统监控的主要项目内容。

建筑设备自动化系统 BAS 是将建筑或建筑群内的给排水系统、暖通空调系统、热力系统、电梯及扶梯、供配电及照明等各子系统的设备或系统集中监视、控制和管理而构成的综合系统。通过对各种子系统和设备监视、控制、测量记录以及维修，以达到运行安全、可靠、节省能源和节省人力的目的。

8.1 给排水系统监控及管理系统

8.1.1 给水系统

给水系统主要监测、控制点项目见表 8-1。

给水系统主要监测、控制点项目表 表 8-1

设施设备	高位水箱监控	水泵直接给水监控	气压给水系统监控
监测和控制点	给水泵启停状态； 给水泵故障状态； 给水泵手/自动转换状态； 给水泵开/关控制； 水流开关状态； 高位水箱水位监控：高位水箱水位开关状态包括溢流、启泵、停泵、低限报警四个液位开关； 生活消防水池水位监测：地下水位水池开关状态包括溢流、启泵、停泵、低限报警四个液位开关	恒速水泵运行状态； 恒速水泵故障状态； 恒速水泵手/自动转换状态； 恒速水泵开/关控制； 变速水泵运行状态； 变速水泵故障状态； 变速水泵手/自动转换状态； 变速水泵开/关控制； 水流开关状态； 水池水位监测； 管网给水压力检测	给水泵运行状态； 给水泵故障状态； 给水泵手/自动转换状态； 给水泵开/关控制； 水流开关状态； 水池水位监测； 管网给水压力检测

（1）测量和记录

设备运行时间的累计、用电量的累计，定时检查、维修，为自动确定工作泵或备用泵提供数据依据。

（2）启停控制

根据水箱或蓄水池水位高低的信号，自动控制生活水泵启/停，并自动显示启/停工作状态。当工作泵发生故障时，备用泵自动投入运行。

（3）监测及报警

水箱有溢流水位、最低水位、停泵水位和启泵水位四种。当水箱液面高于溢流水位时，自动报警；发生火灾，消防泵启动，若蓄水池液面达到消防泵停泵水位时，自动报警；水泵发生故障时自动报警。

8.1.2 排水系统

排水系统主要监测、控制点项目包括：排水泵运行状态、排水泵故障状态、排水泵手/自动转换状态、排水泵开/关控制、水流开关状态和集水坑水位监测。集水坑水位开关包括溢流水位、启泵（高）水位、停泵（低）水位、低限报警水位监测等。

（1）启停控制

污水泵启、停控制。根据污废水集水坑（池）水位高低的信号，自动控制污水泵启、停，并自动显示启、停工作状态。

（2）联锁控制

污废水集水坑（池）有启泵水位、停泵水位、报警水位三种。

1）当污废水集水坑（池）水位达到最高限水位时，联锁启动相应水泵；

2）当污废水集水坑（池）水位高于报警水位时，联锁启动相应备水泵，直到水位降至低限水位时联锁停泵。

（3）检测与报警

当污水池液面高于报警水位时，自动报警；工作泵发生故障时，自动报警。

8.1.3 热水系统

热水系统是针对自动燃油/燃气热水器（炉）、热水箱、热水循环泵（回水泵）等设备的监测控制。

热水给水系统主要监测、控制点项目包括：热水泵运行状态、热水泵故障状态、热水泵手/自动转换状态、生活热水给水温度测量、生活热水给水流量测量、生活热水给水压力测量、蒸汽压力测量、蒸汽温度测量、冷凝水温度测量、补水泵的运行状态、补水泵故障状态、补水泵手/自动转换状态、补水泵启停控制、生活热水泵启停控制、蒸汽电动阀控制、水流状态、补水箱水位监测等。补水箱内液位开关包括溢流水位、高水位、低水位、低限报警四个液位开关。

（1）检查和测量

热水供水温度和回水温度。

（2）控制调节

热水循环泵按时间程序启动/停止、热水位控制，冷水加入控制。

（3）故障报警

（4）联锁控制

1）循环泵启动后联锁热水器加热，控制热水温度；

2）发生故障时，备用泵自动投入运行；

3）热水箱水位降至最低线时，联锁开动热水器冷水进水阀，补充水源；热水箱水位达到最高线时，联锁关闭冷水进水阀。

8.1.4 节能管理

无论用户用水量如何变化，水泵都能及时改变运行方式，实现泵房的最佳运行。

水泵节能措施有采用水泵电动机可调速联轴器（调整联轴器，改变水泵转速，达到调节水量作用）；采用调速电动机（由水量变化控制转速）。

8.2 暖通与空调监控及管理系统

8.2.1 空调机组监控

(1) 风机运行控制

送风机采用压差开关监测工作状态。风机启动时，风道内产生风压，送风机的送、回风管压差增大，压差开关闭合，空调机组开始执行顺序启动程序。发生故障时自动报警。

(2) 送/回风温湿度控制

测量送/回风温湿度，显示数据进行水阀开度调节。夏季和冬季采取不同的温度设定值，夏季自动调节冷水阀开度，冬季自动调节热水阀开度。控制温湿度应设定比较参数，在北方冬季自动调节加湿阀开度或控制加湿阀门的启闭。

(3) 新风过滤器两侧压差监测

测量过滤器两端压差，当压差超过限定差压值时，压差开关会自动闭合并报警，提醒清洗过滤器或更换。

(4) 新风回风比例控制

通过测量出的新风回风温、湿度数据进行分析、比较，计算回风和新风焓值，按其比例输出相应的信号控制新风和回风阀的比例，使系统在最佳的新风、回风比例状态下运行，达到节能目的。

(5) 启停控制

风机启动和停止应按预设时间进行。统计机组运行时间，提示定时维修。

(6) 变风量 VAV 系统控制

变风量系统可通过改变风量控制室温，可对各个房间单独控制，具有节能作用。系统控制内容主要有变风量箱控制、变风量机组控制和末端调节风量系统控制。应能调节系统总风量、最小风量、最小新风量以及再加热控制。各控制具体功能如下，见表 8-2。

变风量系统控制 **表 8-2**

变风量箱控制	变风量机组控制	末端调节风量系统控制
通过室温控制器控制电动风阀开度或热水电动阀（冬季），同时可自动调整最大送风量	控制空调机组的阀门开度和送回风机转速，按空气质量传感器显示数据，控制新风、回风和排风阀开度，以控制送回风温、湿度以及送风量和回风量大小	具有补偿系统压力变化的作用

(7) 排风系统

显示风机状态和启停控制，风机过载时报警。

(8) 联锁控制

定风量系统和变风量系统联锁控制见表 8-3；定风量空调机组/变风量空调机组主要监测、控制点项目见表 8-4。

定风量系统和变风量系统联锁控制 表 8-3

系统	联锁控制
定风量系统	启动控制：送风机启动—新风阀开启—回风机启动—排风阀开启—回水调节阀开启—加湿阀开启
	停机控制：送风机停机—关加湿阀—关回水阀—停回风机—全关闭新风阀、排风阀—回风阀全开
	火灾停机控制：由自动控制系统发布停机指令，统一停机
变风量系统	启动控制、停机控制、火灾停机控制同定风量系统
	新风阀、排风阀随风机开或关，防止热水盘管冻坏以及减少停机时进入风道的空气粉尘
	新风管有一次加热时，风机停机连锁控制：切断加热器电源
	风机停机连锁控制：切断蒸汽发生器电源

定风量空调机组/变风量空调机组主要监测、控制点项目表 表 8-4

定风量空调机组监测	变风量空调机组监测
送风机运行状态 送风机故障状态 送风机手/自动转换状态 送风机开/关控制 回风机运行状态 回风机故障状态 回风机手/自动转换状态 回风机开关控制 空调冷冻水/热水阀门调节 加湿阀门调节 新风口风门开度控制 回风口风门开度控制 排风口风门开度控制 防冻报警 过滤网压差报警 新风温度、湿度 室外温度 回风温度、湿度 送风温度、湿度 空气质量	送风机运行状态、送风机故障状态 送风机手/自动转换状态 送风机开/关控制、转速控制 回风机运行状态、回风机故障状态 回风机手/自动转换状态 回风机开关控制、转速控制 空调冷冻水/热水阀门调节 加湿阀门调节 新风口风门开度控制 回风口风门开度控制 排风口风门开度控制 空调机组送风出口（静）压力 送风管末端静压 过滤网压差报警 防冻报警、再热器控制 新风温度、湿度 室外温度、空气质量 回风温度、湿度 送风温度、湿度 末端风量/风速传感器 回风量/风速测量 室内温度传感器 室内静压测量

8.2.2 制冷机组监控

空调制冷装置常用的有压缩式制冷和吸收式制冷。

（1）压缩式制冷

1）测量与记录：包括运行状态显示，运行时间和启动次数记录；冷冻水进出口温度测量、压力测量；冷却水进出口温度、压力测量；水流量测量和冷量计量等。

2）调节控制：包括冷冻水旁通阀压差控制；冷却水温度控制；水箱补水控制；运行台数控制；控制系统留有通信接口。

3）过载报警

4）联锁控制：启动控制（冷却塔—冷却水系统—冷冻水系统—冷水机组）；停止控制（冷水机组—冷冻水系统—冷却水系统—冷却塔）

（2）吸收式制冷

1）测量与记录：包括运行状态显示，运行时间和启动次数记录；运行模式、设定值显示；蒸发器、冷凝器进出口水温测量；制冷剂、溶液蒸发器和冷凝器的温度及压力测量。

2）调节控制：包括运行台数控制；控制系统留有通信接口。

3）报警：过载报警及故障报警。

4）联锁控制：启停控制和水流、水温、结晶的保护。

（3）蓄冰制冷系统

包括运行模式（主机供冷、溶冰供冷与优化控制）参数设置及运行模式的自动转换；蓄冰设备溶冰速度控制，逐级供冷量调节，主机与蓄冰设备供冷能力的协调控制；蓄冰设备蓄冷量显示，各设备启停控制与顺序启停控制。

8.2.3 加热机组监控

（1）锅炉机组监控

电锅炉监测控制点主要包括：锅炉出口热水温度测量、锅炉出口热水压力测量、锅炉热水流量测量、锅炉回水干管压力测量、电锅炉运行状态、电锅炉故障状态、电锅炉开/关控制、热水泵故障状态、热水泵开关控制、热水泵运行状态、热水泵手/自动状态、电动蝶阀开关控制、电动蝶阀开关位置监测等。

1）测量。包括运行状态显示；蒸汽、热水出口压力、温度和流量显示；油压或气压显示，烟气含氧量监测，燃料消耗量记录等。

2）调节控制。包括气泡水位、蒸汽压力、燃烧系统自动调节、运行台数控制等。

3）报警。包括气泡水位、蒸汽压力、设备故障、锅炉房可燃物、有害物质浓度监测报警等。

4）联锁控制（机组启停）。启动控制：水泵—锅炉；停车控制：锅炉—水泵。

（2）热交换器控制

热交换器由锅炉供给蒸汽、加热热水进行换热，提供热水采暖空调或生活用，热水通过水泵送到分水器，由分水器送到空调系统，空调系统回水通过集水器后，进入热交换器加热后循环使用。

热交换系统主要监测、控制点项目包括：二次水循环泵运行状态、二次水循环泵故障状态、二次水循环泵手动/自动状态、二次水循环泵启停控制、二次水出口温度测量、分水器供水温度测量、二次热水回水温度测量、二次热水回水流量测量、二次热水供回水压力测量、补水泵运行状态、补水泵故障状态、补水泵手动/自动状态、补水泵启停控制、一次热水/蒸汽电动阀控制、差压旁通阀门开关控制、热水器二次水入口电动阀控制、膨胀水箱水位监测等。

1）监测：包括热水循环泵运行状态。测量记录温度、流量、压力等参数，过限报警。

2）控制调节：包括热水循环泵启停控制，自动统计设备工作时间，提示定时维修；热交换器能按设定出水温度自动控制一次进汽或水量，保证二次出水温度为设定值。

3）故障报警。

4）联锁控制：包括进汽阀或水阀与热水循环泵联锁控制，由水温调节蒸汽阀门，故障时启动备用泵，泵停止时关闭电动阀；控制系统留有通信接口。

(3) 热交换站控制

1) 监测：温度、水流量、水压差、膨胀水箱液位等。

2) 控制调节：热交换器一次回水、二次供回水压差、补水泵自动控制等；由冷热负荷自动启停热交换器和二次水循环泵的台数等。

3) 联锁控制：启动（二次水循环泵启动—换热器供水管电磁阀开启—次回水调节阀开启）；停车（二次水循环泵停机—次回水调节阀全关—换热器供水管电磁阀关断）

8.2.4 冷却机组监控

包括冷水机组、冷冻水系统、冷却水系统、冷却塔等。

(1) 测量与记录

水流状态、水泵启停状态及运行状态显示；冷却塔风机运行状态显示；系统进出口水温测量、压力和液位的测量。

(2) 控制调节

自动控制冷水机组开启台数、供回水压差等；进出口水温控制；水箱补水控制；水泵运行后，自动监测水流状态，故障停机；水泵运行故障，备用泵自动投入。

(3) 报警

故障报警；冷冻水循环泵和冷却水循环泵过载报警；冷却塔风机过载报警。

(4) 联锁控制

冷水机组和冷却塔风机启停控制。

启动控制：冷却塔蝶阀—冷却水泵—冷冻水泵—冷水机组。

停机控制：冷水机组—冷冻水泵—冷冻水阀—冷却水泵—冷却塔蝶阀—冷却塔风机。

8.2.5 风机盘管和整体式空调机

主要有室内温湿度控制、冷热水阀开关控制、风机变速与启停控制等。

8.2.6 节能控制管理

空调系统运行控制和管理对于节能、合理使用设备、保证空调设备质量等方面有重大的作用。其控制方法有手动控制（在运行设备的各环节上采用人工手动控制）和自动控制（用专用仪表和装置形成的自动调节控制系统，可电动、气动、微机控制等）两种。

空调系统控制管理的主要内容有室温、相对湿度、变风量、新风量、过滤器的堵塞等。采取节能的主要措施有：

(1) 节约热量与冷量

进行焓值控制（维持最低总热量，使得冷水机组负荷最低）；回风热量与冷量再利用；温、湿度设定值调节控制；变风量控制。

(2) 电能节约

运行时间和运行台数控制；风机、水泵调速节能；风机间歇工作；最佳启停时间（确保有人使用时舒适感，需要提前开启时间最短，提前停止时间最长）；加热、通风与冷却的顺序控制，在春秋过渡季节利用室外新风维持空调区域环境处于舒适感。

8.3 电梯监控及管理系统

电梯监控系统是由主控制器、电梯控制屏、显示装置、打印机、远程操作台及串行通信网络构成。其主要监测、控制点项目包括：电梯运行状态、电梯运行方向、所处楼层、故障报警、紧急状态报警、电梯运行开/关控制、消防控制等。

（1）运行控制

1）动态显示电梯运行实时状态（启停、上下以及所停楼层）；

2）按时间程序设定的运行时间表启/停电梯；

3）多台电梯控制管理。根据不同区域、不同的客流量，控制电梯的运行台数。

（2）检测与报警

1）电梯运行异常显示和报警；

2）厅门、厢门、限速器、轿厢上下限以及吊绳轮超速检测与故障报警等。故障报警应显示故障电梯楼层位置、时间、状态（是否有人）等；

3）停电时运行显示和控制；

4）发生火灾、地震等紧急状况时的检测与报警。

（3）与消防、安全防范系统配合

1）电梯系统与消防联动：发生火灾时，普通电梯降到首层放人，电源切断；消防电梯由应急电源供电，在首层待命；

2）电梯系统与安全防范系统联动：接到控制信号后，根据保安级别电梯自动行驶到规定楼层，并实施监控。

8.4 电力供应监控及管理系统

变电、供配电监控系统包括高低压系统、直流系统、变压器、备用发电机系统的有关设备。系统控制作用时，某些断路器或开关会自动接通或分断。其主要监测、控制点项目包括：高压进线柜断路器状态、高压进线柜断路器故障、高压进线电压、高压进线电流、高压出线柜断路器状态、高压出线柜断路器故障、直流操作柜电压、直流操作柜电流、高压联络柜母线联络开关状态、高压联络柜母线联络开关故障、变压器温度、低压进线柜断路器状态、低压进线电压、低压进线电流、低压进线有功功率、低压进线无功功率、低压进线功率因数、低压进线电量、低压联络柜母线联络开关状态、低压联络柜母线联络开关故障、低压配电柜断路器状态、低压配电柜断路器故障、市电/发电转换柜断路器状态、市电/发电转换柜断路器故障等。

（1）监测和记录

电压、电流、功率、变压器等运行参数测量；高低压配电系统、变压器部分、直流电源系统、备用电源系统等设备运行状态、高低压主开关运行状况等的监测；用电量累计、电费计算累计、各种电气设备运行、事故、检修、维护等档案。

（2）调节控制

变压器运行台数自动控制、功率因数补偿控制、停电、复电的节能控制、用电量经济值监控。

（3）报警

高低压主开关运行故障报警；变压器超温报警；故障报警等。

(4) 联锁控制

停电时备用机组按顺序自动合闸，转为正常供配电；备用设备按需要自动投入及切断等。

8.5 照明监控及管理系统

照明监控与节能有很大关系。在大型建筑中它的耗电仅次于空调系统。采用照明监控，与常规相比可节省电30%～50%。照明系统主要监测、控制点包括：室外自然光照度测量、分区（楼层）照明电源开/关控制、分区（楼层）照明电源运行状态、分区（楼层）照明电源故障、分区（楼层）照明电源手/自动状态、航标灯电源开/关控制、航标灯电源故障、航标灯电源手/自动状态、景观灯电源开/关控制、景观灯电源运行状态、景观灯电源故障、景观灯电源手/自动状态、分区（楼层）事故照明电源开/关控制、分区（楼层）事故照明电源运行状态、分区（楼层）事故照明电源故障、分区（楼层）事故照明电源手/自动状态等。

(1) 走廊、楼梯照明

在下班和夜间，除保留值班照明外，其余照明关闭。按预设时间编程控制、监视开关状态。

(2) 办公室照明

充分利用自然光，在不同时间和位置自动调节人工照明光线。

(3) 庭院灯光、停车场照明、泛光照明控制

采用定时控制。

(4) 障碍照明

投光灯的开启要根据室外自然光照度和预定程序控制，并监视开关状态；航空障碍照明应根据当地航空部门要求设定，并由应急照明，要监视开关状态、故障报警。

(5) 应急照明

发生紧急情况时能够自动配合、联锁，确保消防、安全保护、电梯及通道照明用电。

(6) 联动控制

1) 正常照明发生故障时，事故照明配电马上投入运行；

2) 发生火灾时，按预定程序关闭某些区域照明设备，打开应急灯；

3) 安全防范系统报警时，将相应区域照明打开。

8.6 自动抄表监控及管理系统

(1) 系统特点

1) 住宅内安装水、电、气、热等具有信号输出的表具。并将表具计量数据远传至住宅小区物业管理中心，实现自动抄表；

2) 表具采用带远传接口表具：数据可远传到供水、电、气、热相应职能部门；

3) 住户可通过居住区内宽带网或局域网查看表具数据或Internet网上支付费用。

（2）系统功能及要求

1）功能：自动完成数据采集、计费、账单打印工作，避免了入户抄表扰民及被认为读数有误差的缺陷；

2）要求：自动抄表系统应具备计量、控制、显示、报警和多种信息数据等功能，成为智能化综合计量表。

① 定期检验校核，使计量准确可靠；

② 实时检测系统运行情况，故障时报警；

③ 可随时查询、统计打印表具读数和费用，并且可在网上支付费用；

④ 水、电、气、热职能部门可通过宽带网或 Internet 网查看表具数据，发出交费通知。

（3）系统类型

自动抄表系统包括预付费表具自动计量计费和远程自动抄表系统两类。其组成和计量使用方式见表 8-5。

常见自动抄表系统 表 8-5

类　型	组　成	计量使用方式
预付费表具自动计量计费系统	IC 卡热量表、集中抄表器、计算机热能量信息管理系统	到银行买卡或续钱，将卡插入住户表具控制箱，卡上数据被读取确认有效后，方正常使用。当卡上金额不足（或为零）时，提示交钱（或自动关闭阀门）。只有再插入有效卡才能继续使用
远程自动抄表系统	各种表具、采集器、传输系统、物业管理系统主机	由采集器采集各表具读数转换成的脉冲信号数据并保存，当物业管理系统主机发出读数指令时，采集器立刻传送，主机将接收数据、计费、统计、查询、打印和结果分别传送到各相应职能部门的计算机上

思　考　题

1. 设备监控包括哪些系统？
2. 暖通空调系统管理要求和节能措施有哪些？
3. 电梯监控与管理有哪些方面？
4. 照明控制与管理有哪些方面？

9 消防系统

教学目标：了解火灾形成和灭火介质；掌握消防报警系统构成、有关装置以及消防系统联动控制；熟悉防火门、卷帘门、防排烟、消防专用通信系统、消防电梯等联动设备；了解消防报警与联动装置有关知识。

9.1 火灾自动报警系统

火灾自动报警系统是一个独立的系统，发生火灾时直接发出报警信号并通过消防联动装置自动灭火。

9.1.1 概述

(1) 火灾形成原因

1) 人为造成火灾（包括蓄意纵火）。

2) 电器事故造成火灾。

3) 可燃气体发生爆炸。

4) 可燃固体发生爆炸。

5) 可燃液体发生爆炸。

(2) 消防用水及其他灭火介质

针对不同发生火灾原因，消防采取的灭火介质也有所不同。

1) 消防用水：用水灭火是消防主要灭火形式，在大面积火灾情况下，优先考虑用水灭火。

2) 泡沫灭火剂：可扑灭非水溶剂性可燃液体及一般固体火灾。

3) 干粉灭火剂：扑灭一般带电设备发生的火灾。

4) 二氧化碳灭火剂：可扑救各种易燃液体火灾、气体火灾、电气火灾等，如电器火灾以及高层建筑中的重要设备、计算机机房、广播电视机房、图书馆、珍藏库、重要写字楼、科研楼及档案楼等。

5) 卤代烷灭火剂：可扑救各种易燃液体火灾、电器设备火灾；但不适于扑救金属、金属氢化物及能在惰性介质中自身供氧燃烧的物质火灾。

(3) 消防系统构成

建筑消防系统是以建筑物或高层建筑物为被控对象，通过自动化手段实现火灾的自动报警及自动扑灭。建筑消防系统具备自动监测火情、自动报警、自动灭火的自动化特征。它由自动监测、自动报警系统及自动灭火系统（包括自动灭火与减灾系统）构成，见图 9-1。

9.1.2 消防报警装置

(1) 火灾探测器

火灾探测器是探测火灾信号，并将火灾的特征物理量如烟雾浓度、温度、气体和辐射

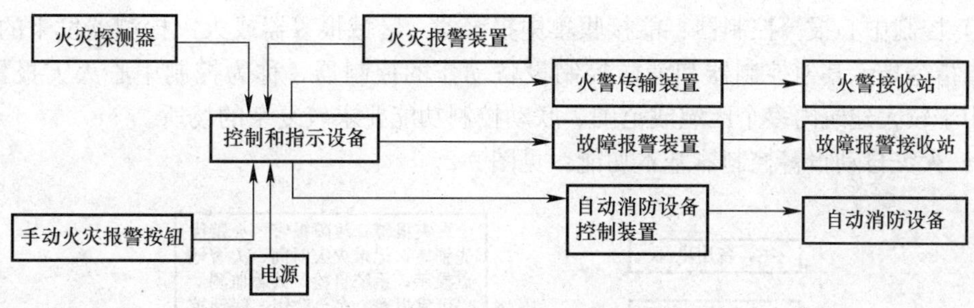

图 9-1 消防系统工作示意图

光强等特征转换成电信号及时发送给报警控制器的一种装置。它是组成各种火灾自动报警系统的重要组件，是消防报警系统的“感觉器官”。

按探测到的火灾参数产生的电信号不同，火灾探测器可分为感烟型、感温型、感光型、气体和复合式等几大类。

1）感烟型火灾探测器：感烟型火灾探测器是对燃烧或热介质产生的固体或液体微粒响应的一种探测器。一般用于探测火灾初期，广泛用于建筑工程中。

2）感温型火灾探测器：感温型火灾探测器是对警戒范围内某一点或某一线段周围的温度参数（异常高温、异常温差、异常升温速率）敏感响应的火灾探测器。主要是用于因环境条件而使感烟型探测器不宜使用的某些场所，作为早期报警探测器其使用程度仅次于感烟型探测器，感烟型和感温型两种探测器常复合使用，构成复合式探测器。

3）感光型火灾探测器：感光型火灾探测器是响应火焰辐射出的红外、紫外和可见光的火灾探测器。是唯一能在户外使用的探测器，特别适用于突然起火无烟的易燃易爆的场所。

4）气体火灾探测器：气体火灾探测器是响应燃烧或热解产生的气体的火灾探测器。对物质燃烧初期产生的烟气体或易燃易爆场所泄露的可燃气体进行探测，以预防火灾和爆炸的危险发生。

5）复合式火灾探测器：复合式火灾探测器是响应两种以上火灾参数的火灾探测器。在同一时间段同时对火灾过程中的烟雾、温度等多个参数进行探测和综合数据处理。主要有感温感烟型、感光感烟型和感光感温型等。

（2）火灾自动报警控制器

火灾自动报警控制器是用来为火灾探测器供电、接收火灾信号，并通过火警发送装置准确、迅速启动火灾报警信号或通过自动消防灭火控制装置启动自动灭火设备和消防联动控制设备的一种装置。它能显示火灾部位、记录相关信息。

火灾自动报警控制器有区域火灾报警控制器、集中火灾报警控制器和控制中心火灾报警控制器之分。

1）区域报警控制器：能直接接收火灾探测器发来的报警信号的单路或多路火灾报警控制器，称为区域火灾报警控制器。用于较小建筑或范围、对联动控制功能要求简单或有联动控制功能的场所。

2）集中报警控制器：能接收区域报警控制器或火灾探测器发来的信号，并能发出某些控制信号指示区域报警控制器动作的控制器称为集中火灾报警控制器。用于较大建筑内多个区域或范围、联动控制功能要求较复杂的场所。

3）控制中心报警控制器：能接收集中报警器、区域报警器或火灾探测器发来的信号，并发出指令指示其他控制器和消防控制设备动作的控制器，称为控制中心火灾报警控制器。用于较大建筑内多个区域或范围、联动控制功能要求较复杂的场所。

4）火灾自动报警控制器基本功能：见图 9-2。

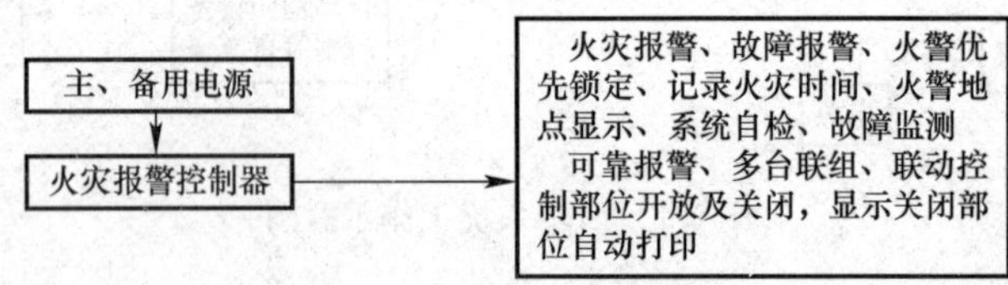

图 9-2 火灾报警控制器基本功能

9.2 消防联动装置

消防联动装置是指在火灾报警信号发出后应进行的一系列手动或自动的、配合消防灭火、安全疏散等同步动作的控制装置。消防联动装置包括各种消防系统的控制、防火门和防火卷帘系统控制、防排烟系统控制、消防专用通信与广播系统控制、火灾应急照明控制、消防电梯控制等。

9.2.1 消防系统

消防控制中心的设备一般应具备下列控制和显示功能：控制消防设备的启停，显示工作状态；消防水泵、防排烟和排烟风机启停，自动和手动控制；显示火灾报警、故障报警部位；显示重点保护部位、疏散通道及消防设备所在位置平面图或模拟图等；显示系统供电电源的工作状态；消防控制室在确认火灾后，应能切断有关部位的非消防电源，并接通警报装置及火灾应急照明灯和疏散标志灯；控制电梯全部停于首层，并接受反馈信号。设置符合控制程序要求的火灾警报与紧急广播控制装置。

(1) 水灭火消防系统

包括消火栓系统、自动洒水系统和水幕消防系统。

1）消火栓系统：消防联动装置要求消火栓系统能够控制消防水泵的启停、显示消防泵按钮位置以及能够反映消防泵工作和故障状态。

消火栓系统的启停可以采取的控制形式：

① 远距离控制：由消防控制中心发出主令信号控制消防水泵的起停；由报警按钮控制消防水泵的启停；由水流报警启动器控制消防水泵的启停；

② 就地控制，在消火栓处设置启动消防泵的按钮；

③ 由消防水泵控制电路启停。

2）自动洒水系统：消防联动装置要求自动洒水系统能够控制启停、显示消防泵的工作、故障状态以及报警阀、闸阀和水流指示器的工作状态。

湿式和干式自动洒水系统是采用报警阀控制消防水流，主要对喷淋泵的启、停进行控制。当消防管网有水流动时，水流指示器将水流状态转换为电信号或开关信号，通过报警系统传送到消防中心控制室，由消防中心控制室发出指令对喷淋泵联动控制。

雨淋式自动洒水系统主要采用雨淋阀控制消防水流。

预作用式自动洒水系统是在火灾报警同时，通过联动控制水喷淋系统管网排气阀，预先排出管网中压缩空气，使消防水迅速进入管网。

3）水幕消防系统：消防联动装置对水幕消防系统的要求同自动洒水系统。水幕消防系统的启动可以采取的控制形式：

① 用闭式喷头启动水幕的控制阀；

② 电动控制阀启动水幕系统；

③ 手动控制阀启动水幕系统。

（2）CO_2 和卤代烷灭火系统（有管网）

1）CO_2 灭火系统：CO_2 灭火系统是由二氧化碳钢瓶、容器阀、管路、选择阀、喷嘴、气动启动器等组成。可分为单元独立型系统和组合分配型系统，见图 9-3 和图 9-4。当火灾发生时，探测器动作将火灾信号传到消防中心，消防监控设备（或手动）控制联动装置动作，一方面火灾报警，另一方面发出指令启动 CO_2 储存容器，CO_2 通过管道经喷嘴释放灭火。

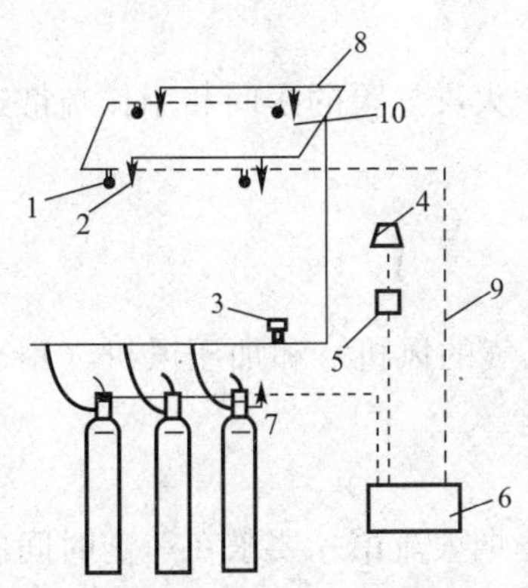

图 9-3 单元独立型 CO_2 灭火系统

1—火灾探测器；2—喷嘴；3—压力继电器；4—报警器；5—手动按钮启动装置；6—控制器；7—电动启动器；8—CO_2 输气管道；9—控制电缆线；10—被保护区域

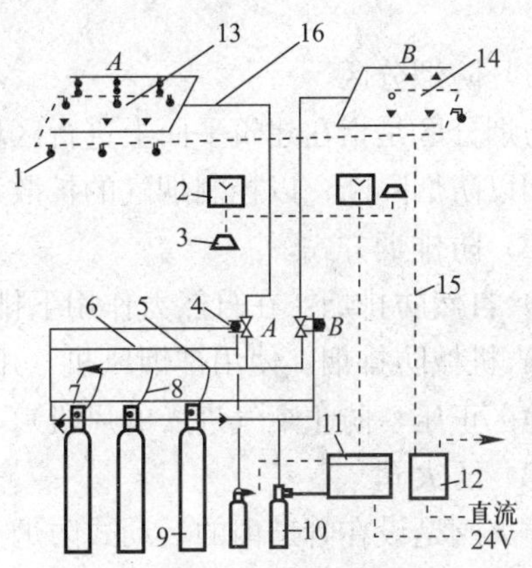

图 9-4 组合分配型 CO_2 灭火系统

1—火灾探测器；2—手动按钮启动装置；3—报警器；4—选择器；5—总管；6—操作管；7—安全阀；8—连接管；9—贮存容器；10—启动用气体容器；11—报警控制装置；12—控制盘；13—被保护区 1；14—被保护区 2；15—控制电缆线；16—CO_2 支管

2）卤代烷灭火系统：卤代烷灭火系统主要用于可燃气体、液体、固体、电气、热塑性塑料产生的火灾。它是由卤代烷供应源、喷嘴和管路组成。目前用的有 1211 卤代烷、1301 卤代烷。因卤代烷的制造对地球有破坏作用将要被淘汰。

3）联动控制：联动控制可显示 CO_2 和卤代烷灭火系统手动、自动的工作状态；系统的紧急启动和切断装置的控制；在报警、启动、喷射等各阶段，有声、光报警信号并能手动解除声响信号；火灾探测器联动的控制设备有延时装置，在延时阶段，能自动关闭防火门、窗，停止通风、空调系统。

9.2.2 防火门、防火卷帘系统

（1）防火分区

分为水平防火分区和垂直防火分区。目的是防止烟火蔓延扩大，为救火创造有利

条件。

(2) 防火门

设置在防火墙上、楼梯间出入口或管道井开口部位，要求在一定时间内保证耐火稳定性和完整性，达到隔烟、隔火功能。

(3) 防火卷帘

设置在建筑物中防火分区通道口处。由于建筑敞开电梯厅以及一些公共建筑因面积过大，超过了防火分区最大允许面积的规定，设置防火墙、门有困难时采用防火卷帘。要求在一定时间内保证耐火稳定性和完整性，达到隔烟、隔火功能。

在疏散通道上的电动防火卷帘采取两次控制下落方式。第一次由感烟探测器控制下降至距地 1.8 米处；第二次由感温探测器控制下落至底。用于防火分隔的卷帘，由火灾探测器控制直接降落到底。

9.2.3 防排烟系统

防排烟系统是指可以阻隔烟气、防止其在建筑物内蔓延，并排出建筑物内烟气的系统。

(1) 防烟分区

防烟分区是指在建筑平面上进行区域划分，对发生火灾危险的房间和用作疏散通路的走廊加以防烟隔断，以控制烟气的扩散和蔓延。

(2) 防排烟方式

1) 自然防排烟：在自然力作用下排烟。

2) 机械防排烟：使用排烟风机（用来排出烟和热气的风机）和加压风机（用来造成某些地区正压，防止烟气进入的风机）。

(3) 防火阀

防火阀是设在管道内的活动式防烟火装置。可阻隔烟火流窜。要求在一定时间内保证耐火稳定性和完整性。

(4) 排烟阀（送风口）

排烟阀（送风口）设在建筑物外墙或排烟管道上，用来排烟和加压送风。

(5) 挡烟垂壁

挡烟垂壁装在吊顶下，能对烟和热气横向流动造成障碍的垂直分隔体。用于高层建筑分区走道和净高不超过 6m 的公共活动用房等。

(6) 电动安全门

电动安全门为火灾逃生用门，可电动或手动打开。

(7) 联动控制

火灾报警后，停止有关部位空调送风，关闭电动防烟阀、挡烟垂壁；启动防排烟风机，打开排烟阀（送风口）、安全电动门；接受反馈信息。

9.2.4 消防专用通信与广播系统

在消防控制中心设有广播通信专用柜，包括火灾事故广播系统和对讲系统。

(1) 火灾事故广播系统

当大楼的某层发生火灾时，一般不能采用整个建筑物火灾事故广播系统全部启动的方式，而是按事先制定的疏散程序和实施火灾扑救的步骤，对有关楼层进行事故广播，也不能只告诉火灾发生，以免引起大楼内人员疏散秩序混乱，造成二次伤害。一般首层起火，先通知该层、二层和地下室；二层及二层以上发生火灾，先通知起火层和相邻上、下层；地下室发生火灾，先通知地下室和首层。含多个防火分区的单层建筑，应先接通着火的防火分区及其相邻的防火分区。

火灾事故广播系统需单独设置，从经济角度看，火灾事故广播与服务业务广播可以合二为一，这就要求火灾发生时，消防控制中心具有遥控和开启广播系统功能，并能将业务广播自动转入火灾事故紧急广播状态，监控其工作状态。消防控制中心必须昼夜 24 小时值班。

（2）消防专用电话系统

消防专用电话系统是供消防报警专用的、与普通电话分开的独立通信系统。消防控制中心设置消防专用电话总机。消防专用电话系统宜设在消防联动控制房间、消防控制系统操作控制室以及总调度室、值班室等。

（3）对讲电话插孔

对讲电话插孔应为独立消防对讲系统，设置在手动报警按钮处、消火栓按钮处、避难场所等墙上，安有不间断电源，保持不间断的工作状态。

9.2.5 火灾应急照明

火灾发生时，为了避免事故进一步扩大，必须切断全部或部分区域的正常照明，改为火灾应急照明。火灾应急照明包括备用照明、疏散照明和安全照明。

（1）备用照明

指正常照明失效时，为继续工作而设的照明。如公共建筑和高层建筑内设置的火灾应急照明。

（2）疏散照明

指发生火灾时为安全撤离室内人员而设的照明。包括设置标志、提示标志、疏散标志、疏散指示控制等。疏散照明应设置在建筑物内的疏散走道、公共出口以及防排烟控制箱、手动报警器、手动灭火装置等处。如建筑物疏散走道、影剧院、体育馆、多功能礼堂等处设置的火灾应急照明。

（3）安全照明

指在火灾时，因正常电源突然中断将导致人员伤亡而设置的照明。如医院内的重要手术室、急救室等处设置的火灾应急照明。

9.2.6 消防电梯联动装置

消防电梯是发生火灾时供消防队用的电梯，是高层建筑垂直营救疏散、消防登高扑救火灾的主要设施。应具有耐火封闭结构、防烟前室以及专用电源。消防电梯间前室靠外墙设置，首层设置专用消防按钮，消防电梯应分别设置在不同防火区内。

消防控制中心确认火灾后，发出控制信号，所有电梯会被强制全部停于首层，切断普通电梯电源，并接受反馈信息。同时接通警报装置、火灾应急照明和疏散指示灯等。

9.2.7 其他

（1）避难空间

避难空间包括避难楼梯、避难口、避难阳台、避难层等。

(2) 应急插座

应急插座为供消防用电插座，要保证可靠使用性。

(3) 应急电源

应急电源是供消防用电电源，要保证可靠使用性。

思 考 题

1. 火灾形成的原因及灭火措施有哪些?
2. 火灾监测、报警装置有哪些?
3. 火灾联动装置包括哪些内容?
4. 各种消防系统联动控制内容有哪些?
5. 消防系统管理与维护的要求和内容有哪些?

10　安全防范系统

教学目标：掌握安全防范各系统有关概念、功能，了解相关标准和常见设施。

安全防范系统是根据建筑物使用功能、建设标准及安全防范管理的需要，综合运用电子信息技术、计算机网络技术、安全防范技术等，构成先进、可靠、经济、配套的安全技术方法体系。

《智能建筑设计标准》GB 50314—2000 规定：安全防范系统应根据被保护对象的风险等级，确定相应的防护等级，满足整体纵深防护和局部纵深防护的要求，以达到所要求的安全防范水平。安全防范系统有集成式安全防范系统、综合式安全防范系统和组合式安全防范系统三种结构模式。上述各种模式构成的安全防范系统均应设置紧急报警装置，并留有与外部公安 110 报警中心联网的通信接口。安全防范系统设计标准要求见表 10-1。本章未说明的设计标准皆引自《智能建筑设计标准》GB 50314—2000

安全防范系统设计标准　　表 10-1

集成式安全防范系统	综合式安全防范系统	组合式安全防范系统
应设置安全防范系统中央监控室。应能通过统一的通信平台和管理软件将中央监控室与各子系统设备联网，实现由中央控制室对全系统进行信息集成的自动化管理	应设置安全防范系统中央监控室。应能通过统一的通信平台和管理软件将中央监控室与各子系统设备联网，实现由中央控制室对全系统进行信息集成的集中管理和控制	应设置安全技术防范管理中心（值班室）。各子系统分别单独设置，统一管理
应能对各子系统的运行状态进行监测和控制，应能对系统运行状况和报警信息数据等进行记录和显示。应设置必要的数据库	应能对各子系统的运行状态进行监测和控制，应能对系统运行状况和报警信息数据等进行记录和显示	各子系统应能对系统的运行状况进行监测和控制，并能提供可靠的监测数据和报警信息
应建立以有线传输为主、无线传输为辅的信息传输系统。中央控制室应能对信息传输系统进行检测，并能与所有重要部位进行通信联络。应设置紧急报警装置	应建立以有线传输为主、无线传输为辅的信息传输系统。中央控制室应能对信息传输系统进行检测，并能与所有重要部位进行通信联络。应设置紧急报警装置	各子系统应能对系统的运行状态和重要报警信息进行记录，并能像管理中心提供决策所需要的主要信息
应留有多个数据输入、输出接口，应能连接各安全防范子系统管理计算机。应留有向外部公安报警中心联网的通信接口。应能连接上位管理计算机，以实现更大规模的系统集成	应留有多个数据输入、输出接口，应能连接各安全防范子系统管理计算机。应留有向外部公安报警中心联网的通信接口	应设置紧急报警装置，应留有向外部公安报警中心联网的通信接口

安全防范的三种基本防范手段包括人防、物防和技防。基础的人力防范手段（人防）是利用人们自身的传感器（眼、耳等）进行探测，发现妨害或破坏安全的目标，作出反应；用声音警告、恐吓、设障、武器还击等手段来延迟或阻止危险的发生，在自身力量不足时还要发出求援信号，以期待做出进一步的反应，制止危险的发生或处理已发生的危

险。实体防范（物防）的主要作用在于推迟危险的发生，为“反应”提供足够的时间。现代的实体防范，已不是单纯物质屏障的被动防范，而是越来越多地采用高科技手段，一方面使实体屏障被破坏的可能性变小，增大延迟时间；另一方面也使实体屏障本身增加探测和反应的功能。技术防范手段可以说是人力防范手段和实体防范手段的功能延伸和加强，是对人力防范和实体防范在技术手段上的补充和加强。

目前，安全防范技术通常分为物理防范技术、电子防范技术和生物统计防范技术三大类。物理防范技术主要指实体防范技术，如建筑物和实体屏障以及与其相配套的各种实物设施、设备和产品（如门、窗、柜、锁等）；电子防范技术主要是指应用于安全防范的电子、通信、计算机与信息处理及其相关技术，如：电子报警技术、视频监控技术、出入口控制技术、计算机网络技术以及其相关的各种软件、系统工程等。生物统计学防范技术是法庭科学的物证鉴定技术和安全防范技术中的模式识别相结合的产物，主要是指利用人体的生物学特征进行安全技术防范的一种特殊技术门类，现在应用较广的有指纹、掌纹、眼纹、声纹等识别控制技术。

安全防范的三个基本要素是：探测、延迟与反应。探测是指感知显形和隐形风险事件的发生并发出报警；延迟是指延长和推延风险事件发生的进程；反应是指组织力量为制止风险事件的发生所采取的快速行动。在安全防范的三种基本手段中，要实现防范的最终目的，都要围绕探测、延迟、反应这三个基本防范要素开展工作、采取措施，以预防和阻止风险事件的发生。三种防范手段在实施防范的过程中，所起的作用会有所不同。

10.1 出入口控制系统

出入口控制系统也称门禁管理控制系统，是指能根据建筑物的安全技术防范管理的需要，对需要控制的各类出入口，按各种不同的通行对象及其准入级别，对其进出实施实时控制与管理，并具有报警功能的系统。该系统能与火灾自动报警系统联动。

10.1.1 系统组成与主要设备

出入口控制系统是由识别卡、电动锁、控制器、读卡器、出门按钮、上位 PC 机、指示灯、管理软件等组成，见图 10-1。

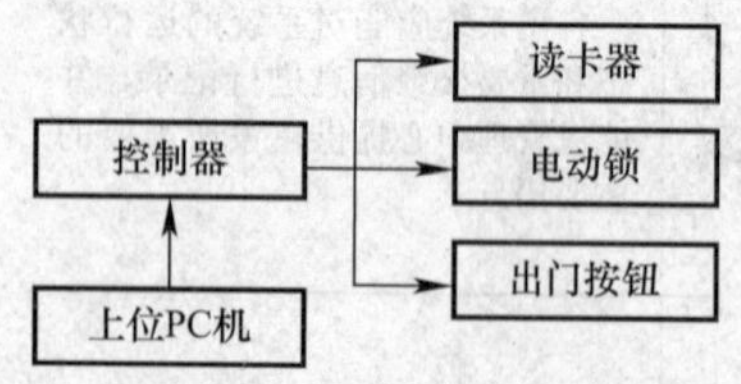

图 10-1 出入口控制系统图示

（1）识别卡

识别卡有接触卡和非接触卡两种。接触卡必须插入读卡器或在槽中划动才能使用。非接触卡只需靠近读卡器就可检验传递信息。常用的有磁卡、IC 卡等。

（2）电动锁

根据不同级别要求可设置不同的电动锁，常见的有电阴锁、电阳锁、电磁锁、电插锁等。

（3）控制器

识别进门卡有效性，控制门的开关。

（4）读卡器

读卡器有接触式和非接触式两种。将读卡信息传给控制器，并接受控制器反馈信息而动作。

（5）上位PC机

上位PC机对系统所有设备和数据进行管理。

10.1.2　门禁系统的分类及优缺点

（1）门禁系统按进出识别方式分类

1）密码识别：通过检验输入密码是否正确来识别进出权限。这类产品又分为：

① 普通型：优点是操作方便，无须携带卡片；成本低。缺点是同时只能容纳三组密码，容易泄露，安全性很差；无进出记录；只能单向控制。

② 乱序键盘型（键盘上的数字不固定，不定期自动变化）：优点是操作方便，无须携带卡片，安全系数稍高。缺点是密码容易泄露，安全性还是不高；无进出记录；只能单向控制；成本高。

2）卡片识别：通过读卡或读卡加密码方式来识别进出权限。按卡片种类又分为：

① 磁卡：优点是成本较低；一人一卡，安全一般，可连微机，有开门记录。缺点是卡片、设备有磨损，寿命较短；卡片容易复制；不易双向控制；卡片信息容易因外界磁场丢失，使卡片无效。

② 射频卡：优点是卡片与设备无接触，开门方便安全；寿命长，理论数据至少十年；安全性高，可连微机，有开门记录；可以实现双向控制；卡片很难被复制。缺点是成本较高。

3）生物识别：通过检验人员生物特征等方式来识别进出。有指纹型，虹膜型，面部识别型。优点是从识别角度来说安全性极好；无须携带卡片。缺点是成本很高。识别率不高，对环境要求高，对使用者要求高（比如指纹不能划伤，眼不能红肿出血，脸上不能有伤，或胡子的多少），使用不方便（比如虹膜型的和面部识别型的，安装高度位置一定了，但使用者的身高却各不相同）。

（2）门禁系统按设计原理分类

1）控制器自带读卡器（识别仪）：这种设计的缺陷是控制器须安装在门外，因此部分控制线必须露在门外，内行人无须卡片或密码可以轻松开门。

2）控制器与读卡器（识别仪）分体的：这类系统控制器安装在室内，只有读卡器输入线露在室外，其他所有控制线均在室内，而读卡器传递的是数字信号，因此，若无有效卡片或密码任何人都无法进门。这类系统应是用户的首选。

（3）门禁系统按与微机通信方式分类

1）单机控制型：这类产品是最常见的，适用于小系统或安装位置集中的单位。常用于酒店、宾馆。

2）采用总线通信方式：它的优点是投资小，通信线路专用。缺点是由于受总线负载能力的约束，系统规模一般比较小；无法实现真正意义上的实施监控；受总线传输距离影响（总线理论上可达1200m，但实际施工中能达到400～600m就已算比较远了），不适用于点数分散的场合。另外一旦安装好就不能方便地更换管理中心的位置，不易实现网络控制和异地控制。

3）以太网网络型：这类产品的技术含量高，它的通信方式采用的是网络常用的TCP/IP协议。这类系统的优点是控制器与管理中心是通过局域网传递数据的，管理中心位置可以随时变更，不需重新布线，很容易实现网络控制或异地控制。适用于大系统或安装位置分散的单位使用。这类系统的缺点是系统的通信部分的稳定需要依赖于局域网的稳定。

10.1.3 系统设计标准

出入口控制系统设计标准 表 10-2

甲级	乙级	丙级
根据建筑物安全技术防范要求，对楼内（外）通行门、出入口、通道、重要办公室门等处设置出入口控制装置，系统应对被设防区域位置、通过对象及通过时间等进行实时控制和设定多级程序控制，系统应有报警功能	根据建筑物安全技术防范要求，对楼内（外）通行门、出入口、通道、重要办公室门等处设置出入口控制系统，系统应对被设防区域位置、通过对象及通过时间等进行实时控制和设定多级程序控制，系统应有报警功能	根据建筑物安全技术防范要求，对楼内（外）通行门、出入口、通道、重要办公室门等处设置出入口控制装置（系统），系统应对被设防区域位置、通过对象及通过时间等进行实时控制和设定多级程序控制，系统应有报警功能
出入口识别装置和执行机构应保证操作的有效性	出入口识别装置和执行机构应保证操作的有效性	出入口识别装置和执行机构应保证操作的有效性
系统的信息处理装置应能对系统中的有关信息自动记录、打印、贮存，并有防篡改和防销毁等措施	系统的信息处理装置应能对系统中的有关信息自动记录、打印、贮存，并有防篡改和防销毁等措施	系统的信息处理装置应能对系统中的有关信息自动记录、打印、贮存，并有防篡改和防销毁等措施
应自成网络，独立运行，应能与电视监控系统、入侵报警系统联动，应与火灾自动报警系统联动	应自成网络，独立运行，应能与电视监控系统、入侵报警系统联动，应与火灾自动报警系统联动	应能与入侵报警系统联动，系统应与火灾自动报警系统联动
应能与安全技术防范系统中央监控室联网，实现中央监控室对出入口进行多级控制和集中管理	应能与安全技术防范系统中央监控室联网，满足中央监控室对出入口进行集中管理和控制的有关要求	应能向管理中心提供决策所需要的主要信息

10.1.4 系统功能

1）系统设定各种卡进入各类门口的权限和每个电动锁开启时间。

2）系统可跟踪任何进门卡，并能实时收到所有读卡记录。

3）门内人员可用手动按钮开门。

4）门禁系统管理人员可使用钥匙开门。

5）在特殊情况下可由上位机指令控制门的开关。

6）持有识别卡的人刷卡，控制器确认有效后，开启电动锁。如果门在设定时间内没有关上，系统将发出警报。如果控制器确认无效，系统也将发出警报。

7）当控制器没有收到读卡信息或没有接到开门按钮信号时，检测到门被打开时，系统将发出警报。

8）门故障时发出警报。

9）对某时间段内人员的出入状况或某人的出入状况可实施统计、查询和打印。

10.1.5 控制方式

（1）门磁开关

设置在一般通行的门上。

(2) 门磁开关和电动锁

设置在需要监视和控制的门上。

(3) 门磁开关、电动锁、读卡器或键盘等出入口控制装置

设置在需要监视、控制和身份识别的门或有通道的高保安区（金库门、主要设备控制中心机房、计算机房、配电房）的门上。

10.1.6 示例

某小区的门禁管理系统采用 Motorola 门禁系统，所有的感应式门禁控制器，通过 RS485 通信线、经过 WG2002 微处理系统将资料接入计算机，形成一个网络系统。在计算机上使用 WG2002 软件对系统的主机配置、网络配置、编辑权限设定、门开关时间表、持卡人个人信息资料及个人进出时间表、个人进出权限、系统控制点的参数设定编辑。

门禁控制的现场控制器选择 Motorola 的 WG2002 控制读卡门，控制方式为单向刷卡控制开门。内部人员进入可以刷卡，读卡器读取卡片信息，传给门禁现场控制器 WG2002，判断是否有效，如卡片有效，现场控制器输出控制信号开启门，经过一定延时，门会自动关闭。如果门没有自动关闭，现场控制器通过通信网络输出报警信息给保安控制中心，控制计算机会产生声音报警，并显示相应的门状态；如卡片无效，现场控制器将信息传给保安控制中心，控制计算机也会产生声音报警，并显示相应的报警信息。同时控制计算机可以发出报警信号传给智能信息管理控制系统，控制闭路电视监控系统，切换监控、显示画面，以便查看现场情况，实现报警系统联动，提高系统的防范性能。

10.2 访客与紧急呼救系统

智能小区内一般设置小区中心对讲系统，具有管理中心主机、对讲主机、对讲分机三方通话功能，集通信、报警、管理、防盗于一体，为多功能实时小区报警管理系统。

10.2.1 系统组成和主要设备

(1) 访客对讲系统

访客对讲系统是由对讲主机、对讲分机、电子密码锁、电源和管理中心主机、监控分机等组成。

在住宅单元门口设有一个电子密码锁，每户可在家中开锁。来访者按动大门对讲主机板上房间号，被访者家中振铃发出声响，户主摘机与来访者通话确认身份后，按动对讲分机遥控大门开启。该系统有报警和求助装置，可通过对讲分机与保安人员联系，获得救助。

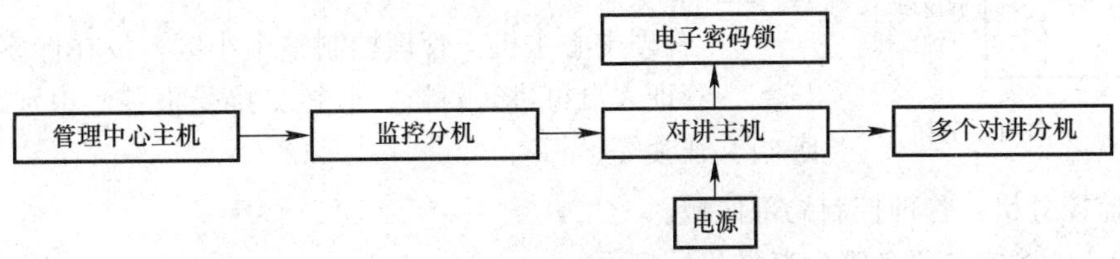

图 10-2 访客对讲系统框图

（2）访客可视对讲系统

该系统除了有一般对讲系统设备以外，在大门口还设置了摄像机、住户对讲分机处设置了显示屏以及相关辅助设施。当来访者按动大门主机板上房间号时，摄像机自动开启，住户通过家中显示屏确认来者身份，再按动对讲分机，遥控开关打开大门。

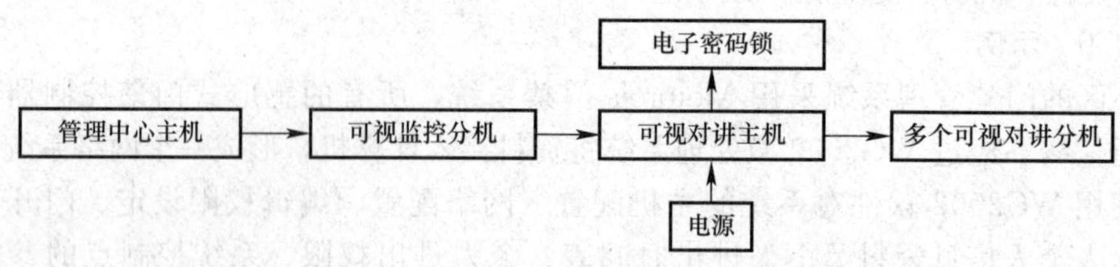

图 10-3 访客可视对讲系统框图

（3）主要设备

1）对讲主机：见图 10-4，主机上有多个按钮对应于各住户，来访者可直接按动。

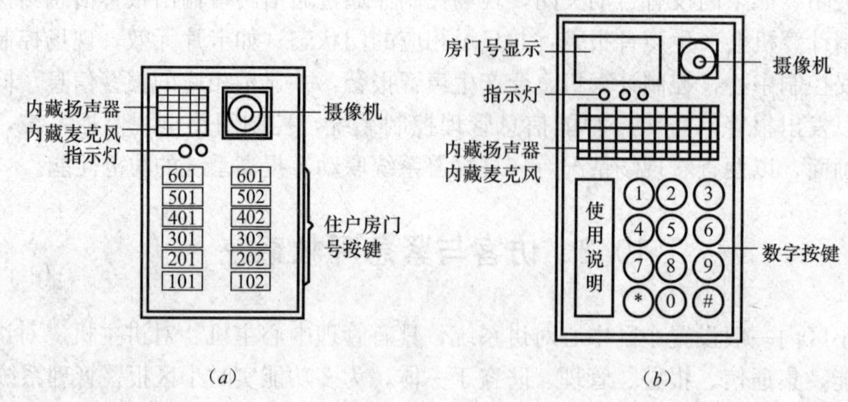

图 10-4 对讲主机

（*a*）按键式；（*b*）数字式

2）可视对讲分机：见图 10-5，用于住户确认访客身份或与管理中心人员通话、开门、呼叫等。

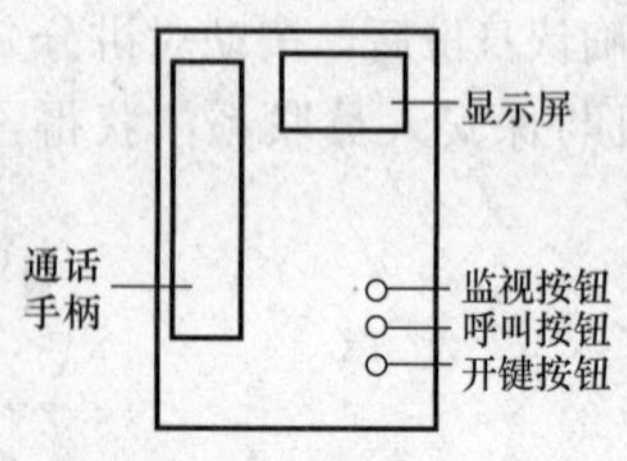

图 10-5 室内对讲分机

3）电子密码锁：受控于住户和物业管理人员。进出门后可自动关闭。

4）电源：一般 220V 交流电压，输出 12V 直流电压，有备用电源。

5）管理中心主机：管理控制整个小区，设在保安人员值班室。管理人员可进行对讲、监控、接受报警、识别、记忆、呼叫、开锁等。

6）监控分机：管理控制局部区域。

10.2.2 访客与紧急呼救系统设计标准

访客与紧急呼救系统设计标准可参考表 10-3。

访客与紧急呼救系统设计标准 表 10-3

A级（领先型）	B级（先进型）	C级（普通型）
每户室内应设置紧急呼救按钮两个以上，居住人员可向中心保安值班室直接报警，并准确显示报警地点。在电梯内应设置紧急联络装置	每户室内应设置紧急呼救按钮两个以上，居住人员可向中心保安值班室直接报警，并准确显示报警地点。在电梯内应设置紧急联络装置	每户室内应设置紧急呼救按钮两个以上，居住人员可向中心保安值班室直接报警，并准确显示报警地点。在电梯内应设置紧急联络装置
应设置防护门可视对讲系统，并应具有楼内居住人员遥控开启楼门入口的控制装置	应能使来客与楼内居住人员双向通话功能和预留可视对讲的功能，并应具有能使楼内居住人员遥控开启楼门入口的控制装置	设置防护门对讲系统，并预留可视对讲功能，应具有能使楼内居住人员遥控开启楼门入口的控制装置
应与计算机安全综合管理系统联网，计算机系统能对该系统进行集中管理和控制	应与计算机安全综合管理系统联网，计算机系统能对该系统进行集中管理和控制	
用户发出紧急呼救信号后，系统自动开启相关连锁的摄像机，录像机，并记录有关信息		

10.3 电视监控系统

电视监控系统是指能根据建筑物的安全技术防范管理的需要，对必须进行监控的场所、部位、通道等进行实时、有效的视频探测、视频监视、视频传输、显示和记录，并具有报警和图像复核功能的系统。

10.3.1 系统的组成与主要设备

（1）摄像部分

包括摄像机、镜头、摄像机防尘罩等。

1）摄像机最好采用高于一般清晰度的摄像机，以45°线为宜。为获得满意的图像，所需照度应比最低照度大的多，即采用低照度的摄像机以及采用辅助灯光。

2）为了观察远距离目标，需采用较长焦距的镜头。

3）使用全天候摄像机防尘罩，既可自动加温又可自动降温，并且功耗很小。

（2）传输摄像部分

包括视频分配器、视频放大器、传输电缆等。

1）视频分配器就是将一路视频信号变换成多路信号，并把多路信号传送给显示与控制设备。

2）视频放大器用于长距离传输时放大视频信号，避免因信号输出损失和衰减而影响图像质量。

3）视频信号的传输以有线方式传输为宜。用于短距离视频信号输出时采用同轴电缆；用于远距离视频、控制信号传输时采用光缆。

（3）控制部分

包括电动云台、云台控制器、多功能控制器等。

1）电动云台为放置摄像机的转动平台，可加大摄像机监视范围。

2）云台控制器用于遥控摄像机、电动云台的各种动作及各辅助设施的运行，分为水平云台和全方位云台控制器两种。

3）多功能控制器除了具有云台控制器功能外，比云台控制器功能更多些。

（4）图像处理与显示

包括视频切换器、画面分割器、录像机、监视器等。

1）视频切换器能对多路视频信号进行自动或手动切换，可将任意一台摄像机图像在任一指定的监视器上输出显示。切换控制应与云台和镜头的控制同步。

2）画面分割器可使一台监视器上同时连续显示多个图像画面。具有顺序切换、画中画、多画面输出、画面暂停、报警显示、回放和记录、时间、日期和标题显示等功能。

3）录像机能以标准速度进行长时间记录和重放或以快速、慢速、静像方式重放等。

4）监视器有图像监视，有的还具备电视接收的功能。

10.3.2 系统类型（按摄像机数量分）

（1）小型电视监控系统

小型电视监控系统规模比较小，功能简单，实用性强，应用范围广，摄像机数量小于10个。

（2）中型电视监控系统

中型电视监控系统规模比较大，有独立体系的，也有与防盗报警或门禁系统组合在一起的系统。摄像机数量在10～100个范围内。

（3）大型电视监控系统

大型电视监控系统的规模大，复杂程度高，有大量的全方位监视点，并和防盗报警系统或门禁系统联动，摄像机数量大于100个。

10.3.3 系统设计标准

电视监控系统设计标准 表10-4

甲级	乙级	丙级
应根据各类建筑物安全技术防范管理的需要，对建筑物内的主要公共活动场所、通道、电梯及重要部位和场所等进行视频探测的画面再现、图像的有效监视和记录。对重要部门和设施的特殊部位，应能进行长时间的录像。应设置视频报警装置	应根据各类建筑物安全技术防范管理的需要，对建筑物内的主要公共活动场所、通道、电梯及重要部位和场所等进行视频探测的画面再现、图像的有效监视和记录。对重要部门和设施的特殊部位，应能进行长时间的录像。应设置视频报警装置或其他报警装置	应根据各类建筑物安全技术防范管理的需要，对建筑物内的主要公共活动场所、通道、电梯及重要部位和场所等进行视频探测的画面再现、图像的有效监视和记录。对重要或要害部门和设施的特殊部位，应能进行长时间的录像。应设置视频报警装置
系统的画面显示应能任意编程，能自动或手动切换，在画面上应有摄像机的编号、部位、地址和时间、日期显示	系统的画面显示应能任意编程，能自动或手动切换，在画面上应有摄像机的编号、地址和时间、日期显示	系统的画面显示应能任意编程，能自动或手动切换，在画面上应有摄像机的编号、地址和时间、日期显示
应自成网络，独立运行，应能与入侵报警系统、出入口报警系统联动。当报警发生时，能自动对报警现场的图像和声音进行复核，能将现场图像自动切换到指定的监视器上显示并自动录像	应自成网络，独立运行，应能与入侵报警系统、出入口报警系统联动。当报警发生时，能自动对报警现场的图像和声音进行复核，能将现场图像自动切换到指定的监视器上显示并自动录像	应能与入侵报警系统联动。当报警发生时，能自动对报警现场的图像和声音进行核实，能将现场图像自动切换到指定的监视器上显示并自动报警前后数幅图像

续表

甲　级	乙　级	丙　级
应能与安全技术防范系统中央监控室联网，实现（满足）中央监控室对电视监控系统的集中管理和集中控制	应能与安全技术防范系统中央监控室联网，实现（满足）中央监控室对电视监控系统的集中管理和控制的有关要求	应能向管理中心提供决策所需要的主要信息

10.4　保安巡更系统

保安巡更系统是指能根据建筑物的安全技术防范管理的需要，按照预先编制的保安人员巡更软件程序，通过读卡器或其他方式对保安人员巡逻的工作状态（是否准时、是否遵守巡更路线等）进行监督、记录，并能对意外情况及时报警的系统。

10.4.1　系统组成

（1）独立式巡更管理系统

图 10-6　独立式巡更管理系统示意图

在各巡更点预埋感应点（非接触式感应点），巡更人员用手持读卡器到各巡更点读卡，下班后，巡更人员将手持读卡器与系统管理中心主机连接，输入巡更记录。

（2）联网式巡更管理系统

读卡器能够和系统管理中心联网，系统可以实时监控巡更人员的巡更情况，自动记录巡更信息，并可随时打印巡更记录。

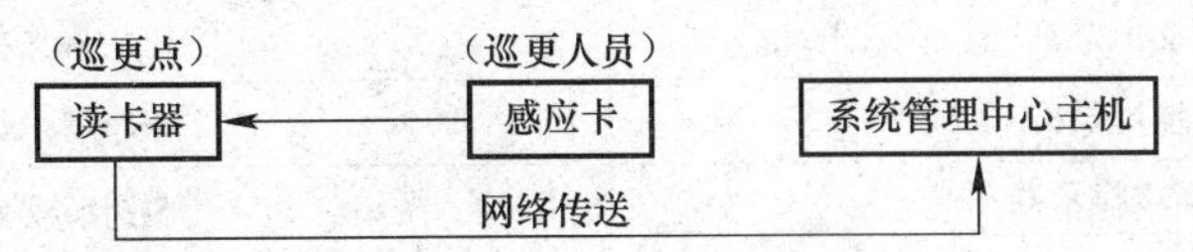

图 10-7　联网式巡更管理系统示意图

10.4.2　系统设计标准

保安巡更系统设计标准　表 10-5

甲　级	乙　级	丙　级
应编制保安人员巡更软件，应能在预先设定的巡查图中，用通行卡读出器或其他方式，对保安人员的巡查运动状态进行监督和记录，并能在发生意外情况时及时报警	应编制保安人员巡更软件，应能在预先设定的巡查图中，用通行卡读出器或其他方式，对保安人员的巡查运动状态进行监督和记录，并能在发生意外情况时及时报警	应编制保安人员巡更软件，应能在预先设定的巡查图中，应用适当方式对保安人员的巡查运动状态进行监督和记录，并能在发生意外情况时及时报警

续表

甲级	乙级	丙级
系统可独立设置，也可与出入口控制系统或入侵报警系统联合设置。独立设置的保安人员巡更系统应能与安全技术防范系统的中央控制室联网，实现中央监控室对该系统的集中管理与集中控制	系统可独立设置，也可与出入口控制系统或入侵报警系统联合设置。独立设置的保安人员巡更系统应能与安全技术防范系统的中央控制室联网，满足中央监控室对该系统的集中管理与控制的有关要求	应能向管理中心提供决策所需要的主要信息

10.5 停车库（场）管理系统

停车库（场）管理系统是指能根据各类建筑物的管理要求，对停车库（场）的车辆通行道口实施出入监控、监视、行车信号指示、停车计费及汽车防盗报警等综合管理的系统。

10.5.1 系统组成及主要设备

（1）系统组成

包括车辆自动识别子系统、收费子系统和保安监控系统。

（2）主要设备

1）设备组成：见表10-6。

停车库（场）管理系统设备组成 **表10-6**

入口设备	出口设备
非接触式远距离智能读卡机	非接触式远距离智能读卡机
自动挡车器	自动挡车器
地感控制器及地感线圈	地感控制器及地感线圈计数器
红外防砸车装置	红外防砸车装置
自动出票机	监控摄像机
监控摄像机	出车警示灯
车满位显示器	临时收费站（临时卡计费机、管理主机、打印机、自动验票收费机等）
车辆自动引导系统	

2）主要设备功能：

① 中央控制计算机：是停车场自动管理系统的控制中枢，负责整个系统的协调与管理，包括软、硬件参数控制，信息交流与分析，命令发布等。

② 车辆自动识别装置：一般采用磁卡、条码卡、IC卡、RF远距离射频识别卡，形式上分为接触型（刷卡型），非接触型（感应型）两种。

③ 临时车票发放及检验装置：设在停车场出入口处，对临时停放的车辆自动发放临时车票，记录车辆进入时间，日期等信息。

④ 挡车器：电动挡车器受系统控制升起或落下，对合法车辆放行，防止非法车辆进出停车场。

⑤ 车辆探测器和车位提示牌：一般设在出入口处，对进出车场的每辆车进行检测、统计。将车辆进出车场数量传递给中央控制计算机，通过车位提示牌显示车场中车位状况，并在车辆通过检测器时控制挡车栏落下。

⑥ 泊位调度控制器：在每个车位设置感应线圈或红外探测器，在主要车道设感应线圈，以检测泊位与车道的占用情况，根据排队优化确定新入库车辆泊位，在入口处与车道沿线，对刚入库的车辆进行引导进入指定泊位。

⑦ 监控摄像机：车场进出口等处设置电视监视摄像机，将进入车场的车辆输入计算机。车辆驶出出口时，验车装置将车卡与进入时的照片同时调出检查无误后放行，以免车辆的丢失。

10.5.2 汽车库（场）管理系统结构示意图

汽车库（场）管理系统结构示意图详见图10-8。

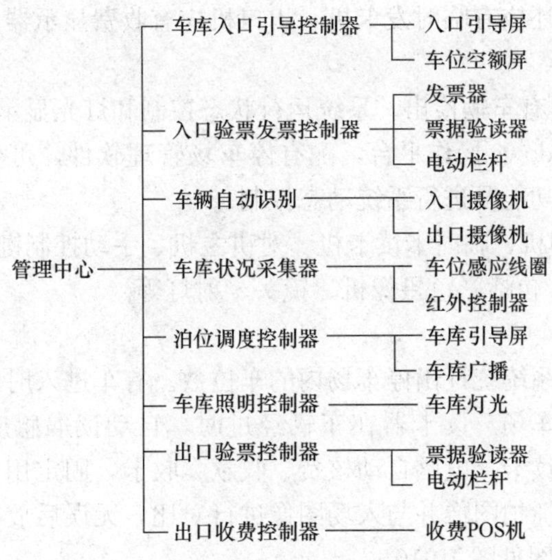

图10-8 汽车库（场）管理系统结构示意图

10.5.3 系统设计标准

汽车库（场）管理系统设计标准详见表10-7。

汽车库（场）管理系统设计标准 表10-7

甲 级	乙 级	丙 级
应具备的功能：入口处车位显示；出入口处及场内通道的行车指示；车牌和车型的自动识别；自动控制出入栅栏门；自动计费与收费金额显示；多个出入口组的联网与监控管理；整体停车场的收费统计与管理；分层的车辆统计与在车位显示；意外情况发生时向外报警	应具备的功能：入口处车位显示；出入口处及场内通道的行车指示；自动控制出入栅栏门；自动计费与收费金额显示；多个出入口组的联网与监控管理；整体停车场的收费统计与管理；意外情况发生时向外报警	应具备的功能：入口处车位显示；出入口处及场内通道的行车指示；自动控制出入栅栏门；自动计费与收费金额显示；整体停车场的收费统计与管理；意外情况发生时向外报警
应在入口区设置出票机；出口区设置验票机	应在入口区设置出票机；出口区设置验票机	应在入口区设置出票机；出口区设置验票机

续表

甲 级	乙 级	丙 级
应自成网络，独立运行，可在停车场内设置独立的电视监视系统或报警系统。也可与安全技术防范系统的电视监控系统或入侵报警系统联动	应自成网络，独立运行，也可与安全技术防范系统的电视监视系统和入侵报警系统联动	应自成网络，独立运行
应能与安全技术防范系统的中央控制室联网，实现中央监控是对该系统的集中管理与集中控制	应能与安全技术防范系统的中央控制室联网，实现中央监控是对该系统的集中管理与控制的有关要求	应能向管理中心提供决策所需要的主要信息

10.5.4 某停车场管理系统示例

(1) 系统组成

1) 出入口设备：包括对讲分机、语音存储器、读卡器、控制器、显示屏、电动栏杆、地感线圈。其中入口机还应有临时发卡机，出口机应有收费显示器。

2) 管理系统：

① 系统控制器：具有车辆检出、系统运行状态控制和灯光显示功能。

② 管理主机：Windows 操作平台，配有停车场管理软件，可生成各类统计报表，可指挥并控制出、入口各功能及进行系统动态控制。

③ 其他设备：打印机、临时卡读卡机、对讲主机、手动控制键盘。

3) 图像对比系统：包括彩色摄像机、镜头、射灯等。

(2) 系统流程

系统通过智能计数系统统计出停车场内的车位数。有车进入时，系统将进行自动语音提示，指导用户使用停车场。读卡器在车辆经过时，自动读取感应卡。车辆驶出停车场时，临时用户到收费亭读卡，电脑自动核费、收款、收卡，固定用户读卡后自动核费；与此同时，摄像机启动，抓拍图像并与入场图像进行对比，无误后放行。车辆入场流程图见图 10-9，车辆出场流程图见图 10-10。

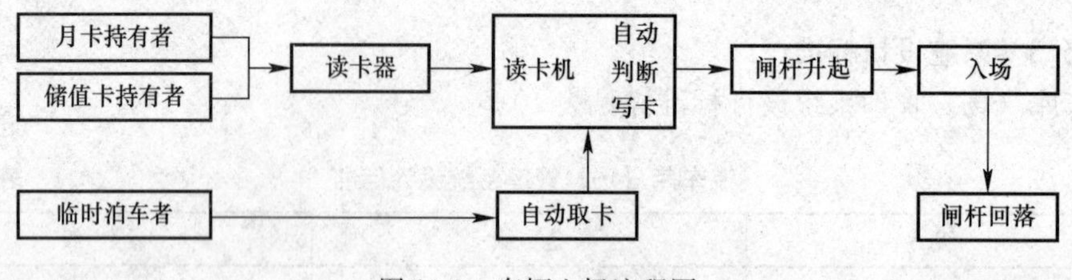

图 10-9 车辆入场流程图

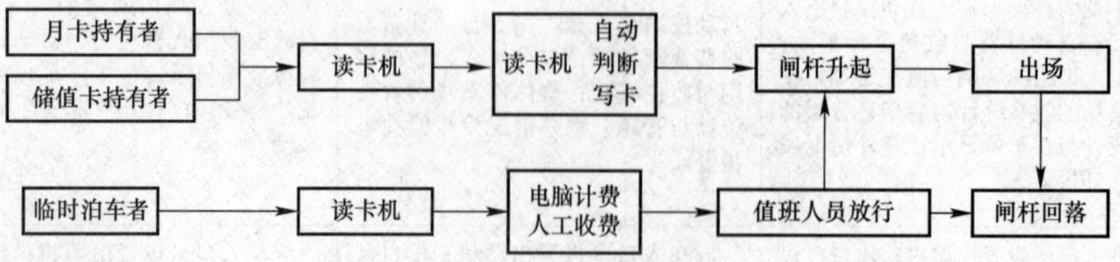

图 10-10 车辆出场流程图

（3）系统功能特点

系统操作方便，临时用户可使用纸票和卡片两种方式，该系统具有防砸功能，电脑自动核费、收款和收卡。具有完善的财务统计和统计报表，主控中心可实时查询。

10.6 入侵报警防盗系统

入侵报警防盗系统是指能根据建筑物的安全技术防范管理的需要，对设防区域的非法入侵、盗窃、破坏和抢劫等，进行实时有效地探测和报警，并有报警复核功能的系统。

10.6.1 系统组成与功能

（1）探测器

探测器是用来监测报警以及在某一时间和地点内进行布防和撤防的仪器。探测器的种类很多，见表10-8。

探测器种类和特点 表10-8

种 类	显示和报警
门磁探测器	安装在门窗或卷帘门上，门窗被打开或破坏时显示和报警
主动红外探测器	有物体遮挡在探测器的发射机和接收机之间时显示和报警
被动红外探测器	感应人体热辐射时显示和报警
红外微波探测器	同时感应到人体体温和人体移动时才显示和报警
振动探测器	安装在保险柜、保险库、提款机或门窗上，探测到异常的振动或人体接近等情况时显示和报警
玻璃破碎探测器	安装在玻璃门窗上，玻璃破碎时显示和报警
报警按钮	人身感受到危险时可按动按钮报警，触发后能自锁，需人工复位
周界报警器	在一定范围内采用红外、电视摄像等设施，进行探测、控制、显示和报警

（2）现场报警器

现场报警器有声光报警和无声报警两种。声光报警有警铃、警笛、闪光灯、频闪灯等；无声报警是通过自动拨通预定号码，由专线或公共电话线，向报警机构或家庭发出报警求救信号。

（3）报警装置

报警装置是通过数字通信线路、电话热线、直线电话等直接与监控中心相连接。可对系统运行状态和信号路线进行监测，线路有故障时（如探测器线路发生断路或短路）发出报警信号。

（4）中央控制器

中央控制器有数据信息记录、分析、显示定位和综合处理、联动控制等功能，还可与其他计算机联网，实现远程通信控制和诊断。

10.6.2 系统结构示意图

入侵防盗系统结构示意图如图10-11所示。

10.6.3 系统设计标准

入侵防盗系统设计标准可参考表10-9。

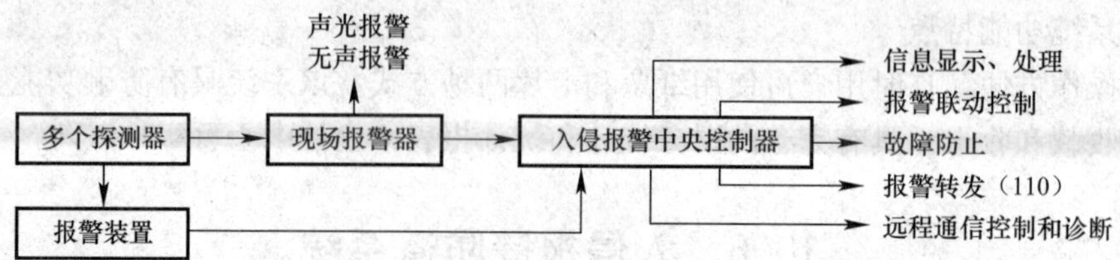

图 10-11 入侵防盗系统结构示意图

入侵防盗系统设计标准 **表 10-9**

甲 级	乙 级	丙 级
应根据各类建筑安全防范部位的具体要求和环境条件，可分别或综合设置周界防护、建筑物区域或空间防护、重点实物目标防护系统	应根据各类建筑安全技术防范管理的具体要求和环境条件，分别或综合设置周界防护、建筑物区域或空间防护、重点实物目标防护系统	应根据各类建筑安全技术防范部位的需要和环境条件，分别或综合设置周界防护、建筑物区域或空间防护、重点实物目标防护系统
应自成网络，可独立运行，有输出接口，可用手动、自动方式以有线或无线系统向外报警。系统除应能本地报警外，还应能异地报警。系统应能与电视监控系统、出入口控制系统联动，应能与安全技术防范系统的中央监控室联网，满足中央监控室对入侵报警系统的集中管理和集中控制	应自成网络，可独立运行，有输出接口，可用手动、自动方式以有线或无线系统向外报警。系统除应能本地报警外，还应能异地报警。系统应能与电视监控系统、出入口控制系统联动，应能与安全技术防范系统的中央监控室联网，满足中央监控室对入侵报警系统的集中管理和控制的有关要求	应自成网络，可独立运行，有输出接口，可用手动、自动方式以有线或无线系统向外报警。系统除应能本地报警外，还应能异地报警。并能向管理中心提供决策所需要的主要信息
系统的前端应按需要选择、安装各类入侵探测设备，构成点、面、立体或组合的综合防护系统	系统的前端应按需要选择、安装各类入侵探测设备，构成点、面、立体或组合的综合防护系统	系统的前端应按需要选择、安装各类入侵探测设备，构成点、面、立体或组合的综合防护系统
应能按时间、区域、部位任意编程设防或撤防	应能按时间、区域、部位任意编程设防或撤防	应能按时间、区域、部位任意编程设防或撤防
应能对设备运行状态和信号传输线路进行检测，能及时发出故障报警并指示故障位置	应能对设备运行状态和信号传输线路进行检测，能及时发出故障报警并指示故障位置	应能对设备运行状态和信号传输线路进行检测，能及时发出故障报警并指示故障位置
应具有防破坏功能，当探测器被拆或被切断时，系统能发出警报	应具有防破坏功能，当探测器被拆或被切断时，系统能发出警报	应具有防破坏功能，当探测器被拆或被切断时，系统能发出警报
应能显示和记录报警部位和有关数据，并能提供与其他子系统联动的控制接口信号	应能显示和记录报警部位和有关数据，并能提供与其他子系统联动的控制接口信号	应能显示和记录报警部位和有关数据，并能提供与电视监控子系统联动的控制接口信号
在重要区域和重要部位发出报警的同时，应能对报警现场的声音进行核实	在重要区域和重要部位发出报警的同时，应能对报警现场的声音进行核实	在重要区域和重要部位发出报警的同时，应能对报警现场的声音进行核实

10.7 智能住宅报警系统

智能住宅报警系统主要以户门及阳台防盗自动报警、防劫紧急报警装置为主，兼有住户室内火灾和燃气泄漏自动报警装置、医疗报警等功能。系统是由管理中心、路由器、家庭智能控制主机和报警探测器组成的，见图 10-12。

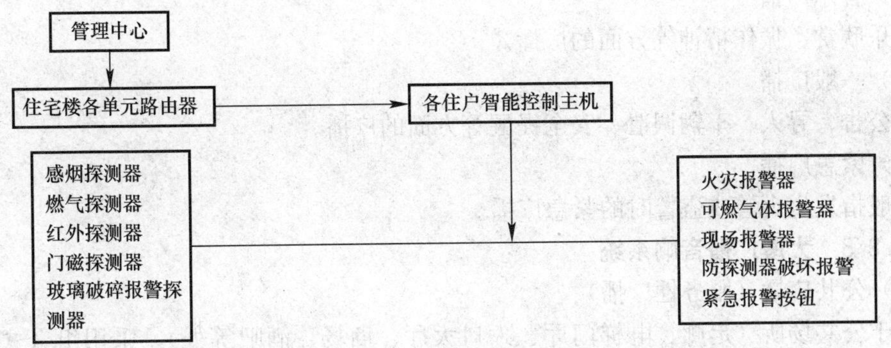

图 10-12 智能住宅报警系统框图

10.7.1 防盗、防劫报警装置

智能住宅防盗、防劫报警装置主要采用门磁探测器、红外探测器、玻璃破碎探测器、紧急报警按钮等。其性能见表 10-8。

(1) 门磁开关

门磁开关是由带金属触点、封装在充满惰性气体的玻璃管或塑料管的两个簧片和永久磁铁构成。用于封锁门或窗，其可靠性高、误报率和成本较低。

(2) 红外探测器

红外探测器有主动式和被动式两种。主动式由发射装置和接收装置组成，用于室内和室外较大的空间。被动式是采用热释电探测器感应热辐射能量，易产生误报，准确率低，适用于温度恒定的环境。

10.7.2 可燃气体报警装置

(1) 可燃气体探测器

一般采用气敏可燃气体探测器，具有气电转换功能和防爆性能。

(2) 可燃气体报警器

可接收探测器发出的信号。具有燃气泄漏报警、燃气泄漏报警记忆、故障报警、燃气报警优先和排气联动、自动切断气源、实时记录的功能。

10.7.3 要求

住户室内设置火灾和燃气泄漏自动报警系统，系统能通过小区网络将报警信号传至消防控制中心或物业管理中心统一管理。

10.8 安全、信息广播系统

随着建筑物现代化和智能化水平的提高，对广播音响系统也提出了更高的要求，成为智能建筑不可缺少的一部分。

10.8.1 系统组成与主要设备

1) 音源设备（调谐器、播放器、话筒扩音器等）。

2) 信号处理设备（各种放大器、发生器、节目选择器、多区输出选择器）。

3）现场设备（音量控制器、扬声器、分线箱）。

10.8.2 广播系统类型

（1）音乐广播

音乐欣赏、振作精神等方面的广播。

（2）一般广播

如公告、寻人、车辆调遣、安全提醒等方面的广播。

（3）紧急广播

一般指发生火警或盗警时的紧急广播。

10.8.3 大厦广播音响系统

（1）公共广播（服务性广播）

用于公共场所（走廊、电梯门厅、入口大厅、商场、酒吧等处），采用组合式声柱或分散式扬声音箱，平时播放背景音乐，遇到火灾时作为紧急事故广播，指挥疏散用。与消防控制报警联动。客房音响是为客人营造一种欣赏音乐与休息的舒适环境，一般在床头控制柜上装设多种广播节目的接收设备，同时要求连锁紧急广播系统。

（2）业务性广播

满足业务及行政管理为主的广播系统。如车站、机场、海运码头、院校、商业楼等。

10.8.4 小区广播音响系统

小区广播音响系统采用背景音乐系统兼紧急广播功能。背景音乐系统是由中央控制器管理多种音源的背景音乐并能进行呼叫广播，紧急情况下插播报警或自动转为火灾紧急广播。

在小区广场、中心绿地、道路交汇等处设置音柱、音响等设备，一般定时播放背景音乐或播放公共通知、科普知识、娱乐节目等。发生紧急事件时立刻强制切换称为紧急广播系统（火灾报警联动广播、火灾广播、非火灾广播等），起到防范救灾的作用，保障小区居民的生命财产安全。

思考题

1. 安全保护系统包括哪些结构模式？有何标准？
2. 安全保护系统包括哪些子系统？各有什么功能？
3. 什么是出入口控制系统？
4. 什么是访客与紧急呼救系统？
5. 什么是入侵报警防盗系统？
6. 什么是汽车库（场）管理系统？
7. 什么是电视监控系统？
8. 什么是保安巡更系统？
9. 什么是安全信息广播系统？

11　信息化与通信

学习目标： 了解计算机网络系统、通信系统、有线电视和电缆系统的定义、组成、分类及功能等。

11.1　信息化系统

信息化系统是应用计算机技术、通信技术、多媒体技术、信息安全技术和行为科学等，由相关设备构成，用以实现信息传递、信息处理、信息共享，并在此基础上开展各种业务并提供决策支持能力的系统。主要包括计算机网络、应用软件及网络安全等。

11.1.1　计算机网络基本知识

计算机网络是计算机设备的互联集合体。它按照网络通信协议，利用通信设备和线路将地理位置不同、功能独立的多个计算机或计算机系统互连起来，达到信息传递与交换、资源共享、可网络操作和协作处理的系统。

（1）网络分类

1）按网络覆盖的地理位置可分为局域网、区域网、广域网和国际网络。

① 局域网：将同一地理区域内的计算机系统和设备连接起来构成的网络。

② 区域网：将区域连接在一起的远程通信系统。

③ 广域网：将地理范围较大的区域连接起来的网络，使用微波、卫星或电话线进行传输。

④ 国际网络：连接国与国之间系统的网络。

2）按网络拓扑分为：星形拓扑、总线拓扑、环形拓扑、树形拓扑、星环形拓扑等，见图 11-1。

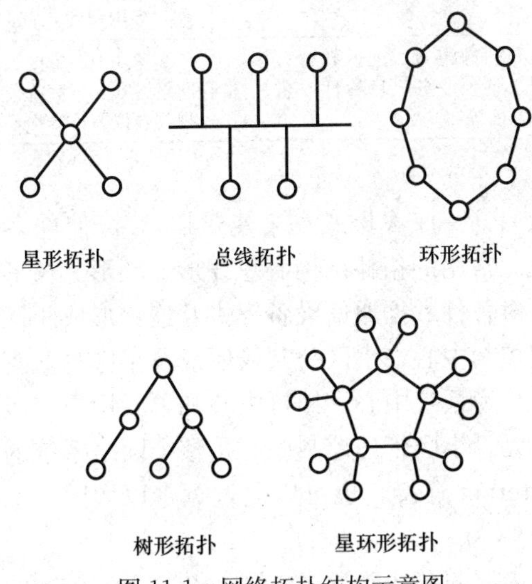

图 11-1　网络拓扑结构示意图

(2) 网络拓扑结构

网络拓扑结构即计算机网络结构。它是指网络中各站点相互连接的方法和形式。

(3) 网络通信协议

所谓协议是指计算机之间通信时对所传送信息的理解、表示方式以及各种情况下应答信号所必须遵循的共同约定，即计算机之间某种互相都能接受的规则的集合。它由语法（定义了数据格式、编码及信号电平）、语义（定义了数据流量和差错处理的控制信息）和定时（定义了速度、匹配和排序）三部分组成。目前使用最多的是 TCP/IP 传输控制协议/互联网协议。

(4) 网络组成及互联设备

1）硬件：包括信息处理资源子网和全网信息传递的通信子网。

① 信息处理资源子网：包括工作站、小型机、主机、终端及相关软件等。

② 全网信息传递的通信子网：包括数据传递和交换等通信处理设备和线路等。

数据传递有电缆、光缆等有线方式和微波、卫星、红外线等无线方式。设备包括服务器、客户计算机、通信介质、网络适配器、介质连接装置、收发器、中继器、集线器、调制解调器、网桥、网关、路由器、交换设备等。

2）软件：是实现每台计算机之间的数据通信和管理，实现数据共享，必须通过网络软件完成。包括通信协议、网络操作系统、网络数据库等。

11.1.2 接入网、局域网与国际互联网

(1) 接入网

用户接入网（简称接入网，中文译为用户网即本地环路或用户环路）是指市话端局或远端交换模块与用户之间的部分，主要完成交叉连接、复用和传输功能，一般不含交换功能，见表 11-1。

常用接入网和小区宽带接入网技术与功能 表 11-1

	常用接入网	小区宽带接入网
接入技术	有纯双绞线铜缆接入网、混合光纤/双绞线铜缆网、HFC混合光纤/同轴电缆网、无线接入网、纯光纤网五类	常用的有 LAN（以太网）宽带接入网、HFC（混合光纤/同轴电缆）宽带接入网、ADSL（不对称数字用户线）宽带接入网三种
功能	点播电视、交互式图像游戏、远程教育、多媒体库等。广播电视、事务业务、目标性广告、图像信箱业务和可视电话等	高速 Internet 接入、视频点播、网络互连业务、网络游戏、家庭办公、远程教育、远程医疗、远程视频会议、证券交易、电子商务、IDC 应用等

(2) 局域网

局域网是在一定区域内（一座大楼或一个建筑群），可使许多相对独立设备之间进行通信的一个数据通信系统。常用的拓扑结构有总线形、环形、树形和星形等。

在智能小区范围里，对各种数据通信设备提供互连，形成小区局域网。小区局域网涵盖整个住宅楼、小区管理控制中心、小区公共场所以及小区物业管理公司等。小区网络系统可采用星形拓扑结构，分为系统中心、楼栋中心和单元用户三级。每栋楼设一个区域中心，管辖整个楼栋内的单元。小区管理控制中心是整个网络系统的心，小区局域网可通过 DDN 专线或 ADSL 与 Internet 连接，也可以通过宽带以太网与 Internet 连接，以提高小区接入宽带。

小区用户可通过小区内部的多功能智能化网站及与 Internet 的高速连接，开展网上影

院、网上购物、在线游戏、网上可视语音聊天等应用。

小区局域网设备选择一般中心交换机选用高控制性、灵活性和高可靠性产品。栋楼交换机/单元交换机选用价格合理、高性能、智能交换、可扩展、更高宽带、易于管理、灵活性好的产品。

(3) 国际互联网

国际互联网（Internet）是指运行在TCP/IP协议（传输控制协议/国际协议）而且提供普遍连通性服务的国际性网络。TCP协议可提供高可靠服务，IP协议提供在网络间寻径和传递数据报文。

它是由广域网和局域网组合在一起，通过网络连接、单机连接和终端连接等连接设备，达到包括电子邮件、新闻组、远程登录和文件传输的功能。其连接路线有专线连接和电话连接等。

11.2 通信网络系统

通信网络系统是在建筑或建筑群内传输语音、数据、图像且与外部网络（如公用电话网、综合业务数字网、因特网、数据通信网络和卫星通信网等）相联结的系统，主要包括通信系统、卫星数字电视及有线电视系统、公共广播及紧急广播系统等各子系统及相关设施，其中通信系统包括电话交换系统、会议电视系统及接入网设备。

11.2.1 通信系统

(1) 通信网

1) 通信目的：实现某一地区内任意两个终端用户的信息交换。电信通信系统包括①音频通信（电话）；②数据通信（传输文字、数据）；③图像传输（视频动态图像）；④多媒体通信（计算机、网络）。

2) 通信网分类：通信网分类见表11-2。

通信网分类　表11-2

分类方式	名　称	定　义
按信道分	有线通信网	借助于导线进行通信。如电缆、光缆等
	无线通信网	借助于无线电波在空间传输进行通信。如长中短波、微波等
按信号分	模拟通信网	以模拟信号方式传播通信
	数字通信网	以数字信号方式传播通信
	数模混合网	模拟和数字信号分别转换后在各自通信系统中传输通信
按通信距离分	长途通信网	在距离较远地区之间的通信。长途电话、报纸传真等
	本地通信网	在本地区域内进行通信。如市话、计算机局域网等
	局域网	住宅小区、校园或厂区的交换机管辖范围内进行的通信
按信源分	语音通信网	电话通信等
	数据通信网	计算机通信等
	文字通信网	电报通信等
	图像通信网	闭路电视等
按使用范围分	公众网（邮电网）	由国家通信主管部门-邮电部经营的向社会开放的通信网
	专用通信网	专供本部门内部业务使用的电信网。用于国防、军事、铁道、广播等

(2) 等级结构

1) 电话系统:

① 公用电话交换网。

② 实现数据通信:普通电话配一个调制解调器拨号上网。

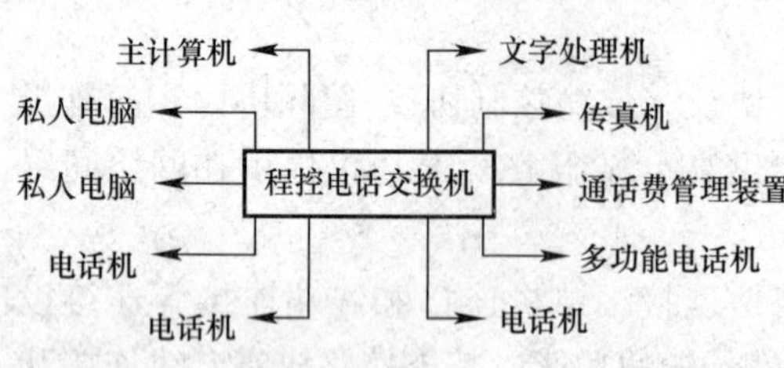

图 11-2 程控电话综合业务网示意图

③ 窄带综合数字业务网 (ISDN):在现有的公用电话网的基础上实现了用户线的数字化,见图 11-2。

④ 宽带综合数字业务网 (B-ISDN):ISDN 不能提供电视信号、视频业务等更新的业务,受到技术局限。宽带克服了 ISDN 局限性,满足高速数据传输、文件、可视电话、会议电话、可视图文、高清晰度电视机多媒体多功能终端需要。

2) 呼叫对讲机系统:

包括楼宇传呼对讲和楼宇可视对讲以及医院护理呼叫信号系统。

① 楼宇传呼对讲和楼宇可视对讲(见 10.2 节)

② 医院护理呼叫信号系统:医院护理呼叫信号系统由主控装置和病房床头的按钮和房门信号灯组成。主控装置可显示多个呼叫房间号和床位号,医护值班室有声光提示,病房门口有光提示。

3) 有线广播系统:

① 分类:按系统使用性质和功能可分为音乐欣赏广播、一般广播(业务性、服务性)和火灾紧急事故广播系统等。

② 组成:包括前端系统、传输系统、分配系统等。

③ 主要设备:包括信号源、综合控制台、音响主机、端子箱、控制器、扬声器等。

4) 电子广告与公告显示系统:

① 功能:用于交通工具班次运营动态显示;大型商场商品信息广告;体育场馆彩色或黑白屏幕和记分牌;金融机构营业厅金融信息显示;物业管理发布信息(如交费、维修、信息通知)等。

② 组成:包括 LED 显示屏、计算机、专用接口设备、视频信号源、系统软件等。

11.2.2 有线电视、电缆系统

(1) 有线电视系统 (CATV)

1) 系统基本组成:包括前端设备、信号分配网络和用户终端。

① 前端设备:用于处理接收信号提供高质量电视信号。

② 信号分配网络:对信号进行分配、传输、匹配、放大等。

③ 用户终端:用于接收、收看等。

2) 功能:接收和转播卫星电视节目、接收和转播当地电视台节目和广播电台调频广播以及编播自办节目。

3) 有线电视系统:包括单向有线电视系统和双向有线电视系统,见图 11-3。

① 单向有线电视系统:可用于教学、医疗等。另外还可用于工业、农业领域科学研究现场监视、交通管理、安防监视等。

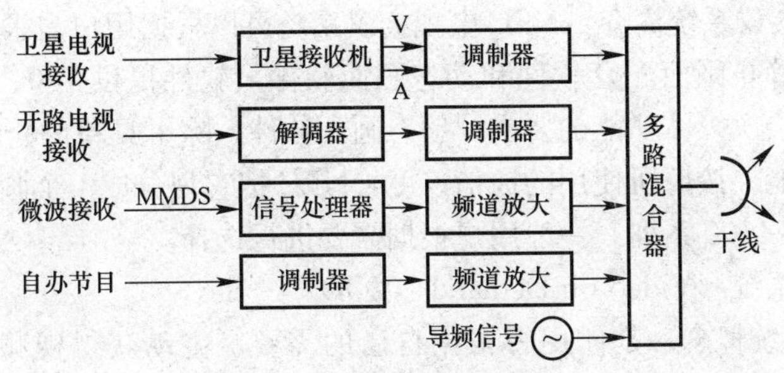

图 11-3 有线电视系统示意图

② 双向有线电视系统：除具有单向有线电视系统功能外还可用于自动控制、用户的交互的电视服务、三表或多表自动查寻业务、可视电话通信、交互式信息网等。

4）有线电视系统（CATV）、卫星天线系统示例：某小区卫星及光缆有线电视系统为多功能、宽频带、高性能的图像、语音资料和控制信号，可双向传输系统，系统带宽860MHz，具有双向传输功能，下行传输带宽 5～65MHz。

系统简介：

① 有线电视系统：

天线：专用天线、调频广播天线、自播节目设备及各种卫星天线（4.5m 卫星天线和3.3m 卫星天线）。

前端：变换器、频道放大器、导频信号发生器、调制解调器、混合器、专用接收设备等。

干线、分支分配网络部分：干线传输电缆、干线放大器、线路均衡器、分配放大器、线路延长放大器、分支电缆、分配器、分支器、用户输出端。

② 卫星接收系统设备：

高频头：美国 PBI TURBO-2200。

功率分配器：PBI-4860MAMA 捷变式邻频调制器、美国 PBI-3016e 混合器。

卫星电视接收机：美国 PBI3000S。

系统功能：

① 接收卫星：亚洲 3 号卫星接收节目 6 套；亚太 2 号卫星接收节目一套。

② 接收本地光缆信号：中央 10 套，中央教育 3 套，本地 8 套及各省市电视台。

（2）远程会议

远程会议系统是利用现有的电信网络或计算机网络，采用信息压缩、多点控制、传输和接口技术等进行远距离信息传送和交互。达到节省会议费用、提高会议效率、扩大会议参加范围以及适应特殊情况的目的。

1）形式：包括电视会议和电话会议。

① 电视会议：采用电视技术通过电信网络召开会议的通信方式。

② 电话会议：采用电话技术通过电信网络召开会议的通信方式。

2）组成：包括终端设备、传输设备、传输通道、网络管理设备等。

3）应用：用于学术研讨、远程教学、防灾指挥、医疗会诊、行业性调度、军事领域、一般会议等。

4）NEC电视会议系统简介：NEC电视会议系统可以根据用户需求，按照室内环境自动调节。它可提供静止画面配套软件和动态画面软件，软件提供100、200、300、400四种类型，适合不同层次媒体功能的要求。动态画面软件，除了具备静止画面的功能外，还具有活动画面的功能。按照所使用的通信速度，NEC把它划分成1个画面和2个画面，分别称为1000系列和1100系列。一般用户根据需要进行选择。

（3）视频点播系统（Video on Demand—VOD）

1）视频点播系统概念：是使用者根据自己的需要，主动获得视频信息服务的方式，也称为交换式视频服务系统或交互式视频点播系统。

2）系统构成：包括视频服务器、通信网络、客户端设备和制作管理系统。

① 视频服务器：存储、处理信息，发送视频数据。

② 通信网络：将视频服务器和制作管理系统信息传送给客户端的设备。

③ 客户端设备：视频节目播放，作为用户操作界面接收交互式命令信息。

④ 制作管理系统：编辑制作视频节目、管理视频数据库和VOD系统用户。

3）服务方式：包括unicast（单点播放）方式、multicast（多点播放）方式和broadcast（广播）方式。

① unicast（单点播放）方式：用户单独占有一个节目通道，并对节目进行完全的VCR（录像机）控制。

② multicast（多点播放）方式：几个用户共同拥有一个节目通道，用户不能进行控制。

③ broadcast（广播）方式：节目通道相当于一个有线电视频道，由VOD系统所有者安排节目及时间，所有安装设备的用户都可接收节目。

思 考 题

1. 什么是计算机网络？有哪些种类？
2. 计算机网络组成有哪些？网络协议有何作用？
3. 常用通信网络有哪些？
4. 什么是接入网、局域网和国际互联网？
5. 通信系统应用于哪些方面？

12　办公自动化系统

学习目标：了解办公自动化系统概念和发展状况，熟悉办公自动化系统组成和结构及主要功能，了解办公自动化使用的设备和应用软件。

12.1　办公自动化系统概述

办公自动化OA就是利用现代通信技术、办公自动化设备和电子计算机系统或工作站来实现事务处理、信息管理和决策支持的综合自动化。“办公自动化”一词是20世纪50年代中在美国首先出现的，当时是指利用电子数据处理设备使簿记工作自动化。到20世纪70年代中期，发达国家为解决办公业务量急剧增加对部门生产率产生巨大影响的问题，使办公自动化迅速发展成为一门综合性技术。经过三十几年的发展，如今已步入了以知识管理为核心的第三代。

办公自动化系统OAS是建立在计算机局部网络基础上的一种分布式信息处理系统，所以又称办公信息系统。该系统是一种人机信息系统，其核心设备是电子计算机系统或办公自动化工作站。包括信息采集、信息加工、信息传输和信息存取等四个基本环节。其目的是尽可能充分利用信息资源，提高办公质量和办公效率。

12.1.1　办公自动化的发展

办公自动化的发展可分为三个阶段：

第一阶段，从20世纪50年代中到20世纪70年代中，采用文字处理机、复印机、传真机、专用交换机等办公自动化设备，实现单项业务的自动化。

第二阶段，20世纪70年代中到20世纪80年代初，把分散在各办公室的电子计算机系统连接成计算机局部网络。在此阶段通常采用电子报表、电子文档、电子邮件等新技术和高功能的办公自动化设备。

第三阶段，从20世纪80年代中开始，办公自动化向建立综合业务数字网的方向发展。在此阶段出现高功能的OA软件包、多功能的OA工作站和各种联机办公自动化设备，如电子白板、智能复印机、智能传真机、电子照排轻印刷设备、复合电子文件系统等。

办公自动化的发展方向应该是数字化办公。所谓数字化办公即几乎所有的办公业务都在网络环境下实现。从技术发展角度来看，特别是互联网技术的发展，安全技术的发展和软件理论的发展，实现数字化办公是可能的。从管理体制和工作习惯的角度来看，全面的数字化办公还有一段距离，首先数字化办公必然冲击现有的管理体制，使现有管理体制发生变革，而管理体制的变革意味着权力和利益的重新分配；另外管理人员原有的工作习惯、工作方式和法律体系有很强的惯性，短时间内改变尚需时日。尽管如此，全面实现数字化办公是办公自动化发展的必然趋势。

12.1.2　办公自动化的层次

目前企业的办公自动化程度可以划分为以下四类：

① 起步较慢，还停留在使用没有联网的计算机，使用 MS Office 系列、WPS 系列应用软件以提高个人办公效率。企业进行办公自动化建设就需要较多投入，既要搭建企业 Intranet 网络，又要开发办公自动化系统，需要企业有较强的经济实力才能完成。

② 已经建立了自己的 Intranet 网络，但没有好的应用系统支持协同工作，仍然是个人办公。网络处在闲置状态，企业的投资没有产生应有的效益。

③ 已经建立了自己的 Intranet 网络，企业内部员工通过电子邮件交流信息，实现了有限的协同工作，但产生的效益不明显。

④ 已经建立了自己的 Intranet 网络；使用经二次开发的通用办公自动化系统；能较好地支持信息共享和协同工作，与外界联系的信息渠道畅通；通过 Internet 发布、宣传企业的产品、技术、服务；Intranet 网络已经对企业的经营产生了积极的效益。

12.2 办公自动化系统的组成和功能

12.2.1 办公自动化系统组成和结构

办公自动化系统的组成包括硬件和软件两部分。

硬件有通信设施（如计算机局部网络、程控交换机、电话网、用户电报网、公用数据网、综合业务数字网等），数据处理设备（超级微型计算机系统或 OA 工作站），终端设备（如电传打字机、交互式终端、智能终端、图像终端、传真机、书写终端、可视文字处理终端、可视用户电报终端等），办公自动化设备（如文字处理机、绘图机、激光打印机、智能复印机、电子照排轻印刷设备等），接口设备（如调制解调器、适配器、集线器等）。OA 系统的硬件通过计算机局部网络连成一个整体，实现资源共享。

软件有系统软件（如操作系统、编译系统、数据库管理系统等），通信软件（如通信规约、网络协议、电子邮件、电子会议等），应用软件（如文字处理、表格处理、图形处理等工具软件以及针对 OA 系统专项业务而编制的软件，如人事管理、财务管理、库存管理等专用软件）。OA 系统的性能在一定程度上决定于软件的功能。

办公自动化系统具有多种结构。它不仅单有计算机结构、局域网结构、广域网结构，还有利用互联网为基础的服务器、浏览器结构。

12.2.2 办公自动化系统的功能和软件

(1) 办公自动化系统的功能

办公自动化系统是利用网络通信基础及先进的网络应用平台，建设的一个安全、可靠、开放、高效的信息网络和办公自动化、信息管理电子化系统，为管理部门提供现代化的日常办公条件及丰富的综合信息服务，实现档案管理自动化和办公事务处理自动化，以提高办公效率和管理水平，实现企业各部门日常业务工作的规范化、电子化、标准化，增强档案部门文书档案、人事档案、科技档案、财务档案等档案的可管理性，实现信息的在线查询、借阅，最终实现“无纸”办公。

一般办公自动化系统具备下列六项功能：

① 文字处理：包括文件的输入、编辑、修改、合并、生成、存储、打印、复制和印刷等。通常由文字处理机、智能复印机和电子照排轻印刷设备等来完成这项任务。

② 文件管理：包括文件的登记、存档、分类、检索、保密、制表等，一般通过建立

公用的或专用的分布式关系数据库系统来实现。

③ 行政管理：包括图表生成、日程安排、工作计划、人事管理、财务管理和物资管理等，主要依靠计算机的图形系统、数据库和各种应用软件来实现。

④ 信息交流：OA 系统主要是通过电子邮件和电子会议等方式交流信息，已从采用电话网、用户电报网、计算机网发展到采用综合业务数字网。

⑤ 决策支持：OA 系统可配置决策支持系统（DSS）和群体决策支持系统（GDSS）。

⑥ 图像处理：包括用光学字符阅读器直接将印刷体字母和数字输入计算机，用光电扫描仪或数字化仪将图形文字输入计算机。有的 OA 系统配置图像处理系统，它具有图像识别、增强、压缩和复原等功能。

（2）办公自动化系统的软件模块功能

早期的办公自动化软件主要完成文件的输入及简单的管理，实现了文档的共享及简单的查询功能；随着数据库技术的发展，客户服务器结构的出现，OA 系统进入了 DBMS 的阶段；办公自动化软件真正成熟并得到广泛应用是在 LotusNotes 和 Microsoft Exchange 出现以后，所提供的工作流机制及非结构化数据库的功能可以方便地实现非结构化文档的处理、工作流定义等重要的 OA 功能，OA 应用进入了实用化的阶段；但随着管理水平的提高，Internet 技术的出现，单单实现文档管理和流转已经不能满足要求，OA 的重心开始由文档的处理转入了数据的分析，即所说的决策系统，这时出现了以信息交换平台和数据库结合作为后台，数据处理及分析程序作为中间层，浏览器作为前台（三层次结构）的 OA 模式，这种模式下，可以将 OA 系统纳入由业务处理系统等系统构成的单位整体系统内，可以通过 OA 系统看到、分析、得到更全面的信息。基于 B/S 结构的办公自动化系统，适用于施工企业的办公自动化，它涵盖日常办公管理的基本流，具有较强的通用性。

办公软件主要模块功能包括：

① 收文系统：主要完成收文所涉及的一系列操作，包括公文上报、登记、拟办、中转、转发、处室拟办、领导审核、承办单位办理、归档、相关单位查询公文等。

② 发文系统：主要完成发文所涉及的一系列操作，包括处室拟稿、领导审签、文字初审、文字复审、领导签发、文书印发等。

③ 待办事宜系统：是整个办公自动化系统的重要组成部分，通过这个模块，领导只需查看、处理待办事宜系统中的文件，领导批示、审批、审阅的工作都可以完成，极大地方便了领导办公。同时工作人员需要经常查看待办事宜，办理领导交办的事项，以免本人的待办事宜延误。

④ 文档管理系统：收录了上级单位下发的多种文件及本单位发布的文件。文件从下发当天就可以进入办公自动化系统，信息及时、准确。便于重复引用，只需一次输入，就可以方便地引用，减少了文字的重复录入，提高了工作效率。

⑤ 政务信息系统：由于政务信息产生的整个流程均以数字化的方式传输，因此只需一次输入，其他单位就可以方便地引用，减少了文字的重复录入，提高了工作效率。

⑥ 全文搜索功能：在系统中提供了功能强大的全文搜索功能。

⑦ 会议管理系统：提供了会议安排、会议通知单、会议纪要、会议议题归档库；可以对归档库中的内容按指定的方式进行查询和统计。

⑧ 远程信息上报系统：为信息采编工作提供信息来源。主要由下级单位或二级单位

使用，方便地向上级单位报送本单位的信息。

⑨ 电话及通信名录：提供本单位及所属单位的通信名录信息服务，联网用户可以将本单位人员的通信名录输入本系统，以方便查询和交流。

⑩ 电子邮件系统：不仅是系统中各种流程衔接的纽带，同时 Notes 邮件系统也可以非常方便地促进工作人员之间信息的交流。在本系统中可以起草、发送 Notes 电子邮件、发送文件等，可以传输任何电子文件，系统内部发送电子邮件只需 5～30s 就可以到达指定收件人信箱。

办公自动化系统软件一般适用的行业有：

① 政府部门：主要是日常办公资料收录、存放、交流得以方便，处理办公事务高效简洁。

② 建筑业：主要是对项目进度管理、工程合同管理、资金管理都很高效、实用。

③ 物流业：主要是分类管理各类数据、信息表单，操作简便，大大提高办公效率。

④ 金融服务业：主要是资金管理、项目管理，使得办公各个环节的效率都得以改善。

⑤ 医院：主要是改善药房、资料室、档案科等各个科室办公情况。

12.3 办公自动化使用的设备和应用软件

12.3.1 办公自动化使用的设备

办公自动化使用的设备主要包括计算机设备、通信设备和基本办公设备等。

计算机设备包括各种微型机、工作站、小型机，甚至中、大型机等以及相应的专用或通用输入、输出设备。通信设备包括电话机、传真机、电报机、电传机、数据传输设备、电子邮件设备、电子会议设备等。基本办公设备包括复印机和各种轻印刷设备等。

（1）微型计算机

由于微型计算机体积小、功能强、价格低，其应用已遍及社会各个领域，包括各类办公室及家庭。在现代办公自动化系统中，微型计算机已成为必备设备之一。

（2）打印机

打印机是计算机的主要外部设备，也是信息输出的主要设备。一般将打印机分为击打式和非击打式两大类。击打式打印机包括字模式打印机和针式打印机，非击打式打印机包括喷墨式、激光式、热转换式、发光式、极管式、液晶式、荧光式、磁式和离子式打印机等。办公环境常用的打印机有三类：针式打印机、喷墨打印机和激光打印机，它们各有特点。

（3）扫描仪

扫描仪是将各种形式的图像信息输入计算机的重要工具。扫描仪通常用于计算机图像的输入，而图像这种信息形式是一种信息量最大的形式。从最直接的图片、照片、胶片到各类图纸图形以及各类文稿资料，都可以用扫描仪输入到计算机中，进而实现对这些图像形式的信息的处理、管理、使用、存贮、输出等。

（4）复印机

当前，静电复印机的发展方向是向高速、高级、微处理化以及专业化方向发展。新型的静电复印机大都具有双面复印、自动移稿、自动分页、传感电键等装置。类型有彩色复印机、传真复印机、缩微胶片复印机（以各种缩微片为原件的复印机）、阅读复印机（既能阅读缩微胶片，又能从事少量复印的复印机）等静电复印机。

（5）传真机

传真机是在公用电话网或其他相应网络上用来传输文件、相片、图表及数据等信息的通信设备。国际上通常将传真机称为 FAX。传真机是集计算机技术、通信技术、精密机械与光学技术于一体的通信设备，其信息传输速度快、接收的副本质量高，能准确地按原样传递各种信息，适于保密通信，在办公自动化领域占有很重要的地位。

（6）数码照相机

数码照相机是数码图像技术的结晶。数码照相机是一种能够进行拍摄，并通过内部处理把拍摄到的景物转换成以数字格式进行存放的特殊照相机。与普通照相机不同的是，数码照相机并不使用胶片，而是使用固定的或者是可拆卸的半导体存储器来保存获取的图像。数码照相机可以直接连接到电脑、电视机或者打印机上。在一定条件下，数码照相机还可以直接接到移动式电话机或者手持 PC 机上。

（7）速印机

速印机不但能够让人们像使用复印机那样方便地利用它来进行大量的印刷工作，而且它继承了油印机的工作原理，同时也继承了油印机经济实惠的优点。但是它却从根本上革新了油印机的蜡纸刻制工艺，它能够像复印机那样，在原稿经过机器扫描后，由主机将原稿形成的光的图像转换成数字信号，并命令激光体发出激光束使得滚筒上的蜡纸直接形成图像。这样就彻底地精简了传统油印机的刻制蜡纸的工序。复印的整个操作步骤就和真正的复印机相差无几了。

12.3.2 办公自动化应用软件

比较常用的应用软件有以下几大类：

1）文字处理软件，如 Word、WPS 等；

2）电子表格软件，如 Excel、Lotus 等；

3）图形图像处理软件，如 Photoshop、AutoCAD 等；

4）动画制作软件，如 Flash、Animator、3DStudio 等；

5）网页制作软件，如 FrontPage、Dreamweaver 等；

6）课件制作软件，如 PowerPoint、Authorware 等。

此外，还有各种高级语言、汇编语言的编译程序和数据库管理软件，如 VC＋＋、Visual Basic、Visual FoxPro、Delphi、Power Builder 和 Microsoft. NET 等。还有诸如财务管理软件、档案管理软件、各种工业控制软件、商业管理软件、各种计算机辅助设计软件包、各种数字信号处理及科学计算程序包等。

思 考 题

1. 什么是办公自动化？什么是办公自动化系统？
2. 办公自动化系统组成、结构和功能有哪些？
3. 办公自动化常使用的设备和应用软件有哪些？

13　综合布线系统

学习目标：了解综合布线系统的基本构成和有关规定，熟悉综合布线系统的常见缆线和连接件，了解缆线布放要求，掌握综合布线系统集成的阶段过程，熟悉综合布线系统验收项目和内容。

13.1　综合布线系统概述

所谓综合布线系统就是根据不同需要将建筑物或建筑群内的语音视频设备、数据处理设备以及传统的设施设备统一设计、统一布局，集成在一个布线系统中。其优点是系统兼容、易扩展、布置灵活、可减少投资和维修管理费用。

由于现代化的智能建筑和建筑群体的不断涌现，综合布线系统的适用场合和服务对象逐渐增多，目前综合布线系统运用的建筑类型主要有以下几类：

1）商业贸易类型：如商务贸易中心、金融机构（如银行和保险公司等）、高级宾馆饭店、股票证券市场和高级商城大厦等高层建筑。

2）综合办公类型：如政府机关、群众团体、公司总部等办公大厦，办公、贸易和商业兼有的综合业务楼和租赁大厦等。

3）交通运输类型：如航空港、火车站、长途汽车客运枢纽站、江海港区（包括客货运站）、城市公共交通指挥中心、出租车调度中心、邮政枢纽楼、电信枢纽楼等公共服务建筑。

4）新闻机构类型：如广播电台、电视台、新闻通讯社、书刊出版社及报社业务楼等。

5）其他重要建筑类型：如医院、急救中心、气象中心、科研机构、高等院校和工业企业的高科技业务楼等。

此外，在军事基地和重要部门（如安全部门等）的建筑以及高级住宅小区等也需要采用综合布线系统。在21世纪，随着科学技术的发展和人类生活水平的提高，综合布线系统的应用范围和服务对象会逐步扩大和增加。例如智能化居住小区（又称智能化社区），住房和城乡建设部计划从目前起，用5年左右的时间，将在全国建成一批高度智能化的住宅小区技术示范工程，以便向全国推广。从以上所述和建设规划来看，综合布线系统具有广泛使用的前景，为智能化建筑中实现传送各种信息创造有利条件，以适应信息化社会的发展需要，这已成为时代发展的必然趋势。

13.1.1　综合布线系统的构成

（1）综合布线系统基本构成

目前，各国生产的综合布线系统产品的设计、制造、安装和维护中所遵循的基本标准主要有两种，一种是美国标准ANSI/EIA/TIA 568A：1995《商务建筑电信布线标准》；另一种是国际标准化组织/国际电工委员会标准ISO/IEC 11801：1995《信息技术——用户房屋综合布线》。上述两种标准差别很明显，如从综合布线系统的组成来看，美国标准把综合布线系统划分为建筑群子系统、干线（垂直）子系统、配线（水平）子系统、设备间子系统、管理子系统和工作区子系统 6 个独立的子系统；国际标准则将其划分为建筑群主干布线子系统、建筑物主干布线子系统和水平布线子系统 3 部分，并规定工作区布线为非永久性部分，工程设计和施工也不涉足为用户使用时临时连接的这部分。

我国国家标准《综合布线系统工程设计规范》（GB 50311—2007）规定，将综合布线系统分为三个布线子系统，即建筑群子系统、干线子系统和配线子系统。它是由线缆和相应连接件组成的信息传输通道，其各组成部分如图 13-1 所示。工作区布线为非永久性部分。

1）综合布线系统基本构成应符合图 13-1 要求。同时规定，综合布线系统工程宜按下列七个部分进行设计：

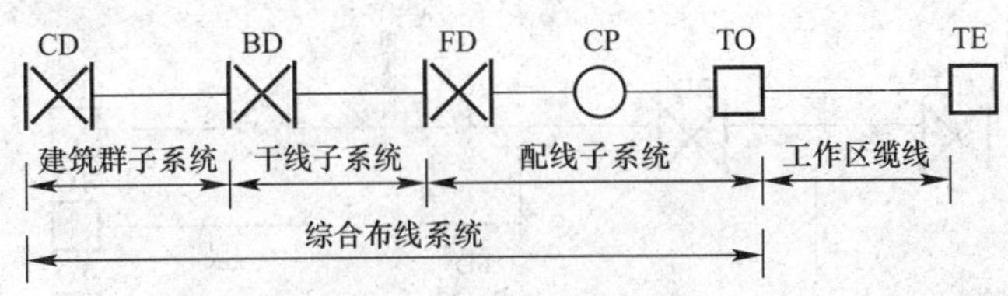

图 13-1 综合布线系统基本构成

注：配线子系统中可以设置集合点（CP 点），也可不设置集合点。

① 工作区：一个独立的需要设置终端设备（TE）的区域宜划分为一个工作区。工作区应由配线子系统的信息插座模块（TO）延伸到终端设备处的连接缆线及适配器组成。

② 配线子系统：配线子系统应由工作区的信息插座模块、信息插座模块至电信间配线设备（FD）的配线电缆和光缆、电信间的配线设备及设备缆线和跳线等组成。

③ 干线子系统：干线子系统应由设备间至电信间的干线电缆和光缆，安装在设备间的建筑物配线设备（BD）及设备缆线和跳线组成。

④ 建筑群子系统：建筑群子系统应由连接多个建筑物之间的主干电缆和光缆、建筑群配线设备（CD）及设备缆线和跳线组成。

⑤ 设备间：设备间是在每幢建筑物的适当地点进行网络管理和信息交换的场地。对于综合布线系统工程设计，设备间主要安装建筑物配线设备。电话交换机、计算机主机设备及入口设施也可与配线设备安装在一起。

⑥ 进线间：进线间是建筑物外部通信和信息管线的入口部位，并可作为入口设施和建筑群配线设备的安装场地。

⑦ 管理：管理应对工作区、电信间、设备间、进线间的配线设备、缆线、信息插座模块等设施按一定的模式进行标识和记录。

2）综合布线子系统构成应符合图 13-2 要求。

3）综合布线系统入口设施及引入缆线构成应符合图 13-3 的要求。

（2）综合布线系统结构

综合布线系统应为开放式网络拓扑结构，应能支持语音、数据、图像、多媒体业务等信息的传递。一般采用星形拓扑结构，该结构下的每个子系统都相对独立，分支子系统发生改变时互不影响。

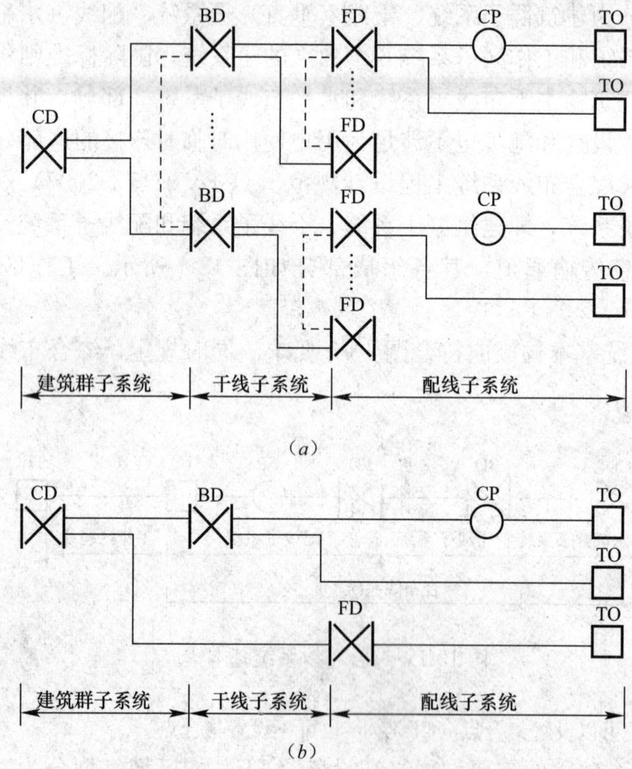

图 13-2　综合布线子系统构成

注：① 图中的虚线表示 BD 与 BD 之间，FD 与 FD 之间可以设置主干缆线；

② 建筑物 FD 可以经过主干缆线直接连至 CD，TO 也可以经过水平缆线直接连至 BD。

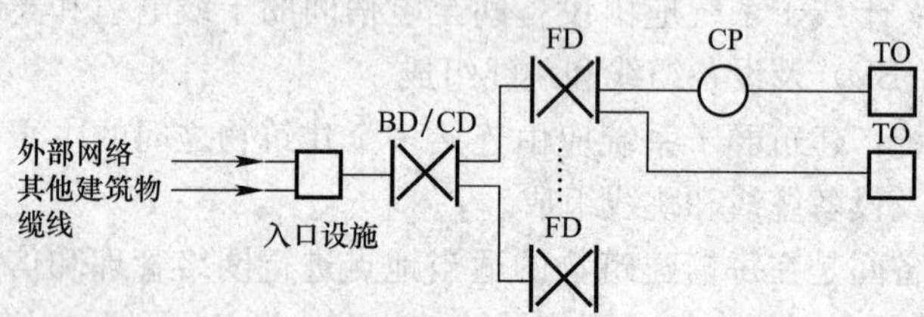

图 13-3　综合布线系统引入部分构成

注：对设置了设备间的建筑物，设备间所在楼层的 FD 可以和设备中的 BD/CD 及入口设施安装在同一场地。

13.1.2　综合布线系统的分级与类别

(1) 综合布线系统分级与构成

1) 综合布线铜缆系统的分级与类别划分应符合表 13-1 的要求。

铜缆布线系统的分级与类别　　表 13-1

系统分级	支持带宽（Hz）	支持应用器件	
		电缆	连接硬件
A	100K		
B	1M		

续表

系统分级	支持带宽（Hz）	支持应用器件	
		电缆	连接硬件
C	16M	3类	3类
D	100M	5/5e类	5/5e类
E	250M	6类	6类
F	600M	7类	7类

注：3类、5/5e类（超5类）、6类、7类布线系统应能支持向下兼容的应用。

2）光纤信道分为OF-300、OF-500和OF-2000三个等级，各等级光纤信道应支持的应用长度不应小于300m、500m及2000m。

3）综合布线系统信道应由最长90m水平缆线、最长10m的跳线和设备缆线及最多4个连接器件组成，永久链路则由90m水平缆线及3个连接器件组成。连接方式如图13-4所示。

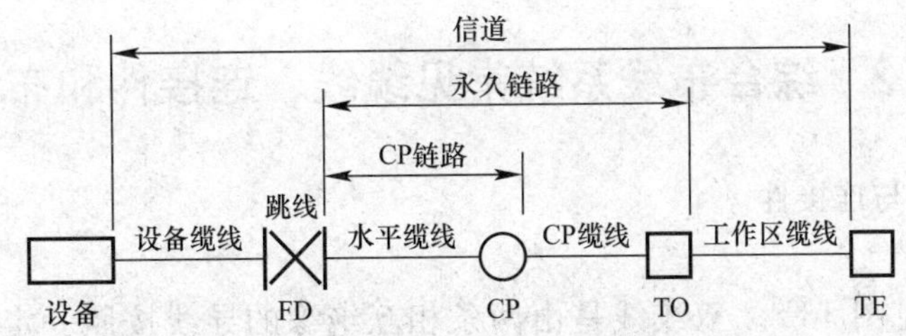

图13-4 布线系统信道、永久链路、CP链路构成

4）光纤信道构成方式应符合以下要求：

① 水平光缆和主干光缆至楼层电信间的光纤配线设备应经光纤跳线连接构成（图13-5）。

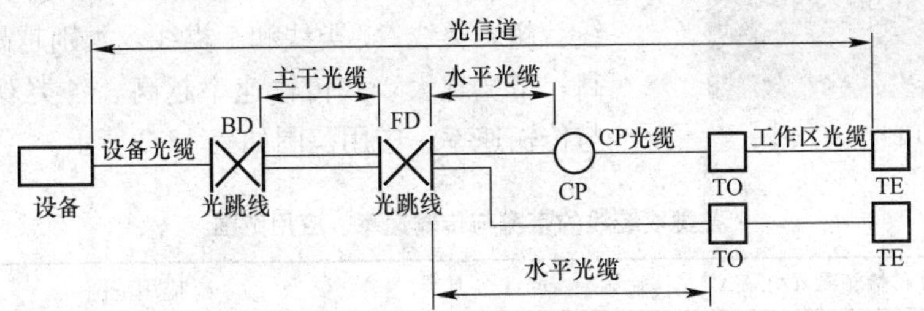

图13-5 光纤信道构成（一）（光纤经电信间FD光跳线连接）

② 水平光缆和主干光缆在楼层电信间应经端接（熔接或机械连接）构成（图13-6）。

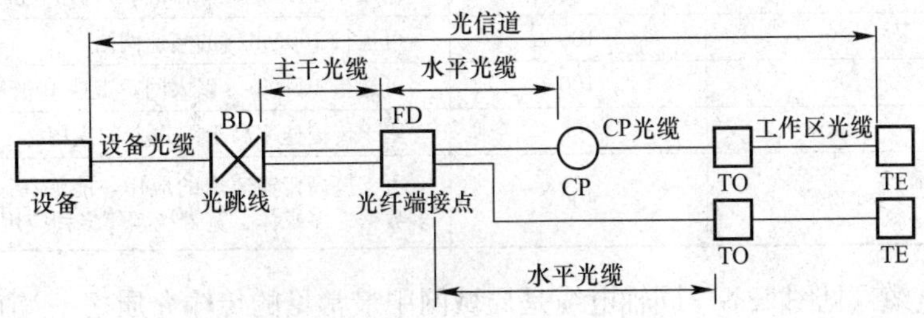

图13-6 光纤信道构成（二）（光缆在电信间FD做端接）

③ 水平光缆经过电信间直接连至大楼设备间光配线设备构成（图 13-7）。

5）当工作区用户终端设备或某区域网络设备需直接与公用数据网进行互通时，宜将光缆从工作区直接布放至电信入口设施的光配线设备。

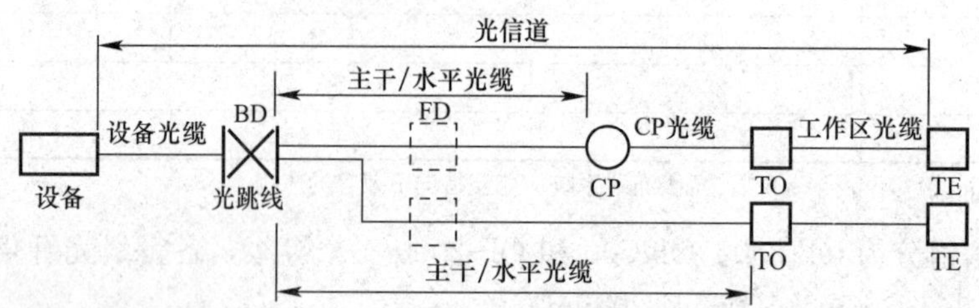

图 13-7　光纤信道构成（三）（光缆经过电信间 FD 直接连接至设备间 BD）

注：FD 安装于电信间，只作为光缆路径的场合。

13.2　综合布线系统常见缆线、连接件和布设

13.2.1　缆线与连接件

（1）缆线

1）双绞线：见图 13-8。双绞线是由两条相互绝缘的导线按照一定的规格互相缠绕（一般以顺时针缠绕）在一起而制成的一种通用配线，属于信息通信网络传输介质。双绞线过去主要是用来传输模拟信号的，但现在同样适用于数字信号的传输。

图 13-8　双绞线

双绞线有 1 类线、2 类线、3 类线、4 类线、5 类线、超 5 类线、6 类线和 7 类线，类别越高传输带宽越高，带宽越大，其传输速率越高。各类双绞线的带宽与传输速率、应用范围如表 13-2 所示。

各类双绞线的带宽与传输速率、应用范围　　表 13-2

类别	最高传输频率（Mbps）	传输频率（MHz）	应用范围
1 类线	1	0.75	用于话音传输
2 类线	4	1	用于 ISDN（综合业务数字网），数字话音等
3 类线	10	16	适用于 10-Base-T 局域网和 4Mb/s 令牌环网
4 类线	16	20	适用于 16Mb/s 令牌环网域网在内的数据传输
5 类线	100	100	可运行 100Mb/s 的高速网络
超 5 类线	100	100	可运行 100Mb/s 以太网，支持 1000Mb/s 以太网
6 类线	1000	200	用于传输速率高于 1Gbps 的应用
7 类线	≥10000	600	可支持高传输速率的应用，能够在一个信道上支持多数据、多媒体、宽带视频等多种应用

2）同轴电缆：见图 13-9。同轴电缆是局域网中最常见的传输介质之一，它用来传递信息的一对导体是按照一层圆筒式的外导体套在内导体（一根细芯）外面，两个导体间用绝缘

材料互相隔离的结构制造的，外层导体和中心轴芯线的圆心在同一个轴心上，所以叫做同轴电缆。同轴电缆之所以设计成这样，也是为了防止外部电磁波干扰异常信号的传递。

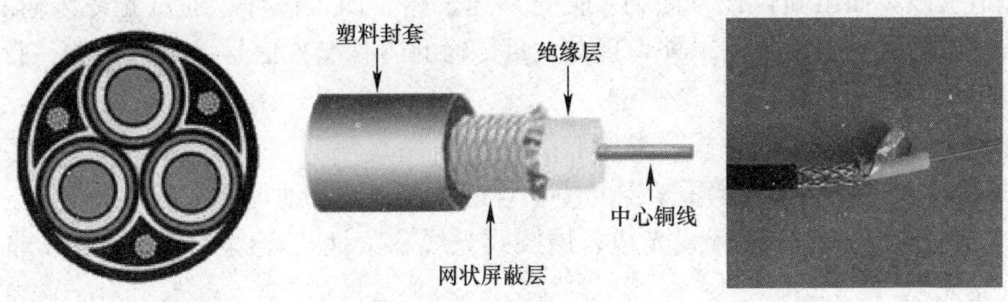

图 13-9 同轴电缆

同轴电缆从用途上分可分为基带同轴电缆和宽带同轴电缆（即网络同轴电缆和视频同轴电缆）。基带电缆又分细同轴电缆和粗同轴电缆。基带电缆仅仅用于数字传输，数据率可达 10Mbps。

目前，常用的同轴电缆有两类：50Ω 和 75Ω 的同轴电缆。75Ω 同轴电缆常用于 CATV 网，故称为 CATV 电缆，传输带宽可达 1GHz，目前常用 CATV 电缆的传输带宽为 750MHz。50Ω 同轴电缆主要用于基带信号传输，传输带宽为 1～20MHz，总线型以太网就是使用 50Ω 同轴电缆，在以太网中，50Ω 细同轴电缆的最大传输距离为 185m，粗同轴电缆可达 1000m。

宽带电缆是 CATV 系统中使用的标准，它既可使用频分多路复用的模拟信号发送，也可传输数字信号。同轴电缆的价格比双绞线贵一些，但其抗干扰性能比双绞线强。当需要连接较多设备而且通信容量相当大时可以选择同轴电缆。

同轴电缆的优点是可以在相对长的无中继器的线路上支持高带宽通信，而其缺点也是显而易见的：一是体积大，细缆的直径就有 3/8 英寸粗，要占用电缆管道的大量空间；二是不能承受缠结、压力和严重的弯曲，这些都会损坏电缆结构，阻止信号的传输；最后就是成本高，而所有这些缺点正是双绞线能克服的，因此在现在的局域网环境中，基本已被基于双绞线的以太网物理层规范所取代。

3）光缆：见图 13-10。光缆是一定数量的光纤按照一定方式组成缆心，外包有护套，有的还包覆外护层，用以实现光信号传输的一种通信线路。缆芯是光导纤维（细如头发的玻璃丝），保护套管及外皮是由塑料构成。

图 13-10 光缆

光缆是当今信息社会各种信息网的主要传输工具。如果把“互联网”称作“信息高速公路”的话，那么，光缆网就是信息高速路的基石——光缆网是互联网的物理路由。一旦某条光缆遭受破坏而阻断，该方向的“信息高速公路”即告破坏。通过光缆传输的信息，除了通常的电话、电报、传真以外，现在大量传输的还有电视信号，银行汇款、股市行情等一刻也不能中断的信息。

光缆种类很多，按不同方式分类如下：

① 按敷设方式分有：自承重架空光缆，管道光缆，铠装地埋光缆和海底光缆。

② 按光缆结构分有：束管式光缆，层绞式光缆，紧抱式光缆，带式光缆，非金属光缆和可分支光缆。

③ 按用途分有：长途通讯用光缆、短途室外光缆、混合光缆和建筑物内用光缆。

④ 按使用地点分类：室内光缆、室外光缆。

光缆的连接方法主要有永久性连接、应急连接、活动连接。

① 永久性光纤连接（又叫热熔）：这种连接是用放电的方法将连根光纤的连接点熔化并连接在一起。一般用在长途接续、永久或半永久固定连接。其主要特点是连接衰减在所有的连接方法中最低，典型值为 0.01～0.03dB/点。但连接时，需要专用设备（熔接机）和专业人员进行操作，而且连接点也需要专用容器保护起来。

② 应急连接（又叫冷熔）：主要是用机械和化学的方法，将两根光纤固定并粘接在一起。这种方法的主要特点是连接迅速可靠，连接典型衰减为 0.1～0.3dB/点。但连接点长期使用会不稳定，衰减也会大幅度增加，所以只能短时间内应急用。

③ 活动连接：是利用各种光纤连接器件（插头和插座），将站点与站点或站点与光缆连接起来的一种方法。这种方法灵活、简单、方便、可靠，多用在建筑物内的计算机网络布线中。其典型衰减为 1dB/接头。

光纤检测的主要目的是保证系统连接的质量，减少故障因素以及故障时找出光纤的故障点。检测方法很多，主要分为人工简易测量和精密仪器测量。

① 人工简易测量：这种方法一般用于快速检测光纤的通断和施工时用来分辨所做的光纤。它是用一个简易光源从光纤的一端打入可见光，从另一端观察哪一根发光来实现。这种方法虽然简便，但它不能定量测量光纤的衰减和光纤的断点。

② 精密仪器测量：使用光功率计或光时域反射图示仪（OTDR）对光纤进行定量测量，可测出光纤的衰减和接头的衰减，甚至可测出光纤的断点位置。这种测量可用来定量分析光纤网络出现故障的原因和对光纤网络产品进行评价。

（2）缆线的布放

① 配线子系统缆线宜采用在吊顶、墙体内穿管或设置金属密封线槽及开放式（电缆桥架，吊挂环等）敷设，当缆线在地面布放时，应根据环境条件选用地板下线槽、网络地板、高架（活动）地板布线等安装方式。

② 干线子系统垂直通道穿过楼板时宜采用电缆竖井方式。也可采用电缆孔、管槽的方式，电缆竖井的位置应上、下对齐。

③ 建筑群之间的缆线宜采用地下管道或电缆沟敷设方式，并应符合相关规范的规定。

④ 缆线应远离高温和电磁干扰的场地。

⑤管线的弯曲半径应符合表 13-3 的要求。

管线敷设弯曲半径 表 13-3

缆线类型	弯曲半径（mm）/倍
2 芯或 4 芯水平光缆	光缆＞25mm
其他芯数和主干光缆	不小于光缆外径的 10 倍
4 对非屏蔽电缆	不小于电缆外径的 4 倍
4 对屏蔽电缆	不小于电缆外径的 8 倍
大对数主干电缆	不小于电缆外径的 10 倍
室外光缆、电缆	不小于缆线外径的 10 倍

⑥ 缆线布放在管与线槽内的管径与截面利用率，应根据不同类型的缆线做不同的选择。管内穿放大对数电缆或 4 芯以上光缆时，直线管路的管径利用率应为 50%～60%，弯管路的管径利用率应为 40%～50%。管内穿放 4 对对绞电缆或 4 芯光缆时，截面利用率应为 25%～30%。布放缆线在线槽内的截面利用率应为 30%～50%。

⑦ 电气防护及接地：

A. 综合布线电缆与附近可能产生高电平电磁干扰的电动机、电力变压器、射频应用设备等电器设备之间应保持必要的间距，并应符合下列规定：

(A) 综合布线电缆与电力电缆的间距应符合表 13-4 的规定。

综合布线电缆与电力电缆的间距 表 13-4

类别	与综合布线接近状况	最小间距（mm）
380V 电力电缆＜2kV・A	与缆线平行敷设	130
	有一方在接地的金属线槽或钢管中	70
	双方都在接地的金属线槽或钢管中②	10①
380V 电力电缆 2～5kV・A	与缆线平行敷设	300
	有一方在接地的金属线槽或钢管中	150
	双方都在接地的金属线槽或钢管中②	80
380V 电力电缆＞5kV・A	与缆线平行敷设	600
	有一方在接地的金属线槽或钢管中	300
	双方都在接地的金属线槽或钢管中②	150

注：① 当 380V 电力电缆＜2kV・A，双方都在接地的线槽中，且平行长度≤10m 时，最小间距可为 10mm。
② 双方都在接地的线槽中，系指两个不同的线槽，也可在同一线槽中用金属板隔开。

(B) 综合布线系统缆线与配电箱、变电室、电梯机房、空调机房之间的最小净距宜符合表 13-5 的规定。

综合布线缆线与电气设备的最小净距 表 13-5

名　称	最小净距（m）	名　称	最小净距（m）
配电箱	1	电梯机房	2
变电室	2	空调机房	2

(C) 墙上敷设的综合布线缆线及管线与其他管线的间距应符合表 13-6 的规定。当墙壁电缆敷设高度超过 6000mm 时，与避雷引下线的交叉间距应按下式计算：

$$S \geqslant 0.05L$$

式中 S——交叉间距（mm）；

L——交叉处避雷引下线距地面的高度（mm）。

综合布线缆线及管线与其他管线的间距 表 13-6

其他管线	平行净距（mm）	垂直交叉净距（mm）
避雷引下线	1000	300
保护地线	50	20
给水管	150	20
压缩空气管	150	20
热力管（不包封）	500	500
热力管（包封）	300	300
煤气管	300	20

B. 综合布线系统应根据环境条件选用相应的缆线和配线设备，或采取防护措施，并应符合下列规定：

（A）当综合布线区域内存在的电磁干扰场强低于 3V/m 时，宜采用非屏蔽电缆和非屏蔽配线设备。

（B）当综合布线区域内存在的电磁干扰场强高于 3V/m 时，或用户对电磁兼容性有较高要求时，可采用屏蔽布线系统和光缆布线系统。

（C）当综合布线路由上存在干扰源，且不能满足最小净距要求时，宜采用金属管线进行屏蔽，或采用屏蔽布线系统及光缆布线系统。

C. 在电信间、设备间及进线间应设置楼层或局部等电位接地端子板。

D. 综合布线系统应采用共用接地的接地系统，如单独设置接地体时，接地电阻不应大于 4Ω。如布线系统的接地系统中存在两个不同的接地体时，其接地电位差不应大于 1Vr. m. s。

E. 楼层安装的各个配线柜（架、箱）应采用适当截面的绝缘铜导线单独布线至就近的等电位接地装置，也可采用竖井内等电位接地铜排引到建筑物共用接地装置，铜导线的截面应符合设计要求。

F. 缆线在雷电防护区交界处，屏蔽电缆屏蔽层的两端应做等电位连接并接地。

G. 综合布线的电缆采用金属线槽或钢管敷设时，线槽或钢管应保持连续的电气连接，并应有不少于两点的良好接地。

H. 当缆线从建筑物外面进入建筑物时，电缆和光缆的金属护套或金属件应在入口处就近与等电位接地端子板连接。

I. 当电缆从建筑物外面进入建筑物时，应选用适配的信号线路浪涌保护器，信号线路浪涌保护器应符合设计要求。

⑧ 防火：

A. 根据建筑物的防火等级和对材料的耐火要求，综合布线系统的缆线选用和布放方式及安装的场地应采取相应的措施。

B. 综合布线工程设计选用的电缆、光缆应从建筑物的高度、面积、功能、重要性等方面加以综合考虑，选用相应等级的防火缆线。

（3）连接件

1）配线架：见图 13-11。配线架是管理子系统中最重要的组件，是实现垂直干线和水平布线两个子系统交叉连接的枢纽。配线架通常安装在机柜或墙上。通过安装附件，配线架可以全线满足 UTP、STP、同轴电缆、光纤、音视频的需要。在网络工程中常用的配线架有双绞线配线架和光纤配线架。

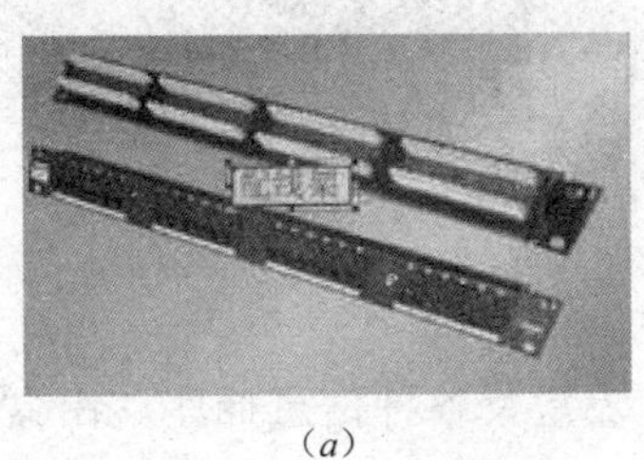

(a)

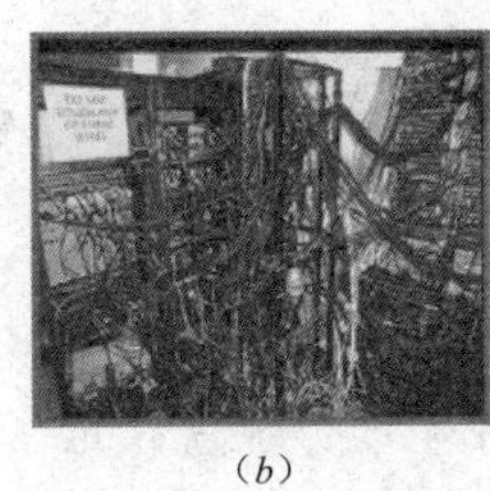

(b)

(c)

图 13-11 配线架
(a) 配线架；(b) 传统配线架机房；(c) 整洁的机房

双绞线配线架大多被用于水平配线。前面板用于连接集线设备的 RJ-45 端口，后面板用于连接从信息插座延伸过来的双绞线。双绞线配线架主要有 24 口和 48 口两种形式。

光纤终端盒用于终接光缆，大多被用于垂直布线和建筑群布线。根据结构的不同，光纤终端盒可分为壁挂式和机架式。壁挂式可以直接固定于墙体上，一般为箱体结构，适用于光缆条数和光线芯数都较小的场所。机架式可以直接安装在标准机柜中，适用于较大规模的光纤网络。一种是固定配置的终端盒，光纤耦合器被直接固定在机柜中，适用于较大规模的光纤网络。一种是固定配置的终端盒，用户可根据光缆的数量和规格选择相对应的模块，便于网络的调整和扩展。

光纤配线架的作用是在管理子系统中将光缆进行连接，通常在主配线间和各分配线间。柜中会显得整齐、大气。对标签的操作、更改、替换不会因环境、人员的不同而不同，在相当长的一段时间内，即便人员更迭，环境变化，电子标签依然像初安装时一样整齐美观。另外，采用 LED 显示屏的标签在亮度、分辨率等方面都有着传统纸质标签无法比拟的优势。

2）适配器：适配器被固定于光纤终端盒或信息插座，用于实现光纤连接器之间的连接，并保证光纤之间保持正确的对准角度。

适配器也可被应用于光纤终端盒，它是一种使不同尺寸或类型的插头与信息插座相匹配，从而使光纤所连接的应用系统设备顺利接入网络的器件。在通常情况下，终端设备都可以而且应当通过跳线连接至信息插座，无需使用任何适配器。如果由于终端设备与信息插座间的插头不匹配或线缆阻抗不匹配，无法直接使用信息插座，则必须借助于适当的适配器或平衡/非平衡转换器进行转换，从而实现终端设备与信息插座之间的相互兼容。

网络适配器又称网卡或网络接口卡（NIC），英文名 Network Interface Card。网络适配器的内核是链路层控制器，该控制器通常是实现了许多链路层服务的单个特定目的的芯片，这些服务包括成帧，链路接入，流量控制，差错检测等。网络适配器是使计算机联网的设备，平常所说的网卡就是将 PC 机和 LAN 连接的网络适配器。网卡（NIC）插在计算机主板插槽中，负责将用户要传递的数据转换为网络上其他设备能够识别的格式，通过网络介质传输。它的主要技术参数为带宽、总线方式、电气接口方式等。

图 13-12　网络适配器

图 13-13　网卡接口

3）分线设备：分线设备包括电缆分线盒、光纤分线盒及各种信息插座。由盒体、盒盖和接线排构成。它是配线电缆的终端，连接配线电缆和用户线路部分，具有重要作用。

按其连续方式不同分线设备可分为压接式和卡接式两大类；按其安装方式不同可分为挂式和嵌式两种。分线设备产品按其容量可分为 5、10、20、30、50、100 回线等规格。分线设备一般安装在电杆及墙壁上，不论采用木质或金属背架均要求牢固、端正、接地良好。

4）交接设备：主要有配线盘、电缆交接箱和光缆交接箱等。交接箱安装于户外，是主干电缆（光缆）和配线电缆（光缆）的交接设备，在设备内部可用跳线使主干电缆（光缆）和配线电缆（光缆）之间进行任意连接。

5）跳线：是电力线路两段之间不承受张力的电气连接用短导线和电力金具的组合。如，配线架上连接线。常见的跳线有计算机板卡跳线、光纤跳线、网络跳线等。

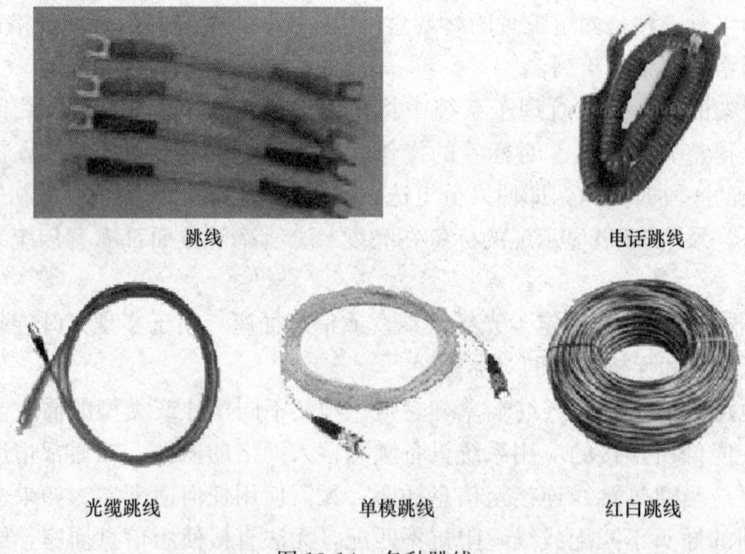

图 13-14　各种跳线

跳线用在配线架上交接各种链路，可作为配线架或设备连接电缆使用。跳线的长度有 1 英尺（0.305m）到 500 英尺（152.5m），最常用的是 3 英尺、5 英尺、7 英尺和 10 英尺长度。模块化跳线在工作区中使用，也可作为配线间的跳线。

6）光纤连接器：装置在光纤末端使两根光纤实现光信号传输的连接器。将两根光纤连接在一起，光信号通过时只引入很低衰减的装置。光纤连接器，是光纤与光纤之间进行可拆卸（活动）连接的器件，它把光纤的两个端面精密对接起来，以使发射光纤输出的光能量能最大限度地耦合到接收光纤中去，并使由于其介入光链路而对系统造成的影响减到最小，这是光纤连接器的基本要求。在一定程度上，光纤连接器影响了光传输系统的可靠性和各项性能。

图 13-15　光纤连接器

光纤连接器按传输媒介的不同可分为常见的硅基光纤的单模、多模连接器，还有其他如以塑胶等为传输媒介的光纤连接器；按连接头结构形式可分为：FC、SC、ST、LC、D4、DIN、MU、MT 等等各种形式。其中，ST 连接器通常用于布线设备端，如光纤配线架、光纤模块等；而 SC 和 MT 连接器通常用于网络设备端。按光纤端面形状分有 FC、PC（包括 SPC 或 UPC）和 APC；按光纤芯数划分还有单芯和多芯（如 MT-RJ）之分。

13.3　综合布线系统集成、要求、测试与验收

13.3.1　综合布线的系统集成

综合布线项目的系统集成可分为下列几个阶段：

（1）勘察现场

主要任务是与客户协商网络需求，现场勘察建筑，根据用户提出的信息点位置和数量要求，参考建筑平面图、装修平面图等资料，结合网络设计方案对布线施工现场进行勘察，初步预定信息点数目与位置，进行主干路由和机柜的初步定位。勘察对象包括：建筑结构、机房（设备间）和配线管理间的位置、走线路由、电磁环境、布线设施外观以及对建筑物的破坏（如打过墙眼等）。还要考虑在利用现有空间的同时避开强电及其他线路，做出综合布线调研报告。

（2）规划设计

工程的规则设计将对布线全过程产生决定性的影响，因此，应根据调研结果对费用预算、应用需求、施工进度等进行多方面综合考虑，并着手做出详细的设计方案。在综合布线系统专业标准和法规的指导下，充分考虑网络设计方案对布线系统的要求，对布线系统总体进行可行性分析，如空间距离、带宽、信息点密度等指标分析，并对各个子系统进行详细设计。如果楼群正在筹建中，应当及时提出综合布线方案，根据整体布局、走线路由情况对建筑设计提出特定的要求，如楼与楼之间的主干通道连接、楼层之间通道的走线规格、管道预埋等，以便后面的施工顺利进行。如果布线系统设计方案存在重大缺陷，一旦施工完成，将造成无法挽回的损失。因此，应当由用户、网络方案设计人员、布线工程人员共同参与方案的评审。如果发现可能存在的问题，必须在方案修改后再进行评审，直到形成最终方案。

（3）施工方案

根据布线系统设计方案确定详细施工细节（如布线路由、打过墙眼等），综合考虑设计实施中的管理和操作，指定工程负责人和工程监理人员，规划各料、各工以及内外协调施工组织和管理等内容。施工方案中需要考虑用户方的配合程度，对于布线方案对路面和建筑物可能造成的破坏程度最好让用户知晓并获得对方管理部门的批准。施工方案需要与

用户方协商，且得到用户方的认可签字，并指定协调负责人予以配合。

（4）经费概算

经费概算主要是根据建筑平面图等资料来结算线材的用量，计算布线材料费用、布线工具费用、人工费用和工期等。

（5）现场施工

综合布线系统的实现阶段，主要包括土建施工：协调施工队与业主进行职责商谈，提出布线许可，主要是钻孔、走线、信息插座定位、机柜定位、制作布线标记系统等内容。技术安装：主要是机柜内部安装，打信息模块、打配线架。机柜内部要布置得整齐合理，分块鲜明，标志清楚，便于今后维护。不同品牌的产品可能有不同的打线专用设备。

施工现场指挥人员要有较高素质，应充分理解布线设计方案，并掌握相应的技术规范，必要时才能做出正确的临场判断。当装潢与布线同时开展时，布线应争取主动，早进场调查，把能做的事先做，如挖沟、打钻、敷设管道等，有计划的施工。一时无法解决的问题，设计人员必须尽快修改设计方案，早日拿出解决办法。

（6）测试验收

根据相应的布线系统标准规范对布线系统进行各项技术指标的现场认证测试。

信息点测试：一般采用12点测试仪，单人可以进行，效率较高，主要测试通断情况，深层测试通常可用多功能测试仪，根据TSB—67标准，对接线图、长度、衰减量、近端串音、传播延迟等多方面数据进行测试，并可联机打印测试报告。

负载试验：即加载网络设备后进行部分网络连通性能抽测。

最后是竣工验收审核以及技术文档的移交。

（7）文档管理

工程验收完后，必须提供给客户验收报告单，内容包括材料实际用量表、测试报告书、机柜配线图、楼层配线图、信息点分布图以及光纤、语音和视频主干路简图等，为日后的维护提供数据依据。

（8）布线维护

当综合布线系统的通信线路和连接硬件出现故障时，应当快速作出响应，提供现场维护，排除故障点，并根据客户需要对现有布线系统进行扩充和修改。

13.3.2 综合布线系统的应用要求

1）同一布线信道及链路的缆线和连接器件应保持系统等级与阻抗的一致性。

2）综合布线系统工程的产品类别及链路、信道等级确定应综合考虑建筑物的功能、应用网络、业务终端类型、业务的需求及发展、性能价格、现场安装条件等因素，应符合表13-7要求。

布线系统等级与类别的选用 表13-7

业务种类	配线子系统		干线子系统		建筑群子系统	
	等级	类别	等级	类别	等级	类别
语音	D/E	5e/6	C	3（大对数）	C	3（室外大对数）
数据	D/E/F	5e/6/7	D/E/F	5e/6/7（4对）		
	光纤	62.5μm多模/50μm多模/<10uμm单模	光纤	62.5μm多模/50μm多模/<10uμm单模		62.5μm多模/50μm多模/<10μm单模

续表

业务种类	配线子系统		干线子系统		建筑群子系统	
	等级	类别	等级	类别	等级	类别
其他	可采用 5e/6 类 4 对对绞电缆					
应用	和 62.5μm 多模/50μm 多模/<10μm 多模、单模光缆					

注：其他应用指数字监控摄像头、楼宇自控现场控制器（DDC）、门禁系统等采用网络端口传送数字信息时的应用。

3）综合布线系统光纤信道应采用标称波长为 850nm 和 1300nm 的多模光纤及标称波长为 1310nm 和 1550nm 的单模光纤。

4）单模和多模光缆的选用应符合网络的构成方式、业务的互通互连方式及光纤在网络中的应用传输距离。楼内宜采用多模光缆，建筑物之间宜采用多模或单模光缆，需直接与电信业务经营者相连时宜采用单模光缆。

5）为保证传输质量，配线设备连接的跳线宜选用产业化制造的各类跳线，在电话应用时宜选用双芯对绞电缆。

6）工作区信息点为电端口时，应采用 8 位模块通用插座（RJ45），光端口宜采用 SFF 小型光纤连接器件及适配器。

7）FD、BD、CD 配线设备应采用 8 位模块通用插座或卡接式配线模块（多对、25 对及回线型卡接模块）和光纤连接器件及光纤适配器（单工或双工的 ST、SC 或 SFF 光纤连接器件及适配器）。

8）CP 集合点安装的连接器件应选用卡接式配线模块或 8 位模块通用插座或各类光纤连接器件和适配器。

13.3.3 综合布线系统测试与验收

（1）常见测试问题及分析

1）近端串扰未通过：故障原因可能是近端连接点的问题，或者是因为串对、外部干扰、远端连接点短路、链路电缆和连接硬件性能问题、不是同一类产品以及电缆的端接质量问题等。

2）接线图未通过：故障原因可能是两端的接头有断路、短路、交叉或破裂，或是因为跨接错误等。

3）衰减未通过：故障原因可能是线缆过长或温度过高，或是连接点问题，也可能是链路电缆和连接硬件的性能问题，或不是同一类产品，还有可能是电缆的端接质量问题等。

4）长度未通过：故障原因可能是线缆过长、开路或短路，或者设备连线及跨接线的总长度过长等。

5）测试仪故障：故障原因可能是测试仪不启动（可采用更换电池或充电的方法解决此问题）、测试仪不能工作或不能进行远端校准、测试仪设置为不正确的电缆类型、测试仪设置为不正确的链路结构、测试仪不能存储自动测试结果以及测试仪不能打印存储的自动测试结果等。

（2）综合布线系统测试

1）测试类别：综合布线系统测试类型包括验证测试、鉴定测试和认证测试。

验证测试：边施工边测试，也称随工测试，主要检测线缆的质量和安装工艺，及时发现并纠正问题，避免返工。在工程竣工检查中，发现信息链路不通、短路、反接、线对交叉、链路超长等问题占整个工程质量问题的80%，这些问题应在施工初期通过重新端接、调换线缆、修正布线路由等措施来解决。

鉴定测试：是在验证测试的基础上，增加了故障诊断测试和多种类别的电缆测试。

认证测试（竣工测试）：是在工程验收时对综合布线系统的安装、电气特征、传输性能、设计、选材和施工质量的全面检验。是检验工程设计水平和工程质量的总体水平的重要环节。

认证测试包括自我认证测试和第三方认证测试。

自我认证测试由施工方自己组织进行，按照设计方案对工程每一条链路进行测试，确保每一条链路都符合标准要求。

第三方认证测试一般采用两种方法：对工程要求高，使用器材类别高，投资较大的工程，建设方除要求施工方要做自我认证测试外，还邀请第三方对工程做全面测试。另一种是建设方在施工方要做自我认证测试的同时，请第三方对综合布线系统链路做抽样测试。按照工程规模抽样样本数量，一般1000个信息点以上的工程抽样30%，1000个信息点以下的工程抽样50%。

2）我国国家标准规定的测试内容：综合布线系统工程电气性能测试，本规范参照TIA/EIA TSB67标准要求，提出测试长度、接线图、衰减、近端串音四项内容。其他诸如：衰减对串扰比、环境噪音干扰强度、传播时延、回波损耗、特性阻抗、直流环路电阻等电气性能测试项目，可以根据工程的具体情况和用户的要求及现场测试仪表的功能，施工现场所具备的条件选项进行测试，并做好记录。

对于光缆链路的测试，首选在两端对光纤进行测试的连接方式，如果按两根光纤进行环回测试时，对于所测得的指标应换算成单根光纤链路的指标来验收。

（3）综合布线系统验收

综合布线系统工程检验项目及内容见表13-8。

检验项目及内容　　表13-8

阶　段	验收项目	验收内容	验收方式
一、施工前检查	1. 环境要求	（1）土地施工情况：地面、墙面、门、电源插座及接地装置 （2）土建工艺：机房面积、预留孔洞 （3）施工电源 （4）地板铺设	施工前检查
	2. 器材检验	（1）外观检查 （2）形式、规格、数量 （3）电缆电气性能测试 （4）光纤特性测试	施工前检查
	3. 安全、防火要求	（1）消防器材 （2）危险物的堆放 （3）预留孔洞防火措施	施工前检查
二、设备安装	1. 交接间、设备间、设备机柜、机架	（1）规格、外观 （2）安装垂直、水平度 （3）油漆不得脱落 （4）各种螺丝必须紧固 （5）抗震加固措施 （6）接地措施	随工检验

续表

阶 段	验收项目	验收内容	验收方式
二、设备安装	2. 配线部件及8位模块式通用插座	(1) 规格、位置、质量 (2) 各种螺丝必须拧紧 (3) 标志齐全 (4) 安装符合工艺要求 (5) 屏蔽层可靠连接	随工检验
三、电、光缆布放（楼内）	1. 电缆桥架及线槽布放	(1) 安装位置正确 (2) 安装符合工艺要求 (3) 符合布放缆线工艺要求 (4) 接地	随工检验
	2. 缆线暗敷（包括暗管、线槽、地板等方式）	(1) 缆线规格、路由、位置 (2) 符合布放缆线工艺要求 (3) 接地	隐蔽工程签证
四、电、光缆布放（楼间）	1. 架空缆线	(1) 吊线规格、架设位置、装设规格 (2) 吊线垂度 (3) 缆线规格 (4) 卡、挂间隔 (5) 缆线的引入符合工艺要求	随工检验
	2. 管道缆线	(1) 使用管孔孔位 (2) 缆线规格 (3) 缆线走向 (4) 缆线的防护设施的设置质量	隐蔽工程签证
	3. 埋式缆线	(1) 缆线规格 (2) 敷设位置、深度 (3) 缆线的防护设施的设置质量 (4) 回土夯实质量	隐蔽工程签证
	4. 隧道缆线	(1) 缆线规格 (2) 安装位置，路由 (3) 土建设计符合工艺要求	隐蔽工程签证
	5. 其他	(1) 通信线路与其他设施的距 (2) 进线室安装、施工质量	随工检验或隐蔽工程签证
五、缆线终结	1. 8位模块式通用插座 2. 配线部位 3. 光纤插座 4. 各类跳线	符合工艺要求	随工检验
六、系统测试	1. 工程电气性能测试	(1) 连接图 (2) 长度 (3) 衰减 (4) 近端串音（两端都应测试） (5) 设计中特殊规定的测试内容	竣工检验
	2. 光纤特性测试	(1) 衰减 (2) 长度	竣工检验
七、工程总验收	1. 竣工技术文件	清点、交接技术文件	竣工检验
	2. 工程验收评价	考核工程质量，确认验收结果	

思 考 题

1. 综合布线系统基本构成有哪些？
2. 综合布线系统是怎样分级的？
3. 综合布线系统常见缆线和连接件有哪些？
4. 综合布线系统缆线布放有什么要求？
5. 综合布线系统集成分为哪几个阶段？
6. 综合布线系统测试方式有哪些？有什么特点？

14　智能建筑实例

学习目标：了解已建成智能建筑、智能小区和智能住宅建筑智能化状况。

14.1　智能建筑

14.1.1　某医院大楼

(1) 介绍

该医院采用中央集成管理系统，是以实现医院内相应专业子系统之间信息资源的共享与管理、相应子系统的互操作和快速响应与联动控制，以达到自动监视与控制的目的。医院中央集成管理系统工程分成综合信息系统集成（IBMS）与实时楼宇自动化和监控专业子系统集成（BMS）两个层次。

BMS设置中央数据库，将楼宇自控系统、安防系统、UPS系统、广播系统、灯控系统、电视监视系统、变配电能量管理系统、火灾自动报警系统等设备信息、运行标志信息、各种计量数据，进行科学合理分类、综合、裁剪存于中心数据库以供各类应用程序加工、处理、使用及查询。

整个系统的软件结构和数据流向如下图所示：

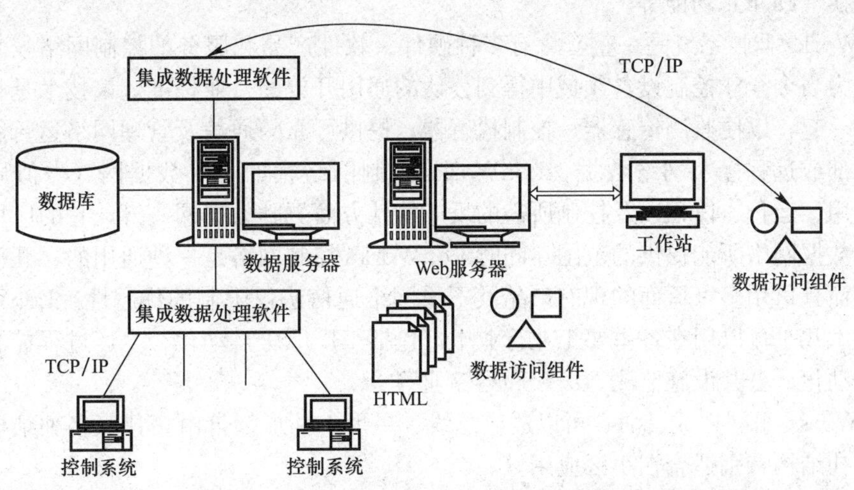

图 14-1　系统的软件结构和数据流向图

该软件按照地理位置来规划浏览页面。首页设置为医院的全貌图，在全貌图中标出楼层，点击楼层号可进入该楼层的平面图，在该楼层的平面图中包括的多个子系统的内容：

1）百叶窗、水池、电梯的位置，点击可显示运行的状况；

2）摄像机的位置，点击它，可以显示该路摄像头的图像；

3）报警探测器的位置，点击可显示报警状况等；

4）与该设备相应的数据报表的超级链接，得到相关的数据报表或趋势图；

5）点击室内温湿度，显示数据报表及数据趋势图；

6）点击摄像机，可以显示该路摄像头的图像；

7）点击报警探测器，显示报警系统的人员进出的记录等数据报表及数据趋势图等；

8）在总界面的数据报表和数据趋势图查询界面里，可以选择查询一个或多个数据点的从某一时刻到某一时刻的趋势图。如：以时间查询划分报警点状态的数据报表和数据趋势图；以传感器或探测器类型查询该点状态的数据报表和数据趋势图；以时间查询某操作员操作系统及修改设定或程序的数据报表等。

（2）楼宇自动化系统

医院采用TAC楼宇控制系统，瑞典TAC公司是欧洲最早的建筑设备自动化公司，具有百年历史。可确保系统高精度及高可靠性。

TAC楼宇控制系统，是一个由高效能PC机和微处理器组成的开放性网络系统LonWorks。系统遵守LonWorks网络协议，是一套集散型网络系统。特别适用于大、中、单独规模的建筑物、大规模的设备及楼群和区域性的集散管理系统。

TAC是目前市场上唯一全部使用LonWorks网络控制技术的最新产品，它既可作为智能控制器独立运行，控制现场设备，监视现场环境，也可接入LON总线，从而成为控制网络的一部分，与其他系统实现智能集成。此外，TAC控制器还有强大的函数运算处理能力，适宜进行设备智能控制和管理，内置芯片可防止突然断电造成的数据信息损失；有很强的预算和分析工具的能源消耗记录功能，统计数据、自动或人工收集数据、应用动态数据交换（DDE）功能等。

LonWorks监控系统是一整套含有多种硬件、软件产品和服务的控制网络技术，此项技术已成为当今全球控制设备领域中得到公认的通用开放的行业标准。该技术是将多种器件集成在一起，以便监测传感器、控制执行器，提供可靠的通信及管理网络运行服务，而且可以局部或远程接入网络数据。LonWorks控制网络犹如一个数据网（类似局域网）。且它在费用、运行、体积以及控制所需的反应特性方面更胜数据网一筹，它的应用领域也远远超过数据网络所能提供的范围。同时LonWorks控制网络是一种通用的、开放式的测控网络，而且可用多家厂商的现有产品及不受网络通信协议限制的优越性。LonWorks控制网络技术几乎可以用在各主要工业行业中，包括工厂厂房自动化、生产过程控制、楼宇及家庭自动化、公共设施监测、医疗和运输业等。

LonWorks组网方式灵活，可以适应总线、星形、环形、自由拓扑等多种结构，尤其是自由拓扑结构特别适合在小区应用。

1）建筑设备及后勤巡更管理监控：见表14-1。

建筑设备及后勤巡更管理监控　　表14-1

控制部位	控制内容
冷站	监测冷冻水供、回水温度；监测冷却水供、回水温度；监测冷冻水供、回水压力；制冷机组电动蝶阀开/关控制；旁通阀开/关控制；记录设备运行时间；设定故障报警；系统专家诊断。自动累计运行时间，开列维护保养清单

续表

控制部位	控制内容
热交换站	监测一次热水供、回水温度；监测二次热水供、回水温度；监测热水供水流量，与供、回水温差结合，计算出热量对循环水泵进行台数控制；以二次供水温度作为电动调节阀门的控制依据，根据该温度与设定温度的偏差，调节电动调节阀的开度；自动启停热水循环泵，监测热水循环泵运行状态、故障报警、手/自动开关状态；记录设备运行时间；设定故障报警；系统专家诊断。自动累计运行时间，开列维护保养清单
空调机组	监测送/回风温湿度；自动调节新/回风阀，电动风阀与风机连锁；根据回风温度，自动调节盘管水阀的开度，保持送风温度恒定；压差传感器及时发出过滤网阻塞报警；根据回风湿度控制加湿阀；当冬季盘管温度过低时，低温防冻开关发出开关信号，风机停止运行，新风阀关闭；风机的运行状态、压差状态、故障报警、手/自动开关状态及启停；显示各测量参数；BAS可通过系统的数据转换成各种图像，使用户可迅速直接地掌握系统各方面情况；控制设备的定时启动和定时切换；记录设备运行时间；自动累计运行时间，开列维护保养清单
新风机组	监测送风温湿度；自动开关新风阀，电动风阀与风机连锁；根据送风温度，自动调节盘管水阀的开度，保持送风温度恒定；压差传感器及时发出过滤网阻塞报警；根据送风湿度控制加湿阀。当冬季盘管温度过低时，低温防冻开关发出开关信号，风机停止运行，新风阀关闭；风机的运行状态、压差状态、故障报警、手/自动开关状态及启停；显示各测量参数；BAS可通过系统的数据转换成各种图像，使用户可迅速直接地掌握系统各方面情况；控制设备的定时启动和定时切换；记录设备运行时间；自动累计运行时间，开列维护保养清单
送排风机	机组启/停由最佳启/停程序控制；通过风机的前后压差检测风机运行状态，运行时间记录；检测风机的故障报警、手/自动开关状态；显示各测量参数；BAS可通过系统的数据转换成各种图像，使用户可迅速直接地掌握系统各方面情况。控制设备的定时启动和定时切换；记录设备运行时间；自动累计运行时间，开列维护保养清单
变配电系统	该系统的检测一般由变配电厂家完成，通过通信方式纳入楼宇自控系统实现如下监测功能：高压进线三相电流、三相电压、功率因数、有功功率、无功功率及电度；高压进线、空气开关、跳闸状态、母联开关状态；变压器温度显示及超温报警；变压器风机状态及故障报警；低压进线和低压联络开关状态、跳闸状态；低压进线三相电流、三相电压、功率因数、有功功率、无功功率及电度；应急电源的三相电流、三相电压、频率及运行、故障信号
照明控制	户外灯光（按10路考虑）：程序控制灯光的开启时间；监视各灯光的回路状态；公共照明，人流高峰时打开全部灯光；晚间或特定时间打开部分灯光；夜间打开少量灯光；用日程表自动控制灯光系统开启和关闭；监视各灯光的回路状态
电梯系统	系统监测电梯的运行状态和故障状态
给排水系统	高低区热水循环泵的运行状态、故障报警、手/自动状态及启停控制；污水泵的运行状态、故障报警；集水坑高水位报警；自动累计运行时间，开列维护保养清单
水电消耗计量	合理设置水量表和电度表，定时远程读取水电能耗值，并自动生成周报表、月报表
电开水柜电热水器控制	通过控制电开水柜的电源定时开关电开水柜，杜绝能源浪费。通过对电热水器电源的控制，定时控制病房热水
后勤巡检系统	在设备机房等无人值守的地方设置巡检点，以检查监督值班人员按时进行巡检。自动记录巡检时间、巡检人员、自动记录所巡检的楼控设备的运行参数，生成日报、月报；未按计划巡检报警

2）背景音乐及紧急广播系统：医院公共广播系统由公共区域背景音乐和病房广播系统两部分组成。公共区域的背景音乐与消防广播共用一套扬声器，平时播放背景音乐及业务广播，火灾时供消防系统播放消防广播。紧急广播的控制具有最高优先权。

在病房设有三套广播节目，可通过床头柜控制面板选择想要收听的频道。同时病房内电视伴音信号，通过电视音频输出连接至床头柜控制面板，病人可用耳机在病床上收听正在播放的电视节目。

中心主机广播功放容量能满足最大同时开通所有扬声器容量（即整幢建筑同时消防广播），同时配置备用功放。系统前端音源包括激光唱机、卡座、AM/FM 调谐器、呼叫话筒四部分。控制中心还配备一台可编程遥控呼叫话筒，可以实现对每一区域（或全区）进行通知广播，能够充分满足用户的各种需求（系统设置 1 个分区呼叫话筒，主机自带 1 个呼叫话筒）。

控制中心采用 TOA EP-0510 广播管理系统；主机采用微电脑处理控制，可实现最多 330 个喇叭回路的紧急广播。可手动、自动（与消防系统联动）启动主机内的相应广播信息，准确地发布具体楼层的广播信息；不间断电源 UPS，在市电中断的情况下亦能充分保证紧急情况（220V 掉电的情况）的紧急广播；RM-1200 可编程遥控话筒，业务用的分区呼叫话筒可接入紧急业务主机的话筒通道；除部分特殊地区采用壁挂式扬声器以外，其余地区全部采用吸顶式扬声器。

3）地下停车场管理系统：停车场管理系统是非接触式 IC 卡“一卡通系统”的子系统之一，可实现车辆进出停车场的自动化管理，包括收费、判断车牌等。

该系统将集感应式 IC 卡技术、计算机网络、视频监控、图像识别与处理及自动控制技术于一体，来实现停车场的车辆全自动化管理。即对车辆出入控制、车位检索、费用收取、核查、显示及校对车型、车牌有效地、科学地、可靠地管理。医院停车库位于地下一层，为单进单出。内部人员通过 IC 卡（与门禁、消费、图书借阅系统等一卡通用）进行识别进出车库，外部人员可交费办理长期卡或入口处领取临时卡，出口交费同时退还 IC 卡。

该系统基本功能：

——防水、防磁、防静电；

——可接各种 Wiegand 读卡设备；

——具有长期卡、月租卡、临时卡、管理卡、特权卡等各种管理权限，根据要求设置成收费或不收费方式；

——可脱机或联机使用，任何情况均可记录进出行车信息。当网络断开，处开脱机状态时，系统正常运行，当网络联通时，数据自动恢复；

——可利用车辆检测器实现防砸车功能；

——自动出车功能；

——对于临时卡的发放，采用自动出卡机自动出卡；

——中文显示功能；

——语音提示功能；

——对讲功能；

——图像识别功能；

——防砸人、车功能；

——多区域车位计数功能；

——车位引导功能。

4）电视监控及防盗报警系统：

① 电视监控系统：在大厅主入口等来往人员较多的地方地设置了 AB 公司的室内一体

化高速智能球摄像机 AB-D1800S18-D，在其他场所设置了日本 ALPHA 的高清晰度彩色半球摄像机 AS-808P；数字录像系统采用工业计算机（IPC）结构。系统能够管理固定式、智能云台和球形摄像机，通过计算机网络还能管理远程的摄像机。

闭路电视监控系统能通过数码硬盘录像机实时地录制多达十六台摄像机图像，并可根据需要全屏、画中画、四画面、九画面、十六画面显示；有独立的视频移动报警功能，可按需要设置任意的报警画面或局部画面的移动报警；系统可以 24h 连续自动运行，无论室内还是室外或任何天气情况系统都能运行自如；有完整的日志功能，并能长时间记录。在一般情况下，闭路电视监控系统根据设定，其监视器按程序顺序或定时地切换图像，录像机按设定进行录像，以循环监视各重要场所并保存图像资料，同时，能在视频图像上叠加摄像机号、地址、时间（对轿厢内摄像机而言）。在某些特殊情况下，闭路电视监控系统可以选定某个场所进行持续在跟踪监视，而且可以调节带电动变焦镜头及云台摄像机的摄像角度和焦距，以获取最佳摄像效果。在出现火警、匪情等意外情况时，闭路电视监控系统将按程序设计进入相应的联动控制状态，及时地监视和记录现场发生的情况，以备今后的进一步处理。各种操作程序均具有存储功能，当市电中断或关机时，所有编程设置均可保存。本系统可以与其他系统联网，能够实现与其他系统的联动控制。

② 防盗报警系统：系统主要由多媒体控制软件、报警主机、报警接口单元及双鉴探测器等组成。报警主机选用美国 ADEMCO 的报警旗舰产品 VISTA-120；双鉴探测器采用以色列 EL 的智能型双鉴探测器。

该系统可与闭路监控系统多媒体计算机中央（报警）控制主机及其控制管理软件联动操作，集成了闭路电视监控、入侵报警监视等安防系统管理和控制功能，并可通过标准的计算机网络通信等手段与巡更系统、通讯联络系统、火灾自动（消防）报警系统等诸多系统的控制主机联网，构成综合安全防范体系。

系统控制主机依据系统设定的自动响应程序，自动联动闭路监控系统控制系统切换报警区域的视频图像到指定的报警监视器，调用前端摄像机预置摄像点监视报警点，或启动自动巡游路径监视报警区域，同时启动录像（并调整录像机为实时录像模式）记录报警现场的视频图像，为用户提供报警现场视频图像。当有人对线路和设备进行破坏，线路发生短路或断路、非法撬开时，报警控制器应发出报警，并能显示线路故障信息。系统亦支持人工手动方式的报警响应，有些报警信号需经多方核实后方可采取行动，此时操作人员可采取手动报警响应模式。所有报警及处理（复位）均由日志文件记录在案，如实记录发生报警的地点、时间、日期。

5）一卡通系统：一卡通系统用于医院网络门禁系统、停车场管理系统、图书借阅管理系统、考勤系统、消费管理系统。系统中采用非接触式 IC 卡，采用智能卡管理系统后，智能大厦内的用户，只需手持一张非接触式智能卡，就可以自由、安全地进出授权的区域，使用停车场内的车位以及方便的持卡无现金消费，物业保安部门无需增加经营费用，就可使大厦的服务和安全水平得到质的飞跃。

① 门禁系统：门禁管理系统对人员进行出入权限控制及出入信息记录。当人员进门时只需持卡靠近读卡器进行读卡，读卡器接触到 IC 卡信息后，门禁控制器首先判断该卡号是否合法，如合法则开锁，并将该卡号、日期、时间等信息保存以供查询。否则门不打开，红灯亮，蜂鸣器发出声响。

门禁控制器之间采用工业总线 RS-442 进行通讯，同时保证在管理主机故障或通讯中断的情况下门禁控制器能维持门禁正常运行。每个门禁控制器控制 1 个单向门，30 个门禁点。

该系统联动功能：安防联动。开门动作（包括非法闯入，门锁被破坏）时，启动联动监视系统，发出实时报警信息；消防联动。当出现火警时，自动打开相应区域通道。

② 消费管理系统：消费管理系统是为了将充值后的 IC 卡作为单位内部信用卡在消费机上使用，以代替现金流通，实现单位内部消费电子化、制度化。系统主要用于医院食堂售饭消费机。

③ 图书借阅管理系统：图书借阅管理系统主要是用 IC 卡来实现图书的借阅及收费管理。

图书管理系统由读卡器、前台收费机、图书管理工作站、图书管理系统软件等组成。图书管理系统软件主要功能是建立图书管理系统的图书信息资料，对图书进行分类、编号管理、对授权人员的借书、还书登记及报表处理。包括图书管理、图书查询、管理员查询，报表管理等六个模板。

④ 指纹考勤管理系统：从指纹机获得原始数据，通过软件提供的排班管理后，即可自动生成考勤日报，计算出人员的考勤情况，并可汇总存档，通过排班可以实现任何复杂的考勤管理。员工上下班时，只需将手指在指纹机上按一下，系统就可以自动、快速、准确地记录下员工的出勤信息。此数据经通讯线传入室内的计算机中。管理者足不出户便可在计算机上随时查阅员工出勤情况，统计汇总考勤报表，使人事管理准确方便，得心应手。在医院职工主要出入口两处各设置一台 BioClockⅡ指纹考勤机，由一台计算机统一管理。

6）卫星接收及有线电视系统：医院卫星接收及有线电视系统分为两部分，分别为接收有线电视节目和内部电视的播放节目，主要用于内部教育和会议使用。

系统主要选配芬兰诺基亚公司生产的工程专用数字接收机 NOKIA-DVB8800S、高频头为美国赛博赛特生产的 Ku 波段双极化数字带宽高频头、广播级 870MHz 邻频调制器 PBI－4000M-UV 及 16 路无源混合器 PBI－3016C 等设备。采用四川九洲 860M 干线放大器，分支分配器同样选择四川九洲双向 5－1000MHZ 的系列产品，同轴电缆选择物理高发泡屏蔽电缆。用户终端盒采用双孔（FM/TV）终端，即插即用式。

系统共接收并传输 8 套卫星节目；接收有线台节目及转播地方台卫星节目 43 套；自办电视节目，播放 DVD、VCD（影碟或录像带），预留 1 个频道作为医院自办节目使用。

7）LED 大屏幕系统：在医院门诊大厅内显要位置设置室内 LED 显示屏，建立医院公共电子信息公告系统，公共电子信息显示系统通过医院的管理系统子网，连接到公共电子信息显示系统服务器，经过组织、处理和控制，以显示各类信息。

本系统选用室内 F3.75 双色 LED 显示屏，屏幕的显示模块结构采用了单元模块拼装的方式。在普通的铝合金外框外包镜面不锈钢，在屏体后面加装可散热的后盖板。

本系统可以达到的主要功能如下：

文本编辑——编辑文本文件。

图文编辑——编辑位图文件。

对象嵌入——嵌入其他编辑器编辑的文件。

即时发送——人工发送数据到显示屏。

节目编辑——将上述文件组合为节目文件。

定时发送——按照预定的节目单定时发送节目文件。

时间校准——在发送节目的同时发送计算机时间，对显示屏时间进行校准。

8）呼叫系统：系统按每层为一个病区进行分区，共6个分区。每层护士台设主机1台，共6台；每层护士台设显示屏1块，共6块。

系统主要应能满足以下功能：

——可实现双向呼叫：分机可呼叫主机，主机也可呼叫分机；

——双工通话：送话受话无须转换，即使双方同时讲话，双方都能清晰地听到对方的声音。

——呼叫存储：分机呼叫主机无人接时，主机将该分机号存储。

——故障自检及报警：当系统出现故障时，主机显示窗口及显示屏可给出报警显示，并伴有声响提示。

9）门诊排队叫号系统：医院门诊呼叫系统为分诊护士、医生、候诊人员之间提供及时、直接、可靠的信息连接。

每个分诊台设叫号机、呼叫主机各一台；各诊室医生诊位设一个呼叫分机；候诊厅设显示屏、广播音响。本系统汉显屏可滚动显示候诊号、专家号、科室号、诊室、医生简介等各种信息。分诊护士可以用叫号机及汉显屏呼叫候诊人员。医生可通过呼叫分机呼叫分诊护士，分诊护士可通过呼叫主机与医生对话。

14.1.2 某法院综合楼

（1）通信系统

法院综合楼是一座集会议、办公、审判于一体的综合性大厦，具有较强的现代化的通信网络。它的通信系统采用了一台加拿大北方电信的 Meridianl OPT11C 数字程控交换机作为审判综合楼通信系统的主机。配合法院其他通信设备，形成法院审判综合楼现代化，多功能的通信网络，提供良好的信息服务。

法院计算机信息网络系统是系统内各个子网的信息采集、信息处理、信息存储交换的中心。网络系统可上连上级有关单位、下连所有职能部门，在任何时候都能保证信息处理的通畅、及时、可靠。并能达到显著提高信息收集的速度和质量，扩充信息种类，增加信息量，监控突发事件，实现各级部门信息共享，为各部门提供网络服务，充分提高工作效率和管理水平的目的。为办公自动化和对外宣传的需要设立了 WWW、Mail、VOD 服务器等。

1）系统特点：

① 网络管理软件能够管理到端口；

② 做到现有投资的保护，又要兼顾未来的发展和变化；

③ 实用性原则；

④ 安全保密共享资源；

⑤ 先进性，以适应当今和未来的发展；

⑥ 各个部门的终端设备或局域网络全部通过接入访问层进入法院局域网；

⑦ 与各基层法院的广域连接必须经过接入访问层，并在此建立必要的、有效的网络

安全措施；

⑧ 提供故障或问题的隔离，使得核心网络免于外围的故障的影响。

法院网络系统中，采用千兆位以太网技术符合法院建立内部 Intranet 的需要。网络采用主干交换机到子交换机、子交换机再到各个信息点的两级星形拓扑结构，实现法院局域网内各节点的互联。采用星形拓扑结构的优点在于：网络结构简单，便于管理，网络扩充容易，网络延时较小，传输误差低。

2）选用的主要设备：

① BayStack 450-24T 交换机。

② Passport 8003 路由交换机。

③ 15Gbps 的交换带宽。

④ 选用了 SUN 公司的 3500 Enterprise 企业级服务器分别作为数据库服务器和主服务器，400MHz CPU。每台服务器都配置两个转速为 10000 RPM 的 36.4G 高速光纤硬盘用于存放本机操作系统及其他数据。

⑤ 采用热插拔更换硬件。

通信系统结构图见图 14-2。

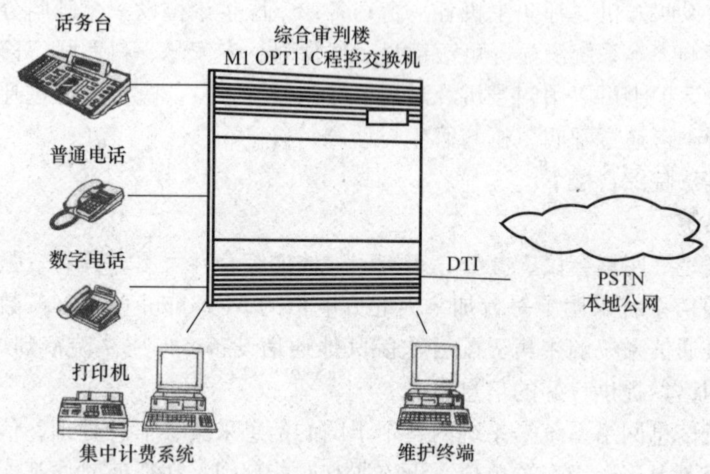

图 14-2 通信系统结构图

该系统处理能力大，软件功能强（有四百多种功能），接口种类多，可用于交换语音、文字、数据、图表、活动图像等通信媒介的多种组合信息。并兼顾办公与写字楼的使用特点，能提供现在公共电话网已使用得各种语音、非话通信业务，实现与已有电话网、分组交换网和将来公用 ISDN 等各类公网的连通，并实现包括卫星通信在内的各类专网的通信。

故障紧急转移单元可预防交换机由于意外原因全部中断时，可以用分机直接连接到中继线上，出局报警。

程控交换机既可以完成内部计费也可以完成出局计费。程控交换机将呼叫起始时间、呼叫时长、主叫号码、被叫号码等呼叫信息输出到计费系统，计费系统根据费率统计计费。另外，计费系统也可以根据授权码对个人计费。

程控交换机对分机用户的内部和外部呼叫采用 PAMA 计费方式。有权用户呼出国内、国际长途由长途局采用CAMA方式集中计费。另外，还有强制计费和反极信号计费。

调制解调器可实现远端故障检测及排除，交换机功能调整及技术咨询。同时还具备各种维护、管理和测试操作功能，能按人机命令对各种设备的主要性能进行人工启动测试，也可按预定程序自动定时进行测试，测试中有相应灯信号，显示测试结果，测试结果均能自动记录，打印输出。维护终端可对指定的数字中继进行多频记发器信号及线路信号进行监视。

3）播音系统

整套播音系统有六个独立的子系统组成，每一子系统由一个中央广播控制室、各区扩声系统组成。

控制室包括一个主控室和各个法庭分区控制室。分区控制室只对本区进行控制，包括计算机、功率放大器、话筒、扬声器等。主控室除对本区扬声器进行广播外，还可对分区控制室的扬声器进行广播。现场扬声器分别分布在一楼大法庭，二、三楼中法庭和十楼的审判委员会会议室等处。在大法庭和中法庭等处除配置吸顶式扬声器外，还配置了飞利浦室内音柱，以增强室内的扩音效果。其余地点均采用飞利浦吸顶式扬声器。

在设备监控系统的选型上采用Honeywell公司的Excel 5000系统。法院工程在监控点数上分区属于中型系统，系统结构是软件功能分级、硬件分散配置的集散系统（TDS）；具有共享总线型的网络拓扑结构或者环形及多总线结构；系统的中央管理系统操作界面既可以是WINDOWS NT系统也可以是WINDOWS9X系统，系统采用多媒体数据库中心管理系统软件并拥有汉化功能。

对于构成集散系统的重要组成部分分站系统采用了XL500、XL100C型控制器相结合的设备组合，完成现场各种设备的控制，分站在和中央管理系统通信同时，分站之间还可以进行点对点方式的通信。

Excel 5000是一套集散控制系统（TDS），它采用共享总线型网络拓扑结构，把分布在建筑物不同部位的控制分站（DDC），直接用一条普通双绞线（总线）相互连接起来，形成集散控制系统。这些控制域的信息在局域网中的传输速度可高达10MBps。现场控制器设在所属控制对象附近，成为现场工作站。每个控制器均以微处理器为核心，实现全部监测及全自动控制功能，其工作与中央站无关，这也是中国国家标准的要求。控制器与中央站之间，无网络控制器之类设备，控制器直接挂在总线上，实现与中央站之间的数据通信及控制器之间的数据通信。中国国家标准规定，中央站与分站应该直接通信。

EXCEL 5000现场控制器是分散型控制分站，是中国国家标准JGJ/T61-92中规定的DCP-1智能型控制器，所有控制器均可实现现场操作。大型控制器（XL600，XL500）及中控制器（XL100，XL80）均配有盘上安装式操作终端（XI581）及桌面式操作终端（XI582），也可使用手提电脑，配以现场操作软件包（XI584）和工具软件包（CARE及LIVE CARE）进行现场调试和程序修改等操作。小型控制器（XL50，XL20）则本身带有操作面板，VAV控制器（XL10）也带有现场操作器提供。

（2）系统监视

1）闭路电视监控系统：闭路电视监控系统（CATV系统）用了4C技术，即控制技术、显示技术、通信技术和计算机技术。其特点是：

① 效率高：节省了大量的人力物力。

② 可靠性强：减少了过去人为造成的损失。

③ 便于记录：系统可以把摄像机摄得的图像信号用专用存储设备进行长时间连续记录，以供日后查对。

④ 集成化管理：系统可以通过软件或硬件方式与智能化管理的其他部分集成在一起，实现遥测遥控等智能化的功能。

⑤ 采用数字多媒体技术、计算机图像处理技术和高速网络技术，全面实现视音频监控功能。系统具有全矩阵切换功能、图像信号的切换功能、编程功能、报警触发和联动功能、字符叠加功能、控制功能、时间视频资料保存功能、现场智能化电子布防、动态图像网络传输功能等。

2）防盗报警系统：防盗报警系统是采用红外或微波技术的信号探测器，在建筑物中根据不同位置的重要程度和风险等级要求以及现场条件，进行周边界和内部区域保护，该系统起到防止非法侵入的第二道防线的作用。

法院系统监视情况介绍：

① 在大法庭、大门口等处的摄像机能够获取进出该区域人员及滞留人员的详细特征，同时摄像机安装隐蔽、美观，配合整体建筑和装修的风格。摄像机安装到顶棚上，摄像机配置全方位半球（全球）云台护罩，可以360°旋转，担负着对大范围场景进行巡回监视的重任。

② 与防盗报警系统联动。一旦前端探测器、报警按钮等发生警情，操作人员可以迅速的操作云台转动到发生警情的位置和方向，并同时调节摄像机的变焦，使镜头拉近或拉远，以得到所需要的监视点的清晰图像。

③ 在其他公共区域的摄像机能够监视所监视区域内人员的活动情况，分辨所监视人员的主要特征。法院审判综合楼内的定点定焦摄像机主要安置在走廊和办公区域。

④ 安装在电梯轿厢里的摄像机可以获取轿厢内人员的清晰的面目特征，安装隐蔽、坚固。

安全人员能看到电梯内部的所有东西。电梯乘员的面部图像大，画面的质量和清晰度都好，使用小型摄像机时，将摄像机安装到电梯箱壁或顶板内，取得最理想的监视效果。

系统设备选用和设置情况：

① 选用美国迪信公司的防盗报警产品。红外探测器和红外/微波双鉴探测器安装在重要的房间和主要通道的墙上或顶棚上。探测器能区分人体、宠物和其他小动物，如狗、猫等发出的信号，这样既消除了误报，又保持了对人体目标的良好探测性能。

② 选用日本产英田 YOTAN YT-310C 彩色 CCD 摄像机和韩国产三星 SDZ 160LP 一体化彩色 CCD 摄像机。

③ 选用天津产亚安 YA5109 室内/外全球罩（内置全方位云台）。

④ 主控矩阵（TC8680-16IIM）。

⑤ 多媒体矩阵控制软件。

⑥ 选用美国 ROBOT 产 MV-96e 型彩色十六画面处理器。

⑦ 数字化工控硬盘录像控制主机（TC－2816AV）。

⑧ 选用中美合资 Stonesonic“SCM21B 型 21”数码彩色监视器。

(3) 楼宇监控管理系统

楼宇设备管理系统的监控范围包括以下几个方面：冷源系统、给排水系统、暖通空调系统、照明系统、电力系统（预留布线接口）、排风系统及电梯系统（只监不控）。

1）空调系统：包括冷源、水系统、空调机组、通风网络。整个系统从地理位置及相互关系上拆分为若干子系统，在保证若干子系统最优情况下通过总体协调实现总体最优。同时空调系统也是法院楼控系统的主体控制对象，以空调设备为中心来设立现场控制子站，以它为中心附带周围的电力、照明、排风、给排水等系统。

① 组合空调机组控制：空调机组控制就是如何将新风、回风空气处理到送风、回风的空气参数过程。空调机组控制与新风、回风、送风参数以及新风阀、回风阀、冷热盘管阀门有关，它的控制包括水力工况即流量控制和热力工况即送风温、湿度控制。其测量参数及被控设备范围如下：

测量参数：新风、回风、送风温、湿度，防冻报警、堵塞报警。

被控设备：送、回阀、冷热水阀门、风机电动机。

② 新风机组控制：新风机组控制范围包括监测和控制新风阀开关状态；控制冷热水电动调节阀；送风机启停、故障状态及启停控制；加湿控制以及防冻、防堵塞保护等。

空调机组包括组合空调机组 1 台，新风机组 17 台，每台空调机组、新风机组配置独立的控制器，控制器具有独立的编程能力，选择 XL100C 型 DDC 控制器，无需中央站的支持可以独立工作。通过 C-BUS 总线，进入中央管理系统。

③ 冷热源及水系统控制：冷源的监测包括总管供、回水温度、压力、总供水流量、水泵及冷机状态反馈等测量信息。

系统控制的设备范围包括冷冻机组、冷冻水泵、旁通阀、冷却水泵以及冷却塔等。系统对这些设备协调控制配合空调机组、新风机组、排风机等设备，在空调系统的总体控制过程中冷冻站要监测冷源设备的连锁顺序启停；冷水机组时间启停及故障；计算冷负荷决定冷冻机组的开启台数；冷冻水供、回水压差控制，冷冻水的温度监测，冷却水的温度监测，并且根据冷却水温度来决定冷塔开启的数量，以达到设备以节能方式运行，达到系统节能的效果。

系统配置：采用一台 XL500 控制器作为分站控制。

④ 排风系统控制：排风机在系统中的监控范围主要是风机的启停状态监测和控制，它的系统配置主要考虑到控制的点数和功能的划分，把它并入其他系统的分站控制中来完成控制过程。

2）给排水系统控制：系统中给排水包含的设备有生活给水泵、排污潜水泵以及相关的集水坑、蓄水箱等，通过对集水坑或水池的液位监测对泵进行控制，判断是否启泵并根据现场情况决定启泵的台数，能方便地实现设备的轮换使用制度，累计设备的运行时间，为设备维护提供依据。

3）照明系统：照明系统的控制是楼控系统节约能源和提高管理效率的重要措施，法院照明系统包括了室内公用照明、室外公用照明等，楼控系统中根据业主具体的需要对这部分的照明进行时序控制。将大厦的预留广告照明也纳入了监控范围。

4）电力系统（预留布线接口）：楼控系统主要是对其主要设备进行控制，使管理人员对系统运行情况能够及时了解，配电系统主要设备为变压器及高低压进线柜。

5）电梯系统：电梯系统有自己独立的控制系统，电梯系统的一些关键参数引入到楼控系统中，如电梯运行状态、电梯运行故障、电梯超载信号等。

中央管理工作站 XBS 是 Honeywell Excel 5000 BAS 系统的管理与调度中心，实现对全系统的集中监督管理及运行方案指导。并可实现设备的远动控制。它可对整个楼宇的设备进行监测、调度、管理。

（4）呼叫系统

法院的内部呼叫系统能够使各个法庭、接待室、立案大厅及时地与法警值班室联系，使问题得到最快、最有效的解决。

（5）电视会议展示系统

随着电脑技术的发展，多媒体、网络式会议系统是现代化信息交流的基本手段。先进的多功能会议设备包含如：可联电脑的投影机，实物投影机，智能白板、会议集中控制系统、远程视频会议系统等等，以满足各种信息交流的需要。同时，我们也可以把其他信息来源的信号，如 IP 局域网络、Internet 网络等信号送入多媒体会议系统，使全球信息连为一体，大家共享；通过网络会议设备还可把现场多媒体会议信号送出到网络出口，与全球任何地方进行双向网络电视会议交流。法院电视会议展示系统有以下几种形式：

1）单机单屏单画面：由一台投影机、一块背投屏和反射系统（可选）以及结构构成的单机单画面投影显示系统，是最简单的背投影系统，将信号源（视频或电脑图文）送入投影机，通过投影机投射到投影屏幕上。

2）单机单屏多画面：在单机单屏的基础上，配合多画面图像处理器构成的多画面投影显示系统。可以投射到很大尺寸的幕上，在特定的场合下，用一台投影机和多画面图像处理器构成的单屏多画面显示，可满足多个信号显示的需要，且节省空间和节省投资。

3）多机多屏：多机多屏应用是指将多个独立的背投系统放在一起，各个投影显示画面之间是相互独立没有联系的，不使用图像处理器，只要将所有输入信号进行同步后直接输出到每台投影机上，每个显示画面仅仅能在自己的区域显示，不跨越投影屏边界，对投影屏之间的连接没有技术要求。

设备采用放大倍数为 72 的视频展示台加上 2200ANSI 的投影机，及配备放大倍数为 32 的视频展示台加上 1600ANSI 的投影机。

（6）有线电视

有线电视是指单独或混合利用电缆、光缆或者微波的特定频段传送电视节目的公共电视传输系统。可以接收、传送无线广播电视节目，播放自办广播电视节目的有线电视台；接收、传送无线电视节目的共用天线系统。

法院有线电视系统主要由接收天线、自办节目制作设备、前端、干线传输线路和用户分配网络组成。其系统结构图见图 14-3。

设备选择：

1）采用国产精密八木电视天线及 MMDS 来接受本地区 31 套节目。

2）接收机选用美国 PBI-3000S，包括：

① 美国 PBI-3000M750MHZ 广播级邻频电视调制器；

② 美国 PBI-3016C 十六路无源混合器；

③ 亚特兰大品牌 LE-F220FR-7 型双向延长放大器；

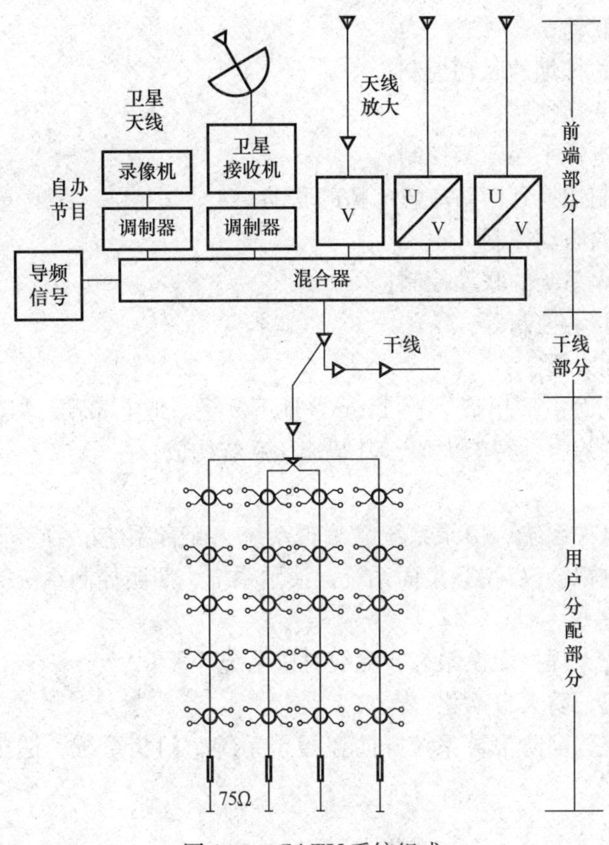

图 14-3 CATV 系统组成

④ 美国产无源型分支分配器。

3）主干电缆用 SYV75-9 型线缆，配线电缆用 SYV75-5 型线缆。

14.1.3 某综合大厦

某大厦建筑面积 29 万 m^2，高 400 多米，地下 3 层，地上 90 层。有办公出租区、豪华五星级商务宾馆和泊车位，设有演示、展示、会议、宴会、商场、娱乐等多项功能。其智能化系统构成：

1）楼宇自控

2）通信

3）火灾报警

4）安保监控和防盗

5）卫星电视传送和交互电视网络（ITV）

6）音响和视听

7）停车库收费与管理（IC 卡、设有临时收费站）

8）结构化综合布线

9）IBMS 计算机集成网络

10）办公自动化系统网络硬件

11）LED 显示和多媒体查询

12）火灾报警系统的联动控制，包括：

① 空调系统总联动；

② 正压送风和防排烟的联动控制；

③ 消防水泵的联动控制；

④ 在火灾时的电梯平层归零控制；

⑤ 背景音乐强制切换到消防应急广播的联动；

⑥ 防火卷帘门的联动控制；

⑦ 二氧化碳灭火系统的联动控制；

⑧ 出入口门锁联动控制等。

14.1.4 某新闻大厦

某新闻大厦建筑面积 5 万 m^2，高 110m，地下 2 层，地上 32 层。是集报业办公、酒店和银行办公为一体的综合性智能大厦。其智能化系统构成：

（1）办公自动化

有广播系统、电视系统、摄录系统、编辑系统、配音系统、数字音频会议/同声传译系统、交互式远程电视会议/视频桌面系统、演示系统、照明控制系统等。

（2）通信自动化

有综合布线系统、程控交换系统、无线对讲系统等。

（3）安全、保卫、防火自动化

有闭路监视系统、消防报警系统、防盗报警系统、门禁系统、巡更系统、背景音乐/紧急广播系统等。

（4）设备自动化

有系统监控（包括新风机组、空调机组、送排风机、给排水系统、冷热源、室外照明、室内照明、电梯）、客房智能卡门锁系统、公用天线/卫星电视系统等。

（5）管理自动化

包括中央集成管理系统、酒店管理系统、娱乐音响系统等。

14.2 智能小区

社会经济水平的不断提高促使家庭生活自动化、居住环境舒适化、安全化。社会的信息化也唤起了人们对住宅智能化的要求。智能小区是在智能化大楼的基本含义中扩展和延伸出来的，它通过对小区建筑群结构、系统、服务、管理以及它们之间的内在关联的优化考虑，提供一个投资合理，又拥有高效率、舒适、温馨、便利以及安全的居住环境。

“智能住宅小区”是指将各种与信息有关的住宅设备通过家庭内网络（家庭总线）系统连接起来，并保持这些设备与住宅的协调，从而构成舒适的信息化居住空间以适应人们在信息社会中快节奏和开放性的生活。虽然“智能住宅小区”系统投资的成本仅占整个建筑投资微不足道的一部分，而人们却越来越看重符合潮流的智能住宅，智能住宅小区对住户有更大的吸引力。

我国从 1997 年初开始指定《小康住宅电气设计（标准）导则》，“导则”中规定了小康住宅小区电气设计在总体上满足以下的要求：①高度的安全性；②舒适的生活环境；③便利的通讯方式；④综合的信息服务；⑤家庭智能化系统。

国家建设部住宅产业化办公室于 1999 年 1 月召开了“住宅小区智能化技术论证研讨会”，其会议纪要明确指出：住宅小区智能化是势在必行。

2000 年 10 月 1 日实施的《智能建筑设计标准》GB/T 50314—2000 规定了住宅智能化基本要求。其中住宅小区内容可参见表 14-2。

住宅智能化基本要求（住宅小区） 表 14-2

选设方式	具体内容
根据住宅小区的规模、档次及管理要求，可选设下列安全防范系统	小区周边防范报警系统
	小区访客对讲系统
	110 报警装置
	电视监控系统
	门禁及小区巡更系统
根据小区服务要求，可选设下列信息服务系统	有线电视系统
	卫星接收系统
	语音和数据传输网络
	网上电子信息服务系统
根据小区管理要求，可选设下列物业管理系统	水表、电表、燃气表、暖气（有采暖区）的远程自动计量系统
	停车库管理系统
	小区的背景音乐系统
	电梯运行状态监视系统
	小区公共照明、给排水等设备的自动控制系统
	住户管理、设备维护管理等物业管理系统

智能管理系统组成内容

1）物业管理信息系统：小区物业管理自动化，达到方便、快捷、可靠的目的。

2）电话语音服务系统：包括住户费用查询服务和留言服务。

3）触摸屏查询系统：小区房产、服务等信息的触摸屏查询。

4）家庭安防报警系统：对所有住户的火灾、煤气、门磁、红外、求助信号的实时监测，发现报警信号立即报警并存入数据库。住户可以通过设防/撤防开关对门磁、红外报警信号进行控制。

5）远程抄表系统：对住户的远程自动抄表，定时自动读取住户的水表、电表和煤气表，统计每月三表用量并计算费用。

6）周边防越报警系统：对周边红外报警信号的实时监测，发现报警信号立即报警并存入数据库。

7）闭路电视监控系统。

8）小区背景音乐系统。

9）电话接入系统。

10）有线电视接入系统。

11）小区的综合布线，计算机网络系统。

12）巡更管理系统：对小区巡更计划、路线、记录报告的管理。

13）车辆管理系统：对小区车辆的管理，包括 IC 卡管理，车辆出入刷卡控制和车辆出入记录管理。

14）Internet 接入系统：智能小区一般采用现场总线（如：LonWorks）网络作为主干承载监控网，并通过交换设备与计算机局域网相连，形成一个住宅小区智能化安全管理系统和现代通信网络系统。LonWorks 监控网络系统在小区中主要的子系统有三个：家庭安防报警系统、远程自动抄表系统、周边防越报警系统。LonWorks 网络系统由监控主机、各种控制模块（又称为节点）、路由器、网络连接线组成。系统采用双绞线和总线方式将小区管理中心的 LonWorks 监控网络系统的监控主机，楼宇住户单元的远程自动抄表模块，家庭安防报警控制模块，周边防越节点控制模块连接起来，组成小区的 LonWorks 监控网络系统。

14.2.1 某住宅区实例

该住宅区建成了 LonWorks 监控系统、家庭安防报警系统、远程抄表系统、周边防越报警系统、巡更管理系统、车辆管理系统、物业管理信息系统、触摸屏查询系统、电话语音服务系统、闭路电视监控系统、小区背景音乐系统、计算机网络系统、电话接入系统、有线电视接入系统等 14 个系统，曾被评为优质工程。

小区共有节点近 2500 个。由于节点数目多，且多为报警数据，所以采用了将节点输出网络变量纳入主机网络变量的方法，能够及时响应报警信号，又避免了查询所有节点带来的网络繁忙。

（1）控制模块（节点）功能

1）接收门磁、户内红外等报警装置动作信号，根据布防撤防状态（在设定的延时时间内）判断是否向 LonWorks 监控计算机发出报警信号或报警消失信号。

2）接收烟感、瓦斯、求助等报警装置动作信号，立即向 LonWorks 监控计算机发出报警信号或报警消失信号，不受设防/撤防开关的影响。

3）接收设防/撤防开关动作信号，使节点处于设防或撤防状态，并立即向 LonWorks 监控计算机发出设防或撤防信号。

4）定时与水表、气表采集器进行通讯，采集水表、气表的数据。

5）接收 LON 网监控计算机的设防/撤防指令，实现远程设防撤防，并进行相应处理。

6）接收 LON 网监控计算机的报警装置禁用指令，对指定的装置是进行禁用或撤销禁用处理，并根据装置报警状态发出报警信号或报警消失信号。

7）接收 LON 网监控计算机设置设防/撤防延时的时间指令，修改设防撤防延时时间和防盗报警延时时间。

8）接收 LON 网监控计算机的读水表气表数据、设置水表气表数据等指令，并进行相应处理，将处理结果传送给 LON 网监控计算机。

LonWorks 网络监控系统对整个 LON 网络系统的运行进行实时监视，调整 LON 同各个部分的运行状态，保证 LON 网的可靠地运行。

（2）软件功能

1）对 LonWorks 网络系统的运行进行实时监测管理，采集处理各节点的工作状态，显示各节点的工作状态。

2）采集各住户的烟感、瓦斯、求助、门磁、红外报警装置及设防/撤防开关的动作数据，采集周边报警节点的红外报警装置、其他公建部分报警装置动作数据。

3）显示各住户的烟感、瓦斯、求助、门磁、红外报警装置及设防/撤防开关的动作变化情况；显示周边报警节点的红外报警装置以及其他公建部分报警装置的动作变化情况。

4）显示各住户的烟感、瓦斯、求助、门磁、红外报警装置及设防/撤防开关的状态；显示周边报警节点的红外报警装置、其他公建部分报警装置的状态。

5）自动或者手动采集各住户水表、气表的数据；手动采集公建部分各水表、气表的数据，将各水表、气表的数据存入数据库。

6）手动设置各住户水表、气表的数据；手动设置公建部分各水表、气表的数据。

7）向各节点下达报警装置禁用或者取消禁用指令，禁止或者恢复指定报警装置的报警功能。

8）向各住户下达设置设防/撤防延时时间指令，修改设防撤防延时时间和防盗报警延时时间。

9）与联网报警系统进行通讯，将各住户烟感、瓦斯、求助、门磁、红外报警装置及设防/撤防开关以及公建部分报警装置的动作变化传给联网报警计算机，接受联网报警计算机的设防/撤防信号。

10）与周边防越报警系统进行通讯，将周边报警节点的红外开关动作变化传给周边防越报警计算机。

11）在发生报警的时候控制警笛、警灯动作，发出声光报警信号。

（3）安防报警系统

家庭安防报警系统是智能住宅的重要组成部分之一，智能化住宅保安系统具有较高的自动化技术水平及完善的功能，安全性、可靠性高。每个住户单元的防盗/防灾报警装置通过网络系统与小区管理的监控计算机连接起来，实现不间断监控。家庭安防报警包括：红外报警、门磁报警、火灾报警、煤气泄漏报警、求助报警等。

1）红外门磁报警：在容易入侵的大门（或窗户）的位置安装红外线探测器（或玻璃破碎探测器）、门磁开关报警器，当可疑者撬门（开门）或破窗想进入室内时，监控器进入工作状态并发出声光报警信号，同时经 LON 监控模块传送到小区管理中心的 LonWorks 监控网络系统的监控主机，并在监控主机上显示出所报警的楼宇、单元、楼层、住户的具体位置及户主的基本信息等。

2）火灾报警：由智能型的烟感探测器与小区管理中心的防盗/防灾监控网络系统组成。当火警发生时，声光警报启动，通知住户和小区管理者已迅速采取措施，以确保住户的生命财产安全。

3）可燃气泄漏报警：由智能型的可燃气探测器与小区管理中已有的防盗/防灾监控网络系统阻成。可燃气探测器为各住户中使用的可燃气体的泄漏提供了可靠的报警。报警浓度范围设定在气体爆炸下限的1/10～1/4，这样当煤气泄漏时，声光警报启动，通知住户和小区管理中心迅速采取措施，以确保住户的生命财产安全。

4）紧急求助：在室内安装手动紧急求助按钮，便于住户在紧急情况下向小区管理中心发出求助信号，由管理中心通知保安人员迅速采取措施。

5）设防/撤防：设防/撤防控制锁安装在每一住户的进门旁边墙上。设防/撤防设计为两种方式，一是设防或撤防的设定由住户自己进行；二是在住户出门后忘记了设防或初期还不熟悉设防或撤防等。这时住户可通过电话通知小区管理中心在防盗监控系统主机上进行设防或撤防。

小区管理中心的联网报警系统在接收到由 LON 网监控处理机传来的住户及公建部分各探测器报警信息后，进行分析处理并发出报警，在屏幕的电子地图上显示报警类型（火灾、煤气泄漏、门磁、红外、求助）、报警位置、报警时间和报警户主的资料（姓名、地址、联系电话等），提醒管理人员拨打户主电话或寻呼机，向户主发出警告信息。根据住户的要求，小区管理中心可通过 LonWorks 监控网络系统对住户内的防盗报警系统进行设防或撤防的设定。

6）软件功能：

① 与 Lon 处理机进行通讯，实时接收住户及公建部分各探测器报警信号；

② 收到报警信号后，在屏幕的电子地图上（包括整个小区的概况图、每栋楼房住户的详情图和公建部分平面图）显示闪烁信号，双击后显示报警的类型信息和报警时间，显示报警点的楼栋号、单元号，显示报警住户资料，包括姓名、地址、联系电话；

③ 与 Lon 处理机通讯，为住户进行设防或撤防的设置；

④ 记录住户的每一条报警信息并存入数据库，可以进行报警记录的维护、查询和打印；

⑤ 记录住户每次设防撤防情况并存入数据库，可以进行维护、查询和打印；

⑥ 记录公建部分的每一条报警信息并存入数据库，可以进行报警记录的维护、查询和打印。

(4) 抄表系统

水、电、煤气的自动抄表计费是物业管理的一个重要部分，实现三表自动抄表计费减少了中间环节，解决入户抄表的低效率、干扰性和不安全因素，提高工作效率。

设置于小区内住户的远传水表、电表、煤气表与三表采集器连接，三表采集器接收三表工作时发出的脉冲信号并计算其用量，通过 LON 控制模块，采用总线输出通信方式连接到数据总线上，通过小区管理中心的 LONWorks 专用网络管理软件实现联网，这样小区管理中心的三表远程自动联抄管理系统可定期或实时地自动采集小区内各住户家中的水表、电表、煤气表读数并进行计量计费，定期与水、电、煤气公司进行数据交换结算、银行自动结账。同时可按每月结算用户各项的累积使用量，打印出收费单。物业管理人员利用本系统可靠地掌握小区内各种能源的使用情况。

在小区管理中心，远程自动抄表系统通过 LON 收集各户内 LON 智能控制模块内的三表数据，进行分析处理并添加到数据库中，提供给物业管理系统使用。

软件功能：

① 与 Lon 网监控处理机进行通信，接收三表数据并进行分析处理；

② 定时自动抄收三表数据；

③ 设置住户的三表初始数据；

④ 对住户的三表数据进行维护、查询和打印。

(5) 周边防越报警系统

为了对小区的周界进行安全防范，防止围墙或栅栏有可能受到破坏及非法翻越，提高周边的安全防范的可靠性，缩短发现非法入侵的时间，保证小区内各住户的财产及人身安全，所以在小区的周边安装主动红外线报警装置。

主动红外线报警装置固定安装在小区周边的围墙或铁栅栏的适当位置上，利用光线编码技术和红外对射的原理，在小区周边上形成一道看不见的红外墙，当有人企图非法穿越小区周界时，在红外接收装置上就会有信号输出，经 Lon 监控模块传送到小区管理中心的 LonWorks 监探网络系统的监控主机，并在监控主机的电子地图上显示出报警的地点信号，通知值班人员及时采取制止入侵的措施，从而完成周边防越报警。

管理中心的周边防越报警系统接收 Lon 周边防越控制模块传来的报警信息后，进行分析处理并发出声光报警，将报警时间、报警地理位置、报警点探头方位、探头类型，显示于主机的电子地图上。

软件功能：

① 户外 Lon 监测模块对户内各探测器进行实时监测，收到信号后立即向小区管理中心的周边防越报警系统报警；

② 实时接收周边防越报警，并在电子地图上可直观显示报警地理位置、报警点探头方位、报警时间；

③ 记录每一条报警信息，并可以进行报警记录的维护、查询和打印。

(6) 巡更管理系统

本系统实现对小区进行安全检查和保安巡更的人员的有效监督，加强对保安人员的管理。巡更信息钮安装在巡检点附近较为隐蔽的地方，巡更人员手持巡检棒和巡检点的信息钮相接触，巡更点处的信息即存入巡检棒。巡更人员巡检完毕后，在小区管理中心，将巡检棒尾端插入计算机传输器，传输器将巡检棒中的信息存入计算机中。巡更管理系统可以对巡更人员的工作进行检查和管理，及时发现巡更人员是否懈怠和不称职。检查巡更人员是否按规定路线与规定时间巡逻。

软件功能：

① 巡更点设定，巡更路线设计，巡更班次设定；

② 巡更数据输入；

③ 保安人员资料查询；

④ 巡更记录维护、查询和打印。

(7) 车辆管理系统

系统设计为非接触式智能卡车辆出入管理系统，用于对进出小区的车辆进行管理，在每个小区门口的车辆进出口处设置车辆管理 IC 卡读卡机，当有车辆进出时，司机持 IC 卡在读卡机的感应区（感应距离 1m 内）前轻晃一下，瞬间完成读卡工作，并将卡上信息传至服务器，判断该卡的合法性与有效性，由门卫对车辆牌号进行对照核实，如该卡为合法的，且与车辆牌号相符，门卫进行手动开启道闸放行车辆，车辆通过后由门卫关闭道闸。否则道闸不予开启，驾驶员需与门卫协商处理。

如果是临时来访的车辆，驾驶员进入小区大门前，在入口处领取临时卡，车主取卡后，在读卡机的感应区（感应距离 1m 内）晃一下，瞬间完成读卡工作，并将卡上信息传至服务器，门卫开启道闸。车辆离开后，道闸关闭。

门口处车辆出入管理节点控制模块将车主持有的 IC 卡上的信息上传给管理中心的车辆出入管理系统主机，主机对接收到的数据进行分析、存储，以备后查，做到对进出车辆的实时监控。

软件功能：

① 车辆管理系统对控制器、大门、出入方式等参数进行设置；

② 控制器验证进出小区车辆的驾驶员所持IC卡的有效性；

③ 车辆管理系统计算机与车辆出入控制器进行通信，接收车辆出入控制器发出的车辆出入信息；

④ 车辆管理系统对接收到的数据进行分析、存储，并显示车主名、车辆类型、牌号、出入类型和进出时间等；

⑤ 住户车辆的管理、查询；

⑥ IC卡的管理（发卡、登记、挂失、恢复）、查询。

（8）物业管理信息系统

小区信息服务质量的好坏以及物业管理水平的高低直接关系到小区内住户的利益，关系到物业管理公司的声誉。本系统从物业管理公司和住户的利益出发，着眼于为小区内住户提供一个高效、安全、舒适的住宅和一流的、优质的服务。

物业管理系统结构采用星形以太网结构。在每个小区的物业管理中心配置1台服务器（兼作数据库服务器），一个100M的交换机，2台高档PC机，其中，1台供小区物业管理人员操作使用，另一台PC机安装在物业管理中心的大厅内，并配有触摸屏，供小区内居民查询信息使用。此外，在操作人员的工作站上还连有IC卡发卡机及打印机。2个小区管理中心服务器通过光缆进行连接且每个小区设置成一个域。这种组网方式既便于各个小区进行分管，又能达到总管的目的。这种硬件结构设计具有结构简单、可靠性高、系统稳定性好的特点。此外，由于建网以后整个网络的性能基本上归结到服务器上，以后的网络升级，只要增加服务器的处理能力即可。

物业管理系统软件对小区的各种信息、房产、住户及设备设施进行统一的管理，按管理功能划分为下列十五个部分：

1）物业概况：包括小区概貌和服务行业管理。

① 小区概貌以图、文并茂的方式介绍小区的概貌、楼宇户型、小区绿地、标志性建筑、雕塑、景点等情况，可以增删、修改、查询。

② 服务行业管理登记：介绍与主业相关的配套服务及娱乐设施，如餐馆、商店、幼儿园、医疗保健网点、卡拉OK厅、健身房等的地理位置、营业时间、服务项目、联系电话等基本资料，可以增删、修改、查询和打印。

2）房产管理：包括楼宇资料管理、单元资料管理。

① 楼宇资料管理：记录小区内的每一楼宇的有关资料，如栋号、楼层高度、建筑面积、单元总数等，可以增删、修改和打印。

② 单元资料管理：记录小区内每一单元的有关资料，如单元号、户型构造、朝向、建筑面积、使用面积等，可以增删、修改和打印。

3）住户管理：包括住户资料管理、住户变更管理。

① 住户资料管理含有业主资料、当前住户资料及住户成员资料。记录小区内有关人员的姓名、楼号和单元号、出生年月、性别、职业、工作单位、联系电话、家人情况等，可以增删、修改和打印。

② 住户变更管理记录有关住户的变更信息，如住户姓名、变更单元、入住日期、离

开日期等，可以增删、修改和打印。

4）设备管理：包括设备登记管理、设备维修管理、设备技术说明书管理和管线管理。

① 设备登记管理：对现有设备进行登记造册，录入设备代号、名称、类型、规格、价格、购买日期、投入使用日期、设备位置、设备功能、责任人等，可以进行增删、修改、查询和打印。

② 设备维修管理：对设备维修情况进行记录，包括设备维修记录号、设备名称、开始维修时间、维修结束时间、维修进程状态、维修记录等，可以进行增删、修改、查询和打印。

③ 设备技术说明书管理：登记技术说明书编号、设备类型、型号规格和说明书的主要内容，可以进行增删、修改、查询和打印。

④ 管线管理：登记管线编号、管线名称、管线类型、管线图、管线用途说明等，可以进行增删、修改、查询和打印。

5）绿化管理：包括绿化设计图管理、绿化规定管理、绿化养护管理、绿化带管理。

① 绿化设计图管理：记录设计代号、设计者、设计时间、设计图和设计说明，可以进行添加、删除和修改。

② 绿化规定管理：记录规定编号、规定名称、规定颁布日期、颁布组织和规定内容，可以进行添加、删除和修改。

③ 绿化养护管理：记录绿化养护区编号、绿化带名称、绿化带面积、养护人名称和养护措施等，可以进行添加、删除和修改。

④ 绿化带管理：记录绿化带编号、绿化带名称、位置和面积等，可以进行添加、删除和修改。

6）卫生管理：包括清洁员工管理、卫生制度管理、卫生项目管理。

① 清洁员工管理：包括查寻清洁员工的姓名、性别、员工编号、身份证号、聘用日期、年龄、住址等信息，可以查询和打印。

② 卫生制度管理：记录卫生制度名称、制度类型、颁布日期、颁布组织和制度内容等，可以进行增删、修改、查询和打印。

③ 卫生项目管理：分为日常保洁项目和定期保洁项目，登记保洁项目名称、保洁地点、保洁周期、时间和人员安排，可以进行增删、修改、查询和打印。

7）公用设施管理：包括公用设施登记和公用设施维修管理。

① 公用设施登记：记录公用设施的编号、名称、类型、建成日期、管理人员设施使用情况，可以进行增删、修改、查询和打印。

② 公用设施维修管理：登记维修编号、维修设施编号、维修类型、开始时间、结束时间、进度状况、维修记录等信息，可以进行增删、修改、查询和打印。

8）办公管理：包括文件管理和职工管理。

① 文件管理：登记文件编号、文件名称、文件类型、作者、发表日期、存放地点、内容简介、文件内容，可以进行增删、修改、查询和打印。

② 职工管理：登记职工号、姓名、性别、出生日期、身份证号、籍贯、住址、电话、聘用日期、部门、岗位、表现等信息，可以进行增删、修改、查询和打印。

9）工程管理：包括登记工程编号、工程名称、工程类型、施工地点、施工单位、负责人、联系电话、工程开始日期、工程结束日期、工程验收日期、验收人姓名、工程结算金额、工程项目简介等信息，可以进行增删、修改、查询和打印。

10）意见管理：包括用户意见投递、处理投递意见和意见处理结果反馈。

① 用户意见投递：登记提交人姓名、接待人姓名、日期、投诉意见类型和投诉意见等，可以进行增删、修改和打印。

② 处理投递意见：登记处理情况类型、负责人和处理结果，可以进行增删、修改和打印。

③ 意见处理结果反馈：登记投诉意见人对处理结果的反馈，可以进行删除、修改和打印。

11）远程抄表：包括三表数据管理、三表报答记录。

① 三表数据管理：显示楼栋编号、室号、住户姓名、日期和水、电、气三表读数，可以进行查询和打印。

② 三表报答记录：显示水表、气表由于短路或者开路而发出的报警信息或报警消失信息，可以进行增删、修改和打印。

12）巡更管理：从巡更系统数据库（巡更棒软件使用 Access 数据库）中读取巡更线路、巡更记录等数据，分析缺巡情况，保存到数据库。

① 保安人员名单：查询保安人员的职工号、姓名、性别、出生日期、身份证号、籍贯、住址、电话、聘用日期、部门、岗位、表现等信息，可以进行查询和打印。

② 巡更记录管理：读取巡更记录数据，分析缺巡情况，保存到数据库，可以进行删除、修改和打印。

③ 巡更制度管理：录入小区内的巡更制度信息。

④ 巡更线路管理：查询当前巡更线路，可以读取新的巡更线路。

13）固定资产管理：

① 录入固定资产增加：按季度录入增加的固定资产。

② 录入固定资产减少：按季度录入减少的固定资产。

③ 浏览固定资产增减：按季度浏览固定资产增减情况。

④ 固定资产增减入库：按季度决定固定资产增减入库，已入库的季度不能再进行固定资产的增加和减少。

⑤ 固定资产统计：以上一个季度末期固定资产的情况为基础，根据本季度固定资产增减情况进行计算，得到当前固定资产的情况。

⑥ 期末固定资产浏览：可以查询各个时期期末固定资产的情况。

⑦ 固定资产期末入库：按季度决定固定资产期末入库，已入库的季度不能再进行固定资产的修改。

14）费用管理：

① 对住户的水费、电费、气费、物业管理费、有线电视费、车位费等费用进行计算和统计，可以分项统计、查询、打印、保存到数据库或另存为 Excel 文件。

② 收费标准维护，对水费、电费、气费、物业管理费、有线电视费、车位费等费用的收费标准、执行时间进行录入和修改。

15）系统管理：包括系统维护、用户管理、用户权限管理和日志浏览。

① 系统维护：对各子系统的系统名称、对应菜单、窗口标题进行维护。

② 用户管理：对使用本系统的用户进行管理，添加和删除。

③ 用户权限管理：对使用本系统的用户进行权限设置。

④ 日志浏览：操作记录浏览。

（9）触摸屏查询系统

在物业管理中心的大厅设置触摸屏查询系统，与小区管理系统的服务器相联，以实现数据共享，方便客户查询小区的基本概况、房产信息、服务信息、管理信息、保安情况等。

1）小区概貌查询：包括小区面貌浏览和服务行业信息查询，可以查询小区的基本情况、全貌照片、景点风光及商场、餐厅、歌舞厅、学校等的服务介绍。

2）房产信息查询：包括楼宇信息和单元信息，可以查询楼宇的楼层高度、建筑面积、单元数量、楼宇布局图等基本信息，还可以查询单元的建筑面积、使用面积、单元结构图、售价等信息。

3）绿化卫生查询：可以查询绿化设计、绿化规定、绿化养护、卫生管理等信息。

4）住户信息查询：可以查询每个住户自己的水电气三表用量、应交纳的费用和家里的各种报警情况。

5）保安情况查询：可以查询小区的保安制度、治安状况等信息。

6）客户意见查询：可以查询客户所提意见、批示处理情况及结果。

（10）电话语音服务系统

电话语音信息服务功能如下：

1）费用查询功能：输入房间代号和密码，核实通过后，可以查询上月的水、电、气的用量以及应交纳的费用信息。

2）留言服务功能：通过拨打电话录音留言，本系统将定时自动拨通指定电话将留言通知家人。

3）提取留言服务：通过拨打电话听取录音留言。

4）修改密码：通过拨打电话修改密码。

（11）闭路电视监控系统

本系统通过视频监控和多媒体技术，来记录核对出入人员和车辆的车型、车牌、配合非接触式 IC 卡，以保证小区内的车辆和住户的财产安全。

1）设置在小区每个门口的 2 台彩色摄像机，通过视频电缆和位于小区的每个门卫室、管理中心的四画面处理、九画面处理相连。

2）四画面处理器将从小区各门口摄像机传送来的多路图像信息输出显示在小区每个门卫室、管理中心的各个显示器上进行监视。

3）监视小区门口的人员、车辆等对象的出入情况。

4）将人员和车辆的出入实时图像信息传到管理中心的监视器，并可通过录像机录像下来，以便检查、核实。

（12）背景音乐系统

本设计的小区背景音乐系统，采用公共广播和火灾事故应急广播综合使用的方式，平时作为小区的背景音乐的播放，火灾发生时则切换到消防报警紧急广播。背景音乐系统有以下功能：

1）播放背景音乐；

2）播放新闻、生活常识、科普知识等；

3）广播有关小区内的通知；

4）寻呼广播服务；

5）火灾报警应急广播。

（13）计算机网络系统

在小区的各住户房间内均安装有计算机网络端口，并连接到小区管理中心的计算机网络设备，建立小区内部局域网（Intranet）以实现10/100M快速以太网，ATM、FDDI等高速网络的应用。小区内部网不仅可以提供高效率的物业管理，同时通过高速数据接入与外部世界相连，住户在家中可高速访问Internet、Intranet及收发电子邮件等。小区内部网同时与外部各大信息网联接，如银行查账系统，火车票、飞机票订票查询预订系统、天气预报系统、股票系统等，住户可足不出户而知天下事。另外还有一些高级的网络应用，如远程医疗、儿童老人监护、远程教育（网上教育）、交互式电子游戏、网上购物、共享文件、家政咨询等。

本系统采用光缆及双绞线星形拓扑结构方式，以小区管理中心为计算机网络中心，构建住宅小区内部网，并可以通过路由器或其他网络设备接入ISDN，xDSL，DDN接入，从而实现高速Internet互联。

计算机系统包括主服务器、各种软件、各子系统工作站、网络打印机等，可以为住户提供小区内的各种信息服务、Internet的连接服务将小区的各种信息送上Internet网。

（14）电话接入系统

电话网络系统主要从住宅小区智能化对电话网络功能的要求和用户的实际情况出发，对电话接入网进行设计。

电话接入网作为业务网与用户端之间灵活、安全、综合的接入系统得到了广泛的重视和应用。作为小区通信网络的建设同样是接入网作为基础。住宅小区通信网络应能支持语音、数据、图像等业务信息的传送。除了满足住户对于电话、计算机、远程信息服务等业务的需求外，还需要解决小区内的通信网络与公用通信网络的接口问题，即建设一个开放性的网络，将小区建成一个安全、便利、舒适、节能、娱乐的生活和工作环境，造福于用户。

根据今后电话网络的发展要求，电话系统接电话模块交换局方式设计，预留电话模块交换局机房，以便将来小区用户达到一定规模时，将电信局模块引入小区，实现内部免费拨打电话功能。本系统可根据用户的需要申请保密电话、传真电话和国际国内长途电话等功能。如：碧浪湖居住区电话接入网系统为有线接入系统，系统由用户交换机（PBX）和综合布线系统（PDS）组成，本系统为A级平衡电缆（非屏蔽双绞线）布线链路系统，支持POST/PBX标准和X.21/V.11标准，传输的最大距离：fmax＝100KHz，Lmax＝2000m。

电话系统组成部分包括通信模块局设备和综合布线系统。居住区电话接入网系统网络结构为：分层星形拓扑结构，以小区管理中心主配线架为中心，即由通信模块局设备的电话输出线缆到中心电话主配线架，再跳接到室外通信电缆连接至小区内各楼宇的配线间的配线架上，构成第一层星形结构。在楼宇内，以楼宇配线间配线架为中心，通过双绞线（UTP）至各用户电话信息点，构成第二级星形结构。此结构特点：维护管理容易、配置灵活、故障被隔离、容易检修。

根据用户的要求和今后的发展需要，每户按 2 条电话外线配置，用于业主电话业务和用于为业主开通 Internet 网或 ISDN 等业务；小区整体按住户数×2.5 配置。

（15）电视接入系统

随着有线电视（CATV）技术的迅速发展，也促进了卫星电视广播的发展。作为有线电视重要节目源的卫星电视，与现已发展起来的城市和地区的大范围联网的有线电视网络构成了电视综合信息和娱乐的广播网，比无线电视有更大的优势：容量大、频道多、传送图像质量高、覆盖面广以及能实现多功能双向服务等。这对居住区智能管理系统的有线电视接入网提供了十分便利的条件。

居住区有线电视系统为 750MHz 双向传输、光纤同轴混合网，750MHz 的带宽可以传输 55 个模拟频道节目，并提供了 200MHz 的数字信号传输带宽，上行频段 5-65MHz 提供足够的带宽用于上行信号的传输，完全满足有线电视系统双向传输的要求，光纤同轴混合网满足了系统对带宽的要求（光纤的带宽在 10GHz），对系统性能有很大的提高，同时也满足了未来系统对干线传输的性能要求，保护了投资，又比较经济（用户分配系统采用同轴电缆）。

网络结构：中心前端至各楼宇光节点为星形结构，用户分配系统为树形结构。下行信号（电视节目信号）由本地前端（市有线电视台）经市有线电视网光缆传输至小区中心前端（小区物业管理中心），信号前端设备（光发射机等）处理后，通过干线传输系统（光缆传输）至各楼宇光节点上（小区各楼宇的配线间），再通过楼宇用户电缆分配系统，传至用户电视信息点；上行信号由用户终端（机顶盒等）设备通过用户电缆分配系统传至楼宇配线间，经过光回传发射机等设备处理，通过干线传输系统传至中心前端（回传接收机等）设备处理，再到市有线电视网传输线路上。此结构保障了干线传输系统的可靠性和服务寿命，同时经济、实用。

14.2.2 某智能园区

（1）网络服务

网络服务内容 表 14-3

服务项目	内　容
VOD 系统	在小区的综合服务中心安装 VOD 服务器，用户通过自己家中的视频终端设备，可以选择自己喜欢的影视节目。VOD 的传输通道采用的是 ADSL 技术。用户可以同时点播影视节目，同时上网或打电话
电子邮件 E-MAIL 服务	网络向小区居民和物业管理人员提供 E-MAIL 服务，在小区内外都可以使用的 E-mail 信箱。公共信息服务把居民关心、需要的信息及时放在小区的 Web 页面上，使居民可以及时获得自己想要的信息，安排自己的工作和生活。此外，一些短消息（比如气象预报，临时通知等）也可以通过网络，直接显示在每户安装的网络智能控制数据终端的 LCD 汉字显示屏上
网上学校	提供包括儿童教育、成人教育在内的多层次家庭、业余教育服务

续表

服务项目	内容
网络购物代购、代订征订服务	允许居民在网上浏览、订购商品。如果使在小区内的网上商店购物，费用可以直接从小区居民身份识别卡（IC卡）划拨。物业公司也可接受居民通过网络发来的代购、代订物品和票据的请求
远程游戏网上聊天服务	小区居民可以通过设置在网络中心的服务器联网玩游戏或在线聊天
证券网接入服务	通过数据专线实现与证券商的通信连接，从而使整个小区成为证券商的远程大户室，小区住户只要拥有一台电脑就可以稳坐家中炒股
广告代理服务	小区居民多为事业有成人士，是一个特定的人群，针对他们做广告，会有意想不到的良好效果。物业公司可以成为各生产厂商在小区内的广告代理
休闲讨论组BBS服务	提供主题讨论服务，小区居民可以就某一问题或想法自由地发表见解。允许小区居民在网上写作并发表文章，并允许查询、阅读其他居民的文章

(2) 智能化小区安防系统

系统中的多媒体计算机与设备监控系统、家庭安全防范系统、车辆管理系统等联网，做到一机多用、资源共享。

报警联动系统自动化水平高，警报发生时，系统按设定的程序动作，无需人为干预。由于摄像机点位较少，因而CCTV系统采用了视频电缆传输方式，以利降低成本。

中央控制室是小区安防指挥控制中心，控制室可以分成主副二个，主控制室设置有监控主机、主控键盘、监视器阵列、录像机、多媒体计算机、打印机等系统设备。监控主机将小区闭路电视监控系统、电梯电视监控系统、小区出入口电视监控系统、广场、湖心岛电视监控系统、周边停车场电视监控系统、各户家庭报警控制器等连接和控制。还与周边红外防入侵报警系统、报警联动控制单元等连接和控制，并将数据和信息传送到多媒体计算机进行处理和保存，同时接受计算机的控制。计算机除上述功能外，运行在WIN98全中文软件平台下友好的人机对话界面，可以很方便地对现场实况进行巡检，或对历史资料进行查询。由上述软件生成的电子地图，非常直观的显示出小区地形地貌，并且标示出监控点位、防盗点位、巡更点位、各地址编码和地形图，通过鼠标点击可以进入各分防区画面。当有报警发生时，画面自动弹出报警区域地形图和警报点的地址编码，并由打印机列表打印或画面打印。巡更人员每天定时将巡更记录输入计算机，存储记录每天的数据。监视器阵列实时的显示程序设定的监视画面，主监视器可以用9画面或16画面分割的方式同时显示多个不同场景的画面。副控制室设置有监视器和分控键盘，可以在优先权低于主控键盘的条件下，控制摄像机的云台、三可变镜头和监视器对监视画面的巡检监看。

主要配置有：计算机采用联想PⅢ-866 64-20D-17；控制主机采用AD168（美国）；摄像机采用CP-240（日本）；红外探头采用TB-530S（美国）；监视器采用29″（国产）。

1）小区闭路电视监控设置：在小区的出入口、前后广场、湖心岛、周边停车场、地下车库等地，根据设备的技术指标和地形，配置带有全方位云台、10倍电动三可变镜头彩色摄像机，监看距离可达200米；高层电梯轿厢内设置固定镜头半球状吸顶式黑白摄像机，从而可以保证乘客安全和对故障及突发事件进行监控；地下车库设置固定镜头黑白摄像机。

主要配置有彩色摄像机12只；全天候室外云台12只-P12T24463（日本）；半球黑白

摄像机 12 只-NS-106（日本）；固定镜头黑白摄像机-NS-506（日本）

2）小区防盗报警：在小区周边设置 8 对主动双线红外远距离对射探头。根据小区内的路径设置了 15 个电子巡更点。红外远距离对射探头报警时，在中央控制室由监控主机控制和联动设备相连，自动打开相应的摄像机及高亮度聚光灯，中控室的主监视器自动切换到报警画面，长时间录像机自动开机并录像。多媒体计算机接报警后，自动弹出报警区域的电子地图，并发出声光报警，硬盘记录报警时间、地点以及值班人员处理情况。

3）家庭安全防范：每户安装门磁报警探测器，起居室安装吸顶式红外探头。一、二层安装玻璃破碎探测器；每户厨房安装可燃气体探测器和烟感探头；每户访客可视对讲机边和主卧室，共设置二个报警按钮；每户设一台家庭报警主机（可用家庭集中控制器联接），安装在可视对讲机旁。

可视对讲系统采用德国 SIEDLE 系统（见图 14-4）。SIEDLE 门口对讲系统将通讯、信息、安全、控制及摄像功能结合在一个模块组件内，有效地组合了可视对讲系统的所有基本功能。内置读卡器，有两种工作方式，即接触式和感应式。接触式读卡器集中了目前同类读卡器的所有新概念。感应式读卡器，特别适用于儿童、残障人士及一切需要精简系统的用户，只需手持电子钥匙划过识别区即可。系统最大容量可达 999 户，如电子钥匙丢失，可注销该电子钥匙以防止非法访问，这样可以避免重换系统的费用。

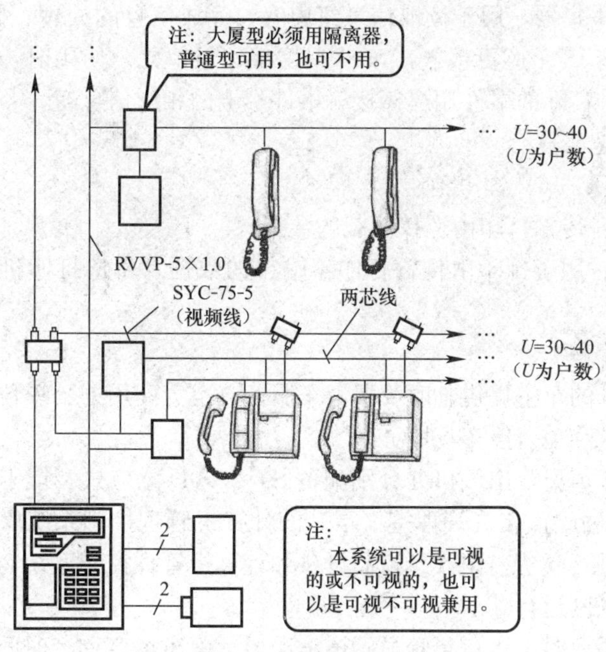

图 14-4 可视对讲系统

上述各类家庭报警探测器的输出端，全部和家庭报警主机连接，家庭报警主机应能生成地址码和报警及故障类型编码。当用户报警时，家庭报警主机立即将本机地址码、报警类型标示码通过网络和光纤线路送至中央控制室。由中央控制室的控制主机和计算机处理。高层的电梯轿厢内，设置一个紧急报警按钮，其报警信号通过光纤线路送至中央控制室处理，其地址编码与摄像机一致，并通过监控主机联动。

另外对重要的通行门、出入口通道、电梯等进行出入的监视与控制。一方面，监控中心不但能将通行门开/关的时间状态以及地址记录在电脑硬盘中，还可使某通行门在某一时间区间内处于监视或记录状态，而在另一时间区间内则不作报警或记录。另一方面，在某些需要监视和控制的门（如：楼梯门、通道门）上除了安装门磁开关外，还要安装电动门锁，从而使监控中心可直接在这些门的开启和关闭以及时间设定控制。

4）电子巡更：采用全新概念的 EASY GUARD SYSTEM-微电脑巡更系统（EGS 巡更系统）。该系统采用美国 DALLAS 公司的先进技术及部件，具很高的可靠性，可防止已获得的数据及信息被破坏或有意改写。操作简便，对使用人员要求不高。

巡棒采用不锈钢外壳，坚固耐用，内置大容量存储体，可存储 1600 个汉字记录单元，全密封防水，高度省电，使用普通锂电池可维持一年。无需使用电脑可直接打印全中文巡更报告，系统系列产品兼容，设备升级方便。

EGS 巡更系统有 5 个基本组成部分：

① 信息组：信息记忆体，用于存储巡更点描述，巡更员姓名、事件描述、统计命令等。使用时，用巡棒的读入端接触信息纽扣，并针对实际的事件用巡棒接触事件本上的相应信息钮；巡棒有存储及处理能力，可存储一定数量的数据及处理预定命令，信息的读入及输出分别通过巡棒的两端进行。

② 相关附件：信息纽固定座。

③ 巡棒：数据采集器，用于读取信息纽内容，完成信息的处理、储存、传递等功能，每根巡棒最多可存储 15 个巡更报告，1600 个汉字记录单元。使用时，用巡棒的读入端接触信息纽扣，并针对实际的事件用巡棒接触事件本上的相应信息纽。

④ 相关附件：巡棒皮套。

⑤ 相关耗材：DC—6V 锂电池组。

⑥ 电脑传输器：传输打印由巡棒下载的数据。

⑦ 中文打印机：用于打印由传输打印器输出的数据。所选打印机必须内置硬标准汉字库。

（3）小区车辆管理

停车场既为外来的车主提供临时收费停车服务，也为商用办公单位车辆和商住业主车辆提供包月停车服务和免费停车场服务。

根据停车场位置情况，出入口处分别配备 SY-2000D 感应式智能卡、控制设备及收费管理室（亭），并通过放置收费管理室（亭）的计算机管理控制系统联网控制、管理所有设备和对外来车辆进行收费，出入口控制设备和计算机管理控制系统，通过通信电缆按一进一出停车场模式联网运行。

平时没有车辆进入时，入口票箱显示屏滚动显示停车场名称、时间与日期，此时票箱不会进行读卡操作，以防止误操作。当有要进入停车场的车辆来到票箱前，车辆感应设备自动感应到有车辆要进入，则显示屏自动提示“请读卡”。持有能在本停车场使用的免费卡、季度卡或储值卡的车主，只需持卡在入口的读卡系统前读卡，系统在核准该卡的类型、有效期、储值金额后，电动栏杆自动开启，车辆即可入场；同时系统自动记录持卡人姓名、卡号、车牌号、进场时间、日期等信息，作为日后稽查统计之用。对于临时停车的用户，则由司机在入口箱上按键取卡或由车场管理人员发给其临时停车卡，读卡系统自动判别有效后，栏杆开启，同时收费管理电脑记录有关信息。系统设定在季度卡有效期过期前5天开始，入口控制设备通过显示屏和语音提示方式提醒车主尽快交费。如果使用储值卡的车主所持有的储值卡金额为负时，则拒绝其入场，并提示立即交费。如果为非本停车场卡、过期卡、挂失卡等无效卡时系统将拒绝车辆进入停车场，电动栏杆亦不会生起。车辆读卡时，入口摄像机自动抓取车辆图像，并由系统保存。车入场后，栏杆自动下落，同时系统中空闲车位记录数字减一。车进场后，该车在未出场前，卡对入口的二次读取无效。出现异常情况时，车主可通过对讲机与管理员联系。

如果持有储值卡的车主出停车场时，则系统自动按在管理电脑中设定的收费标准对其进行收费，同时显示收费金额和卡中余额（可以为负数，但会在其交费时补足）。持临时卡的用户在欲出停车场时，系统自动判别有效后，根据具体标准显示收费金额。司机付费及交还临时卡给车场管理员，车场管理员则将发票给予用户并控制栏杆开启放行；同时电脑记录有关信息。车出场后，栏杆自动下落，同时系统中空闲车位记录数字加一。车辆读卡时，出口摄像机自动抓取车辆图像，收费管理电脑将自动调出与其使用的停车卡相联系的车辆入口抓拍的图像，在显示器上显示出来，收费管理员通过对比即可确定停车卡与出口车是否相符，从而有效防止了偷盗车行为，同时车辆在出入口抓取的图像都由系统保存，以备日后稽查。

（4）闭路电视

园区有线电视网采用HFC传输结构，为单向下行信号传输平台。系统设计中留有扩展端口，只需在设备中插入反向模块便可以方便的升级到双向系统。系统分为前端系统和分配网系统。

前端系统中，信号来源主要有：共用天线系统、卫星电视信号、视频服务器（CATV上VOD系统）、小区自办电视节目信号、共用天线系统的调频广播节目传播，其机房设在小区物业中心的综合服务中心，电视台的骨干光纤直接连入小区的CATC前端机房。

通过卫星地面站和数字卫星接收机可以接收来自“亚洲一号卫星”传送的卫视中文、卫视体育、卫视音乐、卫视电影（卫视电影台是收费节目，需单独增加解码器一台）。通过混合器将卫星电视节目、小区自办节目和来自有线台的电视节目混合输出，传送到分配网。

分配网为750MHz光纤同轴混合网络。将园区分为若干个小区，除前端系统所在小区，其余4个小区均在各小区值班室设置一台光接收机。在园区中心前端选用一台1310nmDFB光发射机，采用星形结构直接连接园区内各光节点。每个光节点可以覆盖本小区所有用户。前端系统所在小区由前端直接覆盖。每户设2个终端，每户在起居室和卧室各设置一个电视插座。电视中心控制室设置视频放大器、摄录设备和广播设备各一套。

（5）小区公共广播系统

包括背景音乐和消防应急广播。在正常情况下，中心向各楼层播放背景音乐或广播节目；一旦发生事故或火警时，通过中控台强行切换至应急广播状态。

小区广播系统由以下三个部分组成：播放背景音乐、紧急广播和FM/AM调频调幅收音。

背景音乐播放的主要对象是小区广场等公共场所。整个小区按物业管理区域划分为几个广播区，在每个区域内，可以单独调节音量响度，单独实行广播。一旦遇有火灾等紧急

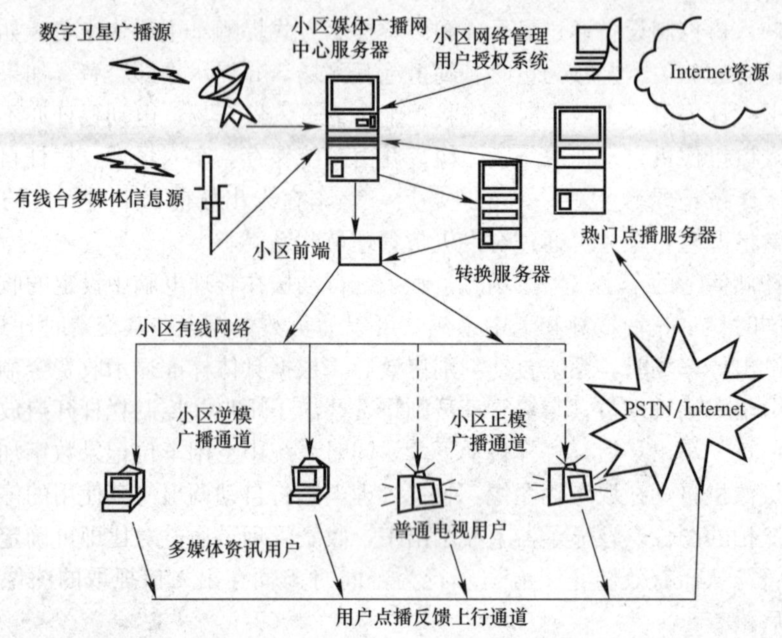

图 14-5 小区多媒体广播服务网结构图

情况，可通过切换装置立即强制切换实施紧急广播。在车库、物业中心、机房等地只设置紧急广播。

音响系统的控制设备设在消防控制室内。背景音乐部分音源主要由双卡循环放音机、CD 循环激光唱机、FM/AM 调频调幅收音部分组成。

(6) 智能家居安防系统

智能家居产品将住宅园区的智能家居系统防盗、防水、防有害气体、防意外、紧急求助、家电控制、物业服务、报警系统和物业管理系统等综合为一体，构筑一个安逸的家居环境。

该系统主要由三部分组成：管理中心计算机、家庭智能控制器和智能键盘。其中家庭智能控制器包含有四个模块：远程抄表模块、家电控制模块、报警/家电控制模块和智能控制键盘。可以根据系统功能的需要进行合理地选择，见图 14-6。

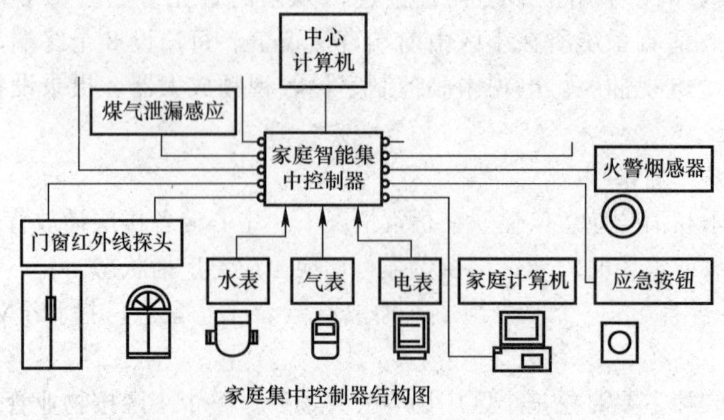

图 14-6 智能家居安防系统

盗贼入侵、火灾、可燃性气体泄漏、紧急求助等任何事情发生时，系统都会自动通过园区网络或电话网向园区控制中心或家人发出信息，使你的家居安全处于监控状态之下。其特点是：

① 使用密码信息纽撤/布防，技术含量高，防复制和防破坏性能强；系统提供三种撤/布防方式，即外出撤/布防、留守撤/布防和撤销布防。

② 出入延时功能，用信息纽能使三个撤/布防状态循环变化（留守布防，外出布防，撤防，双色发光管显示）。留守布防，外出布防都有30s（默认值可改变）出门延时和进门延时，撤防立即有效。加电复位自动处于“外出布防”状态。

③ 防盗、火灾、可燃气体泄漏、紧急求救报警等级布防，分区设置。9个报警防区，其中三个24h不可撤销防区接火灾、可燃气体泄漏、紧急求救报警设备。当有事故发生时，立即报警。一个留守防区，当室内人员休息时，该防区可为布防状态。一个防破坏防区，当控制器有外界破坏时报警。四个可撤/布防区用于家庭围栏、房间内、玻璃门窗的预警等。可接红外对射、红外双鉴和玻璃破碎探测器、门磁开关等设备。当有警报时，发出报警信息。

④ 多种信息传输方式，互为补充，互为备份。所有报警信息都可以通过园区网络传至园区控制中心，或通过电话线传至园区控制中心、用户的手机。

⑤ 系统均有线路防破坏报警功能，当线路被剪断、短接、并接或其他原由造成系统负载不正常状态时均产生报警。

⑥ 确认报警信息的状态和准确位置。

⑦ 电话远程撤/布防、远程报警、远程监听。各种报警发生时可以循环拨打设置的4个电话号码，直到拨通其中1个为止，并能按报警类型发出不同的报警语音。可外接警号，当有报警发生时，启动警号吓退不法之徒。

⑧ 报警网络管理。在园区控制中心设有管理计算机，负责处理上述报警或求助。并用电子地图定位指示和全中文信息显示。

⑨ 家用电器控制。系统具有可靠的控制能力，你可以通过电话网、园区网络远程对系统发出指令（远程实时、分时控制能力，本地实时、分时控制能力），控制室内的电视机、空调、电饭煲、电灯等家用电器。也可以在家中通过家庭智能键盘控制家用电器。可根据不同设备功能配置，选择语音或铃声功能提示，6-16位密码设防，安全可靠。

（7）远程抄表系统

由家居智能控制器提供接口对各表进行计量，所得数据经数据线传到主计算机，以便统计、计算。基本功能有远程抄表信息查询、信息反馈、信息提示；本地核对水表、电表、燃气表的读数准确性和系统故障报警功能等，见图14-7。

（8）LED显示屏

采用室外全彩色视频图像屏，可满足室外全天候播放和观看的要求，超高亮度，画面绚丽多彩。显示格式与视频系统和计算机系统全部兼容，系统采用高冗余设计，具有高可靠性。

（9）物业管理系统

物业管理软件包括房管、客管、收费、设备、保安、消防、行政、人事、清洁、绿化等方面。其特点是：

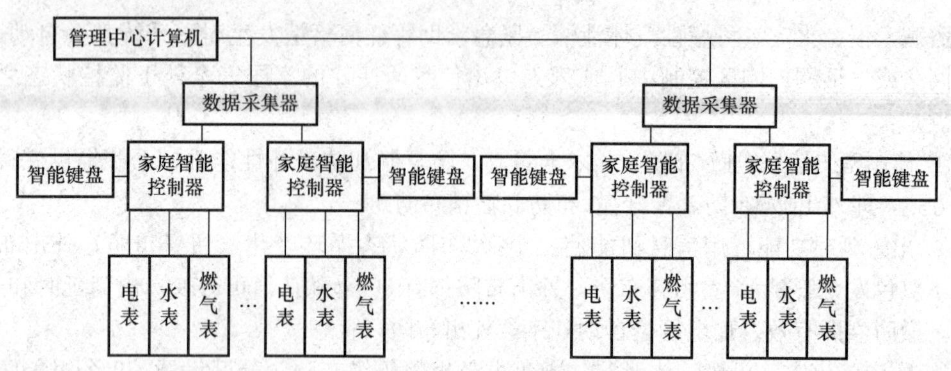

图 14-7 远程抄表功能图

1）该系统有很强的保密性和数据安全性。通过对数据加密和系统权限管理，使各部门只能处理和查询本部门内的工作，保证数据的保密性；同时结合数据备份功能，最大限度地保证数据的安全，不致因各种意外情况使得宝贵的数据损坏或丢失。

2）能与 Microsoft Office 一体化，实现复杂格式的文档处理。强大的报表定义功能，报表可实现多种自定义，能辅以专业的定制图形分析，为用户提供强大且直观的报表功能。

3）可自动通过电话拨号或 Internet 连接实现远程维护，自动 E-mail 报修，与局域网 Exchange server 交互，实现信息流转。

4）具有强大的收费自定义功能，能方便地满足客户现有的和将来的需求。收费项目可自定义、收费周期可定义，收费类型、收费价格等均可自定义，并可实现多种方式收费。

5）具有（或可扩展）通用的与银行和财务系统接口。

6）将综合管理中心划分为 5 个子中心：

信息管理中心（网络服务、电话交换中心、CATV）。

设备监控中心（给排水、照明、电梯等监控）。

安防监控中心（小区周界、关键出入口、区域的摄像、报警监控）。

家居监控中心（家居计量表、安防、灾防的监控、统计）。

物业管理中心（背景音乐、LED 大屏幕、物业管理中心）。

以上管理以信息管理中心为核心（需有高效的软件解决方案），实现各平台信息有效共享，便于物业统计及小区事故或故障快速、高效、有效的解决。在物业中心及必须部门设立网络管理计算机。

14.2.3 某花园小区

该小区自动化系统主要包括闭路电视监控、防盗报警、紧急按钮报警、燃气泄漏报警、感烟报警、可视对讲、周边防范、巡更管理等。由保安中心负责集中监视管理各子系统。

（1）闭路电视监视系统

该系统主要作用是辅助保安系统对于小区的周边防范系统及小区重要方位的现场实况进行实时监视。通过多台摄像机对园区的公共场所、园区大门、地下停车场以及小区周界等处进行监控。当保安系统发生报警时，联动开启摄像机并将该报警点所监视区域的画面切换到主监视器上，并同时启动录像机记录现场实况。

该系统采用 32×5 矩阵交换系统，利用系统控制台，操作人员可以任意选取某个摄像机，将其图像显示在所用的监视器上。操作人员可以通过操纵杆对摄像机的镜头和云台进行遥控，扩大监视范围，提高现场图像清晰度。

系统配备了一个 16 路防区的报警箱及多媒体监控微机。实现与小区周边红外报警监控联动，并与小区管理软件联动。

（2）周边防范系统

智能化住宅小区的周边防范系统是防止人从非法入口地方未经允许擅自闯入小区，避免各种潜在的危险。该住宅小区采用主动式远红外光束控制设备，与闭路电视监控系统配合使用，性能好，可靠性高。

该系统的红外探测器能自动侦测侵入之人或物并同时发出报警声音，不需要保安人员长时间监看屏幕；该系统采用低照度夜猫眼彩色摄像机，不需加照明设备日夜共用；下雨、下雪、各种天气与太阳的变化，对鸟类、树叶、荧光灯等都不会发生错误的报警。

（3）巡更管理系统

小区的巡更管理系统采用动态、实时在线巡查系统技术，进行小区巡更计算机管理。巡逻线路是根据小区各个巡更点的重要程度、实际路线、距离等情况，经过计算机优化组合成数十条巡更路线，保存在巡更管理计算机数据库内。具体的当班巡更路线，由计算机随机确定，避免内外勾结犯罪。

每条巡更路线上有数量不等的巡更点，巡更点采用读卡机，巡更人员走到巡更点处，从而将巡更人员到达每个巡更点的时间、巡更点动作等信息记录到系统中，在保安中心，通过查阅巡更记录就可以对巡更质量进行考核。这样对于巡更人员是否进行了巡更、是否绕过或减少巡更点、增大巡更时间等行为均有考核的凭证，也可以此记录来判断发案的大概时间。

（4）可视对讲系统与家居安防系统

该住宅小区是集可视对讲、红外线防盗、门磁开关、燃气泄漏报警、感烟报警、紧急按钮报警于一体的智能防盗报警系统。

设备安装在小区各建筑的每个单元入口、住宅户内及保安中心（管理主机），每户设红外线探头、门磁开关、感烟探头、燃气探头、紧急报警按钮、壁挂黑白室内可视对讲机及报警控制器。每个单元入口设置一台门口主机，在保安中心设置一套管理主机。当有客人来访时，按下室外按钮或被访者的房间号码，住户室内分机会发出振铃声，同时，室内机的显示屏自动打开，显示出来访者的图像及室外情况。主人提机与客人对讲通话，确认身份后可通过户内分机的开锁键遥控大门电控锁让来访客人进入。客人进入大门后，闭门器使大门自动关闭。可视对讲系统采用夜间红外线照明设计，使白天黑夜均清晰可见。

此系统将楼宇对讲及报警求助结合起来，且能上联微机并配有相应的管理软件。这样就为整个小区的智能化集成创造了很好的条件。

1）可视对讲系统：该系统采用密码开锁，实行一户一码制，保证了密码开锁的保密性和唯一性，住户可以随时改变密码。这套系统装有防拆装置，有人破坏时，主机和管理机就同时发出报警声音。保安中心通过管理主机，可以对小区内各住宅楼对讲系统的工作情况进行监视。如有住宅楼入口门被非法打开、对讲主机或线路出现故障，小区对讲管理主机会发出报警信号并显示出报警的内容及地点。保安中心还可通过管理主机拨号选通各门口，监视各栋楼门口情况。

管理主机可带 248 个门口机和 6 个副管理机，解决了小区多个出入口的管理。管理主机可自由选呼各用户分机和副管理机，而副管理机可呼叫管理主机，其他副管理机及用户分机可以进行双向对讲，用户分机也可呼叫管理主机，这样就在一个小区范围内建立了通信联网。小区物业管理部门与住户以及住户与住户之间可以用该系统互相进行通话，如物业部门通知住户交各种费用；住户通知物业管理部门对住宅设施进行维修；住户在紧急情况下向小区的保安人员或邻里报警求救等。

2）家居安防系统：小区的住户居室设有安防系统，与上述公共部分的周边防范、保安监控、巡更管理及可视对讲构成该小区的智能安防体系。

家居安防系统包括门磁开关、红外探测器、燃气探测器、感烟探头、紧急报警按钮五项内容。在每个住户家里都设置一个报警控制器，能连接五路报警源（即五路防区），这样可以把门磁、红外探测器、燃气探测器、感烟探头等不同的探头接到不同的防区，以保证报警时能明确区分是哪一路报警。

（5）识别系统

在小区的大门入口处，设有居民入园时确认身份用的智能门禁系统和供车辆进出识别用的停车场管理系统。当人员进出园区、车辆进出地下停车场时，要使用自己的感应卡，经读卡器识别有效后，方可允许进出。

小区保安中心为园区居民、临时住户及来访客人发放与持卡人唯一对应的感应卡。每个感应卡都已在保安中心注册授权，当持有人不慎将卡丢失，应立即通知保安中心挂失处理，并领取新卡。小区的全部读卡器均通过现场控制总线与保安中心联网。它可以准确地记录每一个持卡人每一次进出时间。当系统中任何一台装置发现有挂失的感应卡使用时，系统会自动报警，提醒保安人员进行处理。

14.2.4 南方某小区

（1）简介

某小区建筑面积 48 万平方米，居住人口 11000 人，居住户数 3050 户，机动车位 2400 个，建筑密度 18.8%，绿化率 62%。其建筑面积、智能化程度、物业管理、绿化率等在我国位居前列。

（2）智能化系统

1）可视对讲与 IC 卡（或指纹）门禁系统。

① 在每座单元门口和地下车库电梯入口设置可视对讲，其特点是每个楼层都有线路自动保护器，相互不影响，安装简便、成本和维修费用较低。

管理控制主机可控制双向对讲、监控、开启电控锁、发出警报、受理求援信号以及储存资料等。对讲主机采用对讲、摄像头一体化，结构坚固，图像清晰；可视分机安装在用户室内，体积较小，造型美观。停电时，不间断电源可维持供电 24 小时以上。

② IC 卡（或指纹）门禁系统：门锁安装在每单元可视对讲主机旁和地下车库的电梯门口处。该门禁系统容量为 8K，数据可保存 10 年，改写 10 万次，保密性能高，且具备电动和手动两种开锁功能，可管理 1000 户人员进出。指纹门禁系统是一种高科技防护手段，多重有效地防止对楼门的非法进入。

2）周界防越、电梯、泵房报警系统：小区围墙红外探头在户外较远地方布设，具有高可靠、长距离传输特点。当围墙有较大物体翻越时，周界防越系统发出报警信号并有平面显示。报警控制中心电源采用大容量的不间断电源，使用双电回路自动切换线路进行供电。电梯系统有专用电梯报警控制柜，可对所有电梯报警状态进行控制。可将电梯运行情况、报警数据传递到报警中心。供水泵房无人看守值班，泵房水位超过额定界限时可自动控制并报警。

3）闭路电视监控系统：闭路电视监控系统有一台主监控器和两台辅助监控器，每台监控器的电视墙画面上分隔成四个画面，轮流显示三组摄像机的影像。操作主控台可随意切换任意画面、调整控制云台摄像枪的摄像方位、镜头远近和定格等，所有录像可保留一个月循环使用。

4）巡更管理系统：巡更系统包括巡更棒和巡更按钮。巡更棒有不同的编码和存储系统，保安人员按照指定路线和时间经过巡更点时，用巡更棒触动巡更按钮，就可将巡更点信息存入棒中，巡更完毕后，将巡更棒插入保安计算机的插座中读取巡更信息，实现巡更自动安全管理。

5）水、电、煤气表自动抄表系统：该系统可进行水、电、气三表的综合数据、数字、图表的管理，与银行计算机联网，实现三表费用自动划拨和结算。系统主机可以按要求分时与各处通信，定时发送数据且可随时发送警报状态，数据经处理后存入计算机硬盘，再送入小区计算机网络服务器。系统数据采集机可以断电 100 小时以上，数据保存 10 年，智能管理机可插入计算机进行数据处理，打印三表使用量和费用，最大管理能力达 32000 户。系统收费处理有很广泛的兼容性，可现金、卡、银行账户等各种方式交费。到期交费计算机自动报警，用户可定期交费。系统网络有较为完善的自检报警功能，可显示、自动记录和打印。

6）车辆出入和停车管理系统：该系统使用自动和人工两种收费形式，计算机配有不间断电源，网络使用高速以太网连接。司机可使用非接触 IC 卡，出入时自己刷卡。由计算机判断 IC 卡的合法性，并给读卡器指示，控制防砸挡车杆的升降。没有 IC 卡的车进入时，由保安人员将车牌号输入计算机，在刷卡机下方的自动出票机处自动打印该车保管证，上有车牌号和进入时间；出小区时，司机向保安人员交回保管证，保安人员核对车牌号，无误后将车牌号输入计算机，按计时时间和收费标准打印出收费凭证票据。

7）通信和接入网系统：小区宽带为 100MHz，住户可通过宽带上网，管理处装有网络服务器提供主页（管理信息查询、物业收费信息查询、售楼、购物、教育、文化、FTP 下载软件、招商）、Email、免费网页、游戏等服务，服务器 24 小时不间断使用，采用双机热备份方式，设置有网络安全工程师站，系统安装防火墙。

8）物业设施管理系统：包括工程设计文件管理系统（文件数据化，便于查询和管理）；设备数据库和设备信息管理、调控系统（各种设备的购置时间、产地、保修日期、使用记录等）；设备报修、维护管理系统（各种设备的使用寿命、检查提醒、检查维修记录等）；住户信息管理等。

在小区公共场所设置触摸屏，用户可凭标识卡在触摸屏上或家中电脑上进行信息查询、投诉、维修等，并对服务质量和态度进行评价。

14.3 智能住宅（家居）

《智能建筑设计标准》GB 50314—2000 对住宅智能化基本要求：（住户）

1）应在卧室、客厅等房间设置有线电视插座。

2）应在卧室、书房、客厅等房间设置信息插座。

3）应设置访客对讲和大楼出入门口门锁控制装置。

4）应在厨房内设置燃气报警装置。

5）宜设置紧急呼叫求救按钮。

6）宜设置水表、电表、燃气表、暖气（有采暖区）的自动计量远传装置。

14.3.1 功能特征

可上小区内部网络，通过电话线路对家庭电器设备进行遥控，并对家居保安设备进行管理和通信服务；住户通过拨打家庭电话，按照提示可操作控制空调、电饭煲、灯光等多达十二种家用设备。安装门磁开关、玻璃破碎传感器、烟感传感器、温感传感器、火焰传感器、可燃气体传感器等设备，触发时可自动电话呼叫某些特定号码。

14.3.2 智能化项目

——家庭通讯总线接口；

——防盗报警；

——火灾、煤气泄漏报警；

——遥控护理、紧急呼救报警；

——切断电话线与防破坏报警；

——中文语音提示和应答；

——强制占线报警；

——报警实施监听；

——双向交互监视和遥控；

——电话拨入控制电器设备；

——家电红外遥控；

——RS-485 家庭总线接口；

——电话线路传输语音和数据流；

——数码录音；

——电子语音信箱；

——家庭内部通信模式。

15　建筑物业设施管理

教学目标：了解设施管理目的意义、管理制度；掌握设备维修管理和节能措施；熟悉管理目的和任务、管理机制和制度。

15.1　建筑物业设施管理概述

15.1.1　设备管理的目的和任务

所谓设备管理就是要保证所有设备经常处于良好工作状态，最好发挥其作用，并且达到提高经济运行和经济收入的目的。国际物业设施管理协会（IFMA，International Facility Management Association）对物业设施管理（FM）所下的定义是："以保持业务空间高品质的生活和提高投资效益为目的，以最新的技术对人类有效的生活环境进行规划、整备和维护管理的工作"。

物业设施管理内容主要包括：物业设备基础资料管理、物业设备运行管理、维修管理、更新改造管理、备品配件管理、固定资产（设备）管理、工程资料管理等。

智能建筑的设备维修保养，应注重预防性维修为主的指导思想，要根据不同设备性能的特点制定不同时限的设备维修保养计划和严格的保养标准，使设备保养维修工作达到标准化和表格化。建立设备维修保养数据库，收集和整理完整的维修图纸、历史记录等文档。设备的预测性维护保养，不仅能达到防患于未然，减少故障维修的工作量，并使设备长期处于良好的工作状态。另外，还必须制定相应的操作规程和管理制度，并且要特别注重人员的培训。

讲究经济效益是设备管理的一个重要原则。合理有效管理设备达到自动化、集中管理化，提高设备利用率、完好率。加强设备管理的全过程，节约能源、减少人力消耗，最终实现投资少、效益高、维修费用低、经济效益好的目的，并为用户提供一个质量安全、舒适而又方便的使用环境。

15.1.2　设备管理组织机构和制度

要达到设备管理的最终目的，必须审慎确定管理组织机构和各级岗位责任制。

(1) 设备管理组织机构

设备管理组织机构应建立在项目经理领导下的工程师（或工程监理）分工负责制，由工程师负责全面的技术管理工作。见图 15-1。

(2) 设备管理制度

设备管理制度包括设备管理范围、安全管理制度、设备档案（类别划分、性能、编号、登记、使用、维修、备件、报废更新记录）等方面。制定安全管理制度的目的是为了保证设备和系统的正常运行，达到设备最佳的性能和体现系统设计目标，规范设备和系统运行时的基本操作要求是保证设备完好的重要基础。

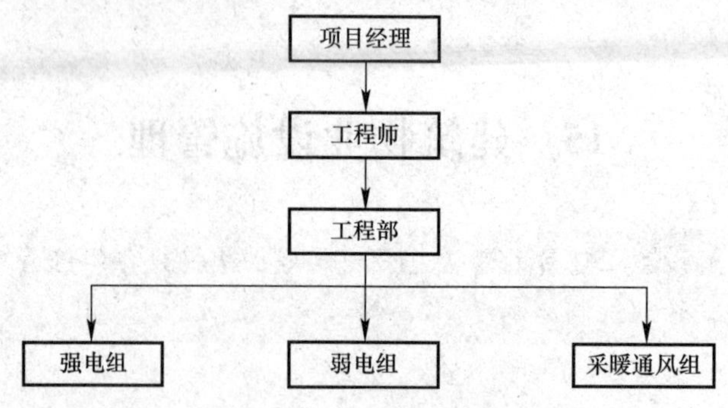

图 15-1 设备管理机构组成

1）安全管理制度：

① 安全技术人员职责：

A. 制定相关专业规章制度和操作要求，对专业人员进行经常性的技术培训、考核和安全教育，不断提高操作技能；

B. 进行定期和经常性的检查；

C. 提出修理和改造方案；

D. 监督检查规章制度执行和有关日志；

E. 有权参与事故调查，提出处理意见及向上级主管部门和劳动部门报告。

② 专业技术和操作人员职责：

A. 遵守纪律，坚守岗位，严格执行操作程序；

B. 做好设备保养和维修工作，保证设备正常运行；

C. 有权制止任何人的违章操作以及拒绝执行违章指挥；

D. 设备在运行中发现异常情况时，应采取紧急措施，并向主管负责人报告；

E. 认真填写设备运行日志。

2）维修制度：

有定期巡回检查、故障修理（派工制度）、事故分析报告处理、交接班等。

① 定期巡回检查：专职人员在自己的责任范围内，沿巡回检查路线逐点逐项进行检查，特殊情况（设备运转异常）、新投产期间增加检查次数；

② 故障维修：在迅速诊断设备器材的故障部位后，采用备品、备件的方式进行更换，使其恢复正常运行；

③ 事故分析报告处理：事故报告类别分为一般事故、重大事故和爆炸事故。不同的类别，有不同的报告。发生一般事故可由本部门进行分析调查，采取改进的措施并存档。发生重大事故，应尽快将事故的情况、原因及改进措施书面上报当地的劳动部门。发生人员伤亡事故，应立即将事故概况尽快报告单位主管部门和当地劳动部门，以便组织调查；

④ 交接班：交接班时，交班人员应退出自己监控管理的计算机，接班人员应以自己的用户名和密码进入自己监控管理的计算机，保卫部门和工程管理部门将按进入系统操作员的用户名进行安全管理，以便必要时进行查证。

其操作程序如下：

A. 操作员进入系统，输入操作者用户名和密码；

B. 通过图形方式检索设备运行状况的操作；

C. 设定设备故障报警或撤销报警；

D. 设备报警信息和确认；

E. 设备手动方式的控制和调节；

F. 控制程序的手动方式执行；

G. 设备运行时间的累计；

H. 设备预防性维护提示；

I. 设备运行参数和统计报表的打印；

J. 操作员交班时，退出系统的操作；

K. 操作员填写和签署值班日志。

3）运行记录：包括设备运行日志、交接班记录、设备维修记录等。

4）备件和库房管理制度：包括申购及手续、工具和材料领发、备件储备和管理、修复、加工等。

5）技术资料积累和管理：建立设备档案，包括原始资料、运行情况记录（开始使用时间、系统参数测量、调试和检验、设备修理和更换、停用时间和保养情况）、事故及处理等。

15.2　建筑设备运行管理

建筑设备运行管理应满足安全、可靠、舒适和经济四个方面的要求。

设备安全要求设备的运行安全、用户的使用安全以及操作者的生产安全；设备运行的可靠性依赖于设备保障能力和设备的管理能力；所谓舒适性要求一是满足指标要求，即功能要求，二是满足感官性，即满足感觉的程度；同时，必须在满足安全、可靠、适度舒适的前提下实现经济性目标。满足经济性要求主要有三种途径：①节省能源是实现经济性目标的主要途径。节省能源费有两种方式：一是采用适用的经济的能源；二是降低能源费用，提高能源利用率；②提高易损零配件和耗材的耐用性；③维修保养方便、减少维修开支。

15.2.1　设备设施运行准备

1）使用前编制技术资料。包括设备操作维护规程、设备润滑卡片、设备日常检查和定期检查卡片。这些技术资料的编制有利于物业管理工程部人员掌握设备运行情况的信息，为延长设备寿命，消除隐患等打下基础。

2）开展技术培训。通过培训，使员工了解并掌握关于设备的结构性能、使用维护、日常检查内容、安全操作、管理制度及岗位职责等知识，提高技能及服务水平。

3）配备必需的检查及维护仪器与工具。必备的检查及维护仪器与工具是高质、高效地开展维修服务的基础。

4）全面检查设备装置，进行使用交底。进行使用交底，可以明确划分职责，做到责任明确，提高工作责任心和业务水平。

15.2.2 设备运行管理

设备运行管理包括技术运行管理和经济运行管理。

设备技术运行管理是保证设备安全和正常运行的重要环节，其管理的主要内容包括建立科学的运行机制、制定设备安全操作标准和规程、定期检查制度等。

设备的经济运行是指在设备安全、正常运行的前提下，通过有效切实可行的、合理的措施，降低设备的消耗、操作费用、维护保养费用以及检查维修等方面的费用，即以最少投资求得经济效益最大化。设备经济运行管理应做好能源消耗的经济核算，采取切实可行的节能措施，加强节能管理工作。

15.3 设备维修管理

设备维修管理可确保设备安全、正常运行，及早发现隐患并有效排除，同时节约能源。

15.3.1 设备检修及保养

(1) 设备检修

设备检修包括预防维修、日常维修和计划维修三个方面。

1) 预防维修：预防维修通过对设备的维护保养，可以延长设备使用年限和运行完好率，推迟需要大量资金的更新翻修的时间，提高设备的利用率和使用价值。预防性维护保养建立在计划和时间表的基础上，以防止可能发生的故障和损坏。其中也包括改良性维护，即对设备和系统的更新和改造提升，以不断满足需要。

2) 日常维修：日常维修是为确保设备的完好和正常使用所进行的经常性的日常修理、季节性的维护以及设备的正确使用维护管理等工作。

3) 计划维修：按预定计划进行的维修工作。

(2) 设备检修程序框图

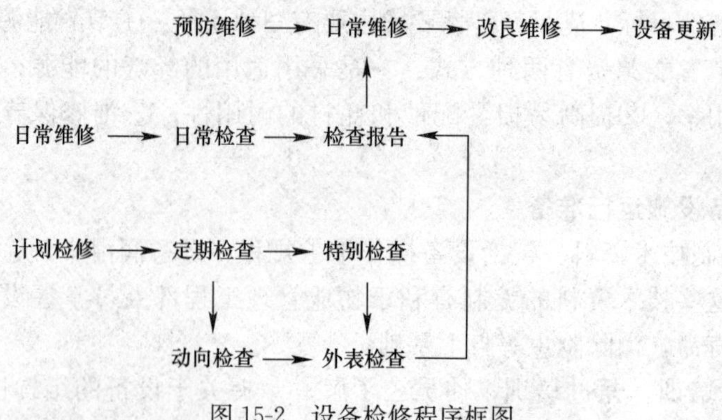

图 15-2 设备检修程序框图

(3) 年检修计划表（按季度）

年检修计划表详见表 15-1。

年检修计划表 表 15-1

季度	工作内容	季度	工作内容
一	前年工作总结和新年度工作计划；上半年预算	三	冷冻机的正常运行和日常检查
	水池和水箱的清扫和水质检查		锅炉及附属设备在停运季节的修理
	室内空气环境测定		空气过滤器的更换和清洗
	给排水设备的检查		送排风机、泵、电机轴承的清洗
	紧急广播设备性能检查和修理		温湿度检查器的动作检验
	消防设备的性能检查和修理		室内回风口、排风口及风道的修理口
	冷热水管道保温材料的修补		水质管理和给排水设备的检查
	电梯定期的性能检查		冷负荷的峰值削弱措施
	电气设备绝缘阻抗的测定		夏季防洪措施
	烟道的清扫	四	按计划进行预防性维修
	变配电设备的定期检查		冷冻机运行情况检查
	继电保护器的性能检验		冷冻机和辅机在停运期间的维修
二	核实维修项目与预算对比		热交换器的维修
	送冷准备，冷冻机、冷却塔的修理和试运行		冷却塔在停运期间的维修和有关事项的执行
	空调机检查和修理		主副油箱的修理
	压力容器的性能检查和修理		冷热水管道的漏水检查和修理
	锅炉的清扫和检查		电气设备的定期检查和修理
	机房的清扫		消防设备的检查和修理
三	上半年运行结果检查和修改与下半年预算计划		年底设备大清扫
	电气安全教育，防鼠、虫害的措施		

(4) 设备保养

设备保养可分为日常保养、一级保养和二级保养。

1) 日常保养：进行清洁、润滑、检查设备完整性等。

2) 一级保养：设备累计运行一定时间进行的保养。如零部件的拆卸、清洗、修复、调整等。

3) 二级保养：以技术人员为主，操作人员配合协助，设备累计运行一定时间（按设备修理间隔时间），进行的保养。如设备的解体检查和清洗、修复或更换易损件等。

(5) 设备长寿命保养管理

1) 设备运行初期（故障期）：了解易损件，加以特别注意；了解设计、施工和材料方面的缺陷和不足，找出造成设备不可靠性的原因并加以解决，尽快使设备故障率下降并进入稳定运行状态。

2) 设备运行中期（偶发故障期）：加强对故障的检测诊断、修理以及对备件、备品的管理。

3) 设备运行后期（磨耗故障期）：由于零部件的磨损和材质的劣化使故障率上升。但如果在此之前将部分零部件更新可以降低故障率，此时还应精心进行预防保养，定期对零部件进行检测，掌握劣化程度。同时，坚持平时的清扫、给油、调整，减缓零部件的磨损和劣化速度，延长其寿命。

15.3.2 设备节能

高新信息技术和计算机网络技术的高速发展，对建筑物的结构、系统、服务及管理的最优化组合的要求越来越高，要求提供一个合理、高效、节能、舒适的工作环境。设备一方面带来舒适、方便，同时消耗大量的能源。设备人员重要任务是以最低的能源消耗达到各自设备所能达到的目的，按照节能的原则进行设备管理。节能是一项基本国策，也是建筑电气设计全面技术经济分析的重要组成部分。楼宇自动化系统的建立，对于大厦机电设备的正常运行并达到最佳状态，以及大厦的防火与保安都提供了有力的保证。同时，依靠强大软件支持下的计算机进行信息处理、数据分析、逻辑判断和图形处理，对整个系统作出集中监测和控制；通过计算机系统及时启停各有关设备，避免设备不必要的运行，又可以节省系统运行能耗。

（1）能源损耗分析对比

根据美国、英国、丹麦等十几个国家的综合统计表明，建筑物的耗能中，采暖、通风和空调的能耗占65%，生活热水占15%，照明、电梯占14%，厨房炊事占6%。而大厦装有楼宇自动化系统（BAS）以后，可节省能耗约25%，节省人力约50%。由此可见，对大厦的空调节能与管理就显得迫切和重要了。

当前现代化大厦就空调系统而言，是一栋大楼耗能大户，也是节能潜力最大的设备。大楼装有楼宇自动化系统（BAS）以后，系统采用电脑程序对全楼的设备进行管理，根据设备使用情况和用户的实际要求调整设备，使设备的运行处于最佳运行状态，大量减少不必要浪费，避免了设备在失控的情况下运行，达到节约用电的目的，采用此系统可节约电能15%～25%。在不采用BAS的建筑中，设备简单的操作、维护、保养都需要大量的人工完成。采用此系统后，上述工作均由电脑根据程序自动完成，这样不仅节省人力，而且避免了复杂的人事等一系列问题，采用此系统可节约40%～60%的人力。从而大量的节省了人力开支。出现故障时，能够及时知道何时何地出现何种故障，使事故消除在萌芽状态。

有无自控系统电费对比 表 15-2

饭店名称	星级	建筑面积	楼宇自控系统	月平均电费
饭店 1	四星	10 万 m^2	没有 BAS 系统	120 万元
饭店 2	五星	10 万 m^2	有 BAS 系统	103 万元

随着建筑物规模增大、标准提高，大厦的机电设备的数量也急剧增加，这些设备分散在大厦的各个楼层和角落，若采用分散管理，就地监测和操作将占用大量人力资源，有的几乎难以实现。如采用楼宇自动化系统，利用现代的计算机技术和网络系统，实现对所有机电设备的集中管理和自动监测，就能确保楼内所有机电设备的安全运行，同时提高大楼内人员的舒适感和工作效率。

（2）节能主要措施

1）节能管理软件作用：楼宇自控系统的节能方法主要是运用编写的节能管理软件，通过节能算法，控制设备的运转，达到节能的目的。节能管理软件中经常使用的节能方案有下面几种：

① 开关循环：开关循环是指在对某些耗能大的暖通空调设备（如空调机组），可在人们要求的前提下，先关掉一段时间然后再启动，如此周而复始。对暖通空调系统，其设计负荷应为建筑在运行中所预见的最恶劣的情况。而此情况只在建筑运行中1%～5%时间出

现，其他时间空调系统因负荷降低就不必全开，只间断性运行即可。开关循环方法实质上就是通过减少用电时间以达到节能的目的。

开关循环常用于送风机、回风机、排风机、各种泵和大型 VAV 风机等。而其他有些设备因其具有不能间歇运行的特性，如对于 100 马力的电机，因其停机后须冷却长时间后才能重新启动，故不能进行开关循环。

进行开关循环控制的办法可通过手动开关对设备进行开关操作。但这种方式有两个缺点，其一是人工操作不可靠，第二是手动启动有时会因操作不当而损坏设备。可用自动定时器来取代手动操作，但定时器控制修改程序不方便。最好的方法是采用带温度补偿的开关循环控制，即在环境（室内/外温度）发生变化时随时最优地改变运行、停机时间以最大可能地节约能源。这样关机时间并不是一定的，而是随建筑的冷暖需求而变，如需要更多的加热或制冷，则这时会减少停机时间，反之，若室内温度已在人们需求的范围内，则可增加停机时间减少系统输出以节约能源。

一般开关循环程序中可设定循环时间以及最大、最小关机时间。设定最小关机时间是为了防止关机后极短时间内重启动对设备造成的损害，不同功率的电机都有各自最小关机时间的经验值。最大关机时间是为防止关机时间过长引起空间状况恶化。

② 电能控制：在国外，电能计费主要和两方面因素有关，一个是耗电量（千瓦时数或度数），另外一个因素是需求系数。如果处于用电高峰期，而用户恰在此时用电量很大则会被收取很高的费用。在国内现阶段虽然还未进行如此严格的收费方法。但有的城市已在夏季实行白天与夜间不同的计费方法，因此出现大型空调系统夜间蓄冰技术。

电能控制程序正是基于此的一种调度程序，即合理启动或停止耗能高的空调设备，使用电量一直保持平稳值，甚至在一般用电高峰期时设备运转时间较短，而在用电低谷期设备运行时间较长，使得向供电局缴纳最低的电费。此程序的启停循环程序和最佳启动/停止程序应配合使用。

③ 优焓控制：根据回风和新风焓值的比较来控制新风量和回风量，减少能量消耗。

④ 最佳启/停控制：节能的最直接的办法是让空调系统停机或间歇运行。这样最多可节省 60%的能量。当然有些区域（如计算机房内）的空调系统是必须连续运行的，不能应用此程序。

如果在建筑物内无人状态（夜间）时关掉空调系统是最节省的，但这样做在实际中会产生一系列问题。首先，在天气极端恶劣的情况下，这样会给建筑物内设施甚至给建筑物自身造成损坏。其次，如果夜间不加控制让空间温度达到很高或很低，这样空调系统必须再花很长时间调节到正常温度。

最佳启动停机程序的工作主要有三点：在无人（夜间）状态时，设定最低、最高温度限制，在必要时启动空调系统使温度处于最低、最高温度范围内；在转到有人状态时，如早 8：00 要上班，则空调系统须在 8：00 时调节温湿度到舒适带内。对于大负荷，空调系统可能在 7：20 就要启动，对于小负荷，可能 7：40 开启可满足要求。这些时间是由程序根据室外温度、空间内温度及其他因素计算而来；在由有人转为无人状态时如下午 5：00 下班，则不必要将空调系统在 5：00 关闭，因为空调关闭后一段时间内温度仍处于舒适带内。这时有可能 4：40 就关掉空调。这个时间的确定也是根据各种因素计算而来。

⑤ 灯光控制：整个建筑的 14%能量用于照明，因此进行照明控制很有必要。灯光控

制的一般方法是在不需要照明时，如午餐时间或楼内无人时，把灯关掉。亦可在用电高峰期时关掉 1/3～1/2 的灯光以防电网过流。

另外一种灯光控制的办法是进行调节控制。即在楼内设置感光装置，调节灯的亮度以达到特定空间的要求，这样可最大限度地利用自然光，节约能源。

⑥ 冷冻机组优化：主要是冷冻机组的台数控制。通过温度传感器及流量传感器分别测出负荷的实际供回水温差及水流量，计算出实际耗冷量，并根据冷冻机组的匹配情况，自动决定设备运行台数，以满足负荷的要求。在系统自动启停时，任何一套系统的启停均需设时间延迟，防止系统的频繁启动。在任一工况下，均可通过压差旁通阀和水泵工作特性去调节负荷的冷冻水流量。

2）延长设备使用寿命：设备在电脑的统一管理下始终处于最佳运行状态，及时报告设备的故障情况并进行处理。按照设备的运行状况打印维护、保养报告，避免超前或延误维护，相应延长设备使用寿命，也等于节省了资金。除了设备发生故障后要及时进行修理，还要进行预防性维修和改良性维修，设备运行中不发生事故对能源是最大的节约，能源管理和设备管理是互相促进和制约的。

3）有效加强人员管理：在不采用楼宇自动化的建筑中，操作人员是否及时处理设备故障及维护保养，有关领导很难掌握；但楼宇自动化系统由电脑统一管理设备，计算机不会隐瞒、欺骗任何人，使有关领导及时掌握第一手资料，避免人员管理的各种问题。

4）保障设备与人身的安全：BAS 系统对各设备的运行进行监测，可使值班人员及时发现故障、问题与意外，消灭故障于隐患之中，排除意外于防范之中，保障设备与人身的安全。

5）充分满足用户需求：BAS 系统可根据用户的需求，适时地调整设备，充分保证用户环境。如果全用人工调节，一则监测手段滞后，二则调节结果滞后，不可能充分满足用户需求。而 BAS 系统采用电脑管理设备，监测手段丰富灵活，反应时间快，可以充分满足用户需求。

思 考 题

1. 简述物业基础设施管理的定义。
2. 建筑设备维护管理中要注意哪些要点？
3. 设备运行管理的基本内容是什么？
4. 如何实施对设备的维护管理？有什么可选的方案？长寿命管理分哪三个阶段？
5. 节能的主要措施有哪些？

参考文献

[1] 王东萍主编. 建筑设备. 哈尔滨：哈尔滨工业大学出版社，2002.
[2] 王再英，韩养社，高虎贤编. 楼宇自动化系统. 北京：电子工业出版社，2010.
[3] 万建武编. 建筑设备工程. 北京：中国建筑工业出版社，2000.
[4] 张清主编. 房屋卫生设备. 武汉：武汉理工大学出版社，2009.
[5] 黄剑敌主编. 暖、卫、通风空调施工工艺标准手册. 北京：中国建筑工业出版社，2003.
[6] 梁延东主编. 建筑消防系统. 北京：中国建筑工业出版社，1997.
[7] 高明远编. 建筑设备技术. 北京：中国建筑工业出版社，1998.
[8] 王继明，王敬威，宝志雯编. 建筑设备与电气工程. 北京：地震出版社，1990.
[9] 胡乃定主编. 民用建筑电气技术与设计. 北京：清华大学出版社，1993.
[10] 朱庆元，商文怡编. 建筑电气设计基本知识. 北京：中国建筑工业出版社，1990.
[11] 刘正满主编. 建筑设备运行与调试. 北京：中国电力出版社，2004.
[12] 刘思良主编. 建筑供配电. 北京：中国建筑工业出版社，1998.
[13] 陈汉民，王奇南主编. 建筑电气技术500问. 福州：福建科学技术出版社，2001.
[14] 王子茹主编. 房屋建筑设备识图. 北京：中国建材工业出版社，2001.
[15] 姜湘山著. 建筑小区中水工程. 北京：机械工业出版社，2003.
[16] 徐超汉编. 住宅小区智能化系统. 北京：电子工业出版社，2002.
[17] 龙惟定，程大章主编. 智能化大楼的建筑设备. 北京：中国建筑工业出版社，1988.
[18] 杨志，邓任明，周齐国编. 建筑智能化系统及工程应用. 北京：化学工业出版社，2002.
[19] 陆宏琦，韩宁编. 智能建筑通信网络系统. 北京：人民邮电出版社，2001.
[20] 叶选，丁玉林主编. 电视电缆系统. 北京：中国建筑工业出版社，1997.
[21] 邓亦任主编. 建筑电话工程. 北京：中国建筑工业出版社，1997.
[22] 刘国林主编. 建筑物自动化系统. 北京：机械工业出版社，2003.
[23] 杨绍胤主编. 智能建筑实用技术. 北京：机械工业出版社，2003.
[24] 建设部编. 智能建筑技术与应用. 北京：中国建筑工业出版社，2001.
[25] 罗国杰原著，孟宪海改编. 智能建筑系统工程. 北京：机械工业出版社，2002.
[26] 中国机械工业教育协会组编. 楼宇智能化技术. 北京：机械工业出版社，2002.
[27] 董晋兴编. 现代建筑设备管理. 北京：中国建筑工业出版社，1988.
[28] 胡崇岳主编. 智能建筑自动化技术. 北京：机械工业出版社，1996.
[29] （日）中原信生著，龙惟定等译. 建筑和建筑设备的节能. 北京：中国建筑工业出版社，1990.
[30] （美）Ralph M. Stair，George W. Reynolds著. 张靖，蒋传海等译. 信息系统原理. 北京：机械工业出版社，2003.
[31] 孙景芝，韩永学编. 电气消防. 北京：中国建筑工业出版社，2000.
[32] 王林根主编. 建筑弱电系统安装与维护. 北京：高等教育出版社，2001.
[33] 马飞虹编. 建筑智能化系统—工程设计与监理. 北京：机械工业出版社，2003.
[34] 马鸿雁，李惠昇编. 智能住宅小区. 北京：机械工业出版社，2003.
[35] 智能建筑设计标准GB/T 50314—2000. 北京：中国计划出版社，2000.
[36] 郑国明，杨菊娣编. 物业管理员手册. 北京：机械工业出版社，2002.
[37] 马铁椿主编. 建筑设备. 北京：高等教育出版社，2007.

[38] 段常贵主编. 燃气输配. 北京：中国建筑工业出版社，2011.

[39] 夏喜英主编. 锅炉与锅炉房设备. 哈尔滨：哈尔滨工业大学出版社，2009.

[40] 建筑给水排水及采暖工程施工质量验收规范 GB 50242—2002. 北京：中国建筑工业出版社，2002.

[41] 住房和城乡建设部. 物业承接查验办法. 建房［2010］165 号，2010.

[42] 牛云陞编. 楼宇智能化技术. 天津：天津大学出版社，2008.

[43] 刘兵，黎福梅主编. 综合布线与网络工程. 武汉：武汉理工大学出版社，2008.

[44] 综合布线系统工程设计规范 GB 50311—2007. 北京：中国建筑工业出版社，2007.